三峡库区可持续发展研究丛书

国家社会科学基金重大项目"长江上游生态大保护政策可持续性与机制构建研究"（20&ZD095）
教育部人文社会科学重点研究基地重大项目"长江上游地区生态文明建设体系研究"
（18JJD790018）
国家社会科学基金项目"新时代中国特色社会主义流域生态文明理论研究"（18BGL006）
重庆市研究生导师团队建设项目"长江上游【流域】复合生态系统管理"（YDS193002）
重庆市教委哲学社会科学重大理论研究阐释专项课题重大攻关项目"重庆在推进长江经济带绿色发展中发挥示范作用研究"（19SKZDZX06）
"三峡库区百万移民安稳致富国家战略"服务国家特殊需求博士人才培养项目

共同资助

三峡库区
水环境演变研究

文传浩 兰秀娟 杨海林 等 著

科　学　出　版　社

北　京

内 容 简 介

本书主要对三峡库区的水环境变化情况进行研究，以促进流域可持续发展。本书在界定三峡库区范围的基础上，首先对三峡库区作为独特地理单元生态环境的基本情况进行了介绍，其次是针对三峡库区农业非点源污染、工业点源污染、城镇生活污水污染以及总体水质的变化情况进行了解析，进而对三峡库区的水生态安全及战略环境影响进行了综合评价和预测，最后根据分析结果对未来三峡库区水生态环境保护的重点方向提出了相关政策建议。

本书可供生态学、经济学、管理学、社会学等专业的师生及研究人员使用，也可供三峡库区相关决策部门和对三峡库区问题感兴趣的读者参考。

图书在版编目（CIP）数据

三峡库区水环境演变研究/文传浩等著. —北京：科学出版社，2022.4
（三峡库区可持续发展研究丛书）
ISBN 978-7-03-071935-5

Ⅰ.①三… Ⅱ.①文… Ⅲ.①三峡水利工程-水库环境-水环境-研究
Ⅳ.①X143

中国版本图书馆 CIP 数据核字（2022）第 045432 号

丛书策划：侯俊琳　杨婵娟
责任编辑：杨婵娟　姚培培　刘巧巧/责任校对：张亚丹
责任印制：徐晓晨/封面设计：铭轩堂

科 学 出 版 社 出版
北京东黄城根北街 16 号
邮政编码：100717
http://www.sciencep.com

固安县铭成印刷有限公司 印刷
科学出版社发行　各地新华书店经销

*

2022 年 4 月第 一 版　开本：720×1000　1/16
2022 年 4 月第一次印刷　印张：15 1/4
字数：307 000
定价：98.00 元
（如有印装质量问题，我社负责调换）

丛 书 序

　　三峡工程是世界上规模最大的水电工程，也是中国有史以来建设的最大的工程项目。三峡工程 1992 年获得全国人民代表大会批准建设，1994 年正式动工兴建，2003 年 6 月 1 日下午开始蓄水发电，2009 年全部完工，2012 年 7 月 4 日已成为全世界最大的水力发电站和清洁能源生产基地。三峡工程的主要功能是防汛、航运和发电，工程建成至今，它在这三个方面所发挥的巨大作用和获得的效益有目共睹。

　　毋庸置疑，三峡工程从开始筹建的那一刻起，便引发了移民搬迁、环境保护等一系列事关可持续发展的问题，始终与巨大的争议相伴。三峡工程的最终成败，可能不在于它业已取得的防洪、发电和利航等不可否认的巨大成效，而将取决于库区百万移民是否能安稳致富，库区的生态涵养是否能确保浩大的库区永远会有碧水青山，库区内经济社会发展与环境保护之间的矛盾能否有效解决。

　　持续 18 年的三峡工程大移民，涉及重庆、湖北两地 20 多个区县的 139 万多人，其中 16 万多人离乡背土，远赴十几个省市重新安家。三峡移民工作的复杂性和困难性不止在于涉及近 140 万移民、20 多个区县，还与移民安置政策、三峡库区环境保护、产业发展等问题紧密相关，细究起来有三点。

　　一是三峡库区经济社会发展相对落后，且各种移民安置政策较为保守。受长期论证三峡工程何时建设、建设的规模和工程的影响，新中国成立后的几十年内，国家在三峡库区没有大的基础设施建设和大型工业企业投资，三峡库区的经济社会发展在全国，甚至在西部也处在相对落后的水平。以三峡库区重庆段为例，1992年，库区人均地区生产总值仅 992 元，三次产业结构为 42.3∶34.5∶23.2，农业占比最高，财政收入仅 9.67 亿元[①]。1993 年开始的移民工作，执行的是"原规模、原标准或者恢复原功能"（简称"三原"）的补偿及复建政策，1999 年制定并实施了"两个调整"，农村移民从单纯就地后靠安置调整为部分外迁出库区安置，工矿企业则从单纯的搬迁复建变为结构调整，相当部分关停并转，仅库区 1632 家

---

① 参见重庆市移民局 2012 年 8 月发布的《三峡工程重庆库区移民工作阶段性总结研究》。

搬迁企业就规划关破 1102 家，占总数的 67.5%[①]。这样的移民安置政策给移民的安稳致富工作提出了严峻的挑战。

二是三峡库区百万移民工程波及面远远超过百万移民本身，是一项区域性、系统性的宏大工程。我们通常所指的三峡库区移民工作，着重考虑的是淹没区 175m 水位以下，所涉及的湖北省夷陵、秭归、兴山、巴东，重庆市的巫溪、巫山、奉节、云阳、万州、开州、忠县、石柱、丰都、涪陵、武隆、长寿、渝北、巴南、重庆市区、江津等 20 多个区县的 277 个乡（镇）、1680 个村、6301 个组的农村需搬迁居民，以及 2 座城市、11 个县城、116 个集镇需要全部或部分重建所涉及的需要动迁的城镇居民。事实上，受到三峡工程影响的不仅仅是这 20 多个区县中需要搬迁和安置的近 140 万居民，还应该包含上述区县、乡镇、村组中的全部城乡居民，甚至包括毗邻这些区县、受流域生态波及的库区的其他区县的居民，这里实际涉及了一个较为广义的移民概念。真正要在库区提振民生福祉、实现移民安稳致富，必须把三峡库区和准库区、百万移民和全体居民的工作都做好。

三是三峡库区百万移民的安稳致富，既要兼顾移民的就业和发展，做好三峡库区产业发展，又要落实好库区的生态涵养和环境保护。2011 年，三峡库区农民人均耕地只有 1.1 亩[②]，低于全国人均 1.4 亩的水平，而且其中 1/3 左右的耕地处于 25°左右的斜坡上，土质较差，移民安置只能按人均 0.8 亩考虑。整个库区的河谷平坝仅占总面积的 4.3%，丘陵占 21.7%，山地占 74%。三峡库区是古滑坡、坍塌和岩崩多发区，仅在三峡工程实施过程中，就规划治理了崩滑体 617 处。在这样的条件下，我们不仅要转移、安置好库区的百万移民，还必须保护好三峡 660 余千米长的库区的青山绿水。如何同时保证库区的百万移民安稳致富、库区的生态涵养和环境保护是一项十分艰巨的工作。

国家对三峡库区的可持续发展问题一直高度关注。对于移民工作，国家就提出"开发性移民"的思路，强调移民工作的标准是"搬得出、稳得住、逐步能致富"。在 20 世纪 90 年代，国家财力相对薄弱，当时全国，尤其是中西部地区的经济社会发展水平也不高，因此对移民工作实行了"三原"原则下较低的搬迁补助标准，但就在 2001 年国务院颁发的《长江三峡工程建设移民条例》这个移民政策大纲中提出了移民安置"采取前期补偿、补助与后期扶持相结合"的原则。在此之前的 1992 年，国务院还颁发了《关于开展对三峡工程库区移民工作对口支援的通知》（国办发〔1992〕14 号），具体安排了东中部各省市对库区各区县的对口支援任务。这项工作，由于有国务院三峡工程建设委员会办公室（简称国务院三建办）的存在，至今仍在大力推进和持续。2011 年 5 月，国务院常务会议审议

---

① 梁福庆. 2011. 三峡工程移民问题研究. 武汉：华中科技大学出版社.

② 1 亩 $\approx$ 666.7m^2。

批准了《三峡后续工作规划》（简称《规划》），这是在特定时期、针对特定目标、解决特定问题的一项综合规划。《规划》指出，在 2020 年之前必须解决的六大重点问题之首是移民安稳致富和促进库区经济社会发展。其主要目标是，到 2020 年，移民生活水平达到重庆市和湖北省同期平均水平，覆盖城乡居民的社会保障体系建立，库区经济结构战略性调整取得重大进展，交通、水利等基础设施进一步完善，移民安置区社会公共服务均等化基本实现。显然，三峡工程移民的安稳致富工作是一个需要较长时间实施的浩大系统工程，它需要全国人民，尤其是三峡库区所在的湖北、重庆两省（直辖市）能够为这项事业奉献智力、财力和人力的人们持续的关注和参与。它既要有经济学的规划和谋略，又要有生态学的视野和管理学的实践，还要有社会学的独特思维和运作，以及众多不同的、各有侧重的工程学科贡献特别的力量。

重庆工商大学身处库区，一直高度关注三峡库区的移民和移民安稳致富工作，并为此作了大量的研究和实践。早在 1993 年，重庆工商大学的前身之一——重庆商学院，就成立了"三峡经济研究所"，承担国家社会科学基金、重庆市政府和各级移民工作管理部门关于移民工作问题的委托研究。2004 年，经教育部批准，学校成立了教育部人文社会科学重点研究基地——长江上游经济研究中心。从成立伊始，该中心即整合全校经济学、管理学各学院的资源，以及生态、环境、工程、社会等各大学科门类的众多学者，齐心协力、协同攻关，为三峡库区移民和移民后续工作做出特殊的努力。

2011 年，国务院学位委员会第二十八次会议审议通过了《关于开展"服务国家特殊需求人才培养项目"试点工作的意见》，在全国范围内开展了硕士学位授予单位培养博士专业学位研究生试点工作。因为三峡工程后续工作，尤其是库区移民安稳致富工作的极端重要性、系统性和紧迫性，由国务院三建办推荐、重庆工商大学申请的应用经济学"三峡库区百万移民安稳致富国家战略"的博士项目最终获批，成为"服务国家特殊需求人才培养项目"的 30 个首批博士项目之一，并从 2013 年开始招生和项目实施。近三年来，该项目紧密结合培养三峡库区后续移民安稳致富中对应用经济学及多学科高端复合型人才的迫切需求，结合博士人才培养的具体过程，致力于库区移民安稳致富的模式、路径、方法、政策等方面的具体研究和探索。

重庆工商大学牢记推动三峡库区可持续发展的历史使命，紧紧围绕着"服务国家特殊需求人才培养项目"这个学科"高原"，不断开展"政产学研用"合作，并由此孵化出一系列紧扣三峡库区实情、旨在推动库区可持续发展的科学研究成果。当前，国家进入经济社会发展的新常态，资源约束、市场需求、生态目标、发展模式等均发生了很大的变化。国家实施长江经济带发展战略，意在使长江流域 11 省（直辖市）依托长江协同和协调发展，使其成为新时期国家发展新的增长极，并支撑国家"一带一路"新的开放发展倡议。湖北省推出了以长江经济带为轴心，一主（武汉城市群）两副（宜昌和襄樊为副中心）的区域发展战略。重庆则围绕三峡库区可持续发展，大力筑牢长江上游重要生态屏障。值此之际，重庆工商大学组织以服务国家特殊需求博士项目博士生导师为主的专家、学者推出"三峡库区可持续发展研究丛书"，服务国家重大战略、结合三峡库区区情、应对新常态下长江经济带实际，面对二峡库区紧迫难题、贴近二峡库区可持续发展的实际问题，创新提出许多理论联系实际的新观点、新探索。将其结集出版，意在引起库区干部群众，以及关心三峡移民工作的专家、学者对该类问题的持续关注。这些著作由科学出版社统一出版发行，将为现有的有关三峡工程工作的学术成果增添一抹亮色，它们开辟了新的视野和学术领域，将会进一步丰富和创新国内外解决库区可持续发展问题的理论和实践。

最后，借此机会，要向长期以来给予重庆工商大学 "三峡库区百万移民安稳致富国家战略"博士项目指导、关心和帮助的国务院学位办、国务院三建办，重庆市委、市政府及相关部门的领导表达诚挚的感谢！

王崇举

2015 年 8 月于重庆

前　言

　　三峡库区位于四川盆地与长江中下游平原的结合部，跨越鄂中山区峡谷及渝东北岭谷地带，北屏大巴山、南依川鄂高原。三峡库区因三峡水利水电工程而成，由于三峡工程的建设，沿三峡工程以上的大片流域遭到淹没，并产生了安置大量移民的需要。因此，三峡库区特指因三峡工程建坝蓄水而遭到淹没并有移民安置规划的部分长江流域，位于东经 106°16′~111°28′和北纬 28°56′~31°44′，土地面积达 5.77 万 km²，涉及重庆市和湖北省的 26 个区县，其中湖北省 4 个区县、重庆市 22 个区县。由于库区西起重庆市江津区、东至宜昌市夷陵区，东西跨度长达 600km，而不同区域的经济社会发展水平和资源环境禀赋差异较大，国家从区域发展的特殊性出发，将三峡库区划分为库首、库腹、库尾三大区域。库首即三峡库区湖北段（简称湖北库区），涵盖恩施土家族苗族自治州的巴东县和宜昌市的兴山县、秭归县、夷陵区 4 个区县；库腹涵盖万州区、涪陵区、丰都县、武隆区、忠县、开州区、云阳县、奉节县、巫山县、巫溪县、石柱县 11 个区县；库尾涵盖渝中区、大渡口区、江北区、沙坪坝区、九龙坡区、南岸区、北碚区、渝北区、巴南区、江津区、长寿区 11 个区。库腹区与库尾区共同组成三峡库区重庆段（简称重庆库区）。

　　众所周知，三峡工程是世界上规模最大的水电工程，也是我国有史以来规模最大、难度最大、耗时最长的项目之一，从 1992 年全国人民代表大会批准建设，到 1994 年正式动工，再到 2009 年工程完成建设，耗时 18 年。三峡工程的主要功能是防汛、航运和发电，到目前为止，它在这些方面所发挥的巨大作用和获取的效益是有目共睹的。

　　毋庸置疑，三峡库区自开建之始，其生态环境状况既是党和国家十分重视的问题，也是学界和民众非常关心的话题。2008 年，《国务院关于推进重庆市统筹城乡改革和发展的若干意见》中明确了"加强库区生态环境建设"，"把三峡库区建成长江流域的重要生态屏障，维护长江健康生命"，生态环境建设成为三峡工程后续工作的三个主题之一；2011 年，《三峡后续工作规划》被国务院批准实施，对之后 10 年（2011~2020 年）的工作做了总体布局，总投资预计超过 1200 亿元，规划将三峡库区移民安稳致富、加强库区生态环境保护和地质灾害防治等作为三峡工程后续的重点任务，其中库区生态环境保护包括污染防治与水质保护、水库岸线保护与利用控制、消落区生态环境保护、生态屏障带建设、库区生态与生物多样性保护、重要支流植被恢复与水土保持、关键技术研究与示范七个方面；2016 年，习近平在视察重庆时，强调"保护好三峡库区和长江母亲河，事关重庆长远发展，事关国家发展全局"①。可以看出，三峡库区的绿色发展只能以良好的生态环境和自然资源的持久、稳定的支撑能力为基础。为了深入贯彻长江流域"生态优先，绿色发展"的理念，践行"共抓大保护，不搞大开发"的思想，三峡库区必须在实现经济高质量发展的同时，加强环境的综合治理，保护好自然生态资源，以实现"环境-经济-社会-政治-文化"各系统之间相互协调和健康可持续发展的目标，而掌握三峡库区生态环境的变化过程、分析其内在特征，则是三峡库区生态环境保护与治理的首要步骤。目前，对三峡库区生态环境作系统研究的文献匮乏，现有文献多缺少大局观和系统意识，使得研究结论的应用范围有限，时效性不强。

在上述背景和原因之下，基于多年对三峡库区水环境状况的关注和研究，我们编写了《三峡库区水环境演变研究》一书，以期为三峡库区环境保护与治理提供参考。由于三峡库区属于长江上游流域，流域以水为纽带，打破了行政区边界的限制，所以本书以水环境为切入点，依据生态学、地理学、经济学、环境学、统计学等相关理论和方法，利用学科交叉优势，结合三峡库区实际情况，以深入细致的调研为基础，从农业非点源污染、工业点源污染、城镇生活污水三个方面入手，围绕三峡库区水质的动态变化，综合分析与评价了三峡库区水质安全状况，并且尝试预测了未来水环境影响，以反映整个库区水环境质量的变化。本书的主要内容如下。

（1）回顾了国内外关于水安全的主要理论，在梳理有关农业非点源污染、工业点源污染、城镇生活污水的文献中，发现对三峡库区整体水安全现状缺乏系统全面的研究成果，凝练了研究三峡库区生态环境演化的重要性和必要性。

（2）从工业点源污染、农业非点源污染、城镇生活污水三个角度入手，解析了三峡库区若干年水污染物排放量、负荷强度、水质浓度、污染物贡献份额、地表水质综合污染指数等方面的变化情况，分析其规律特征。

（3）对三峡库区水系特征、水质量状况及保护现状进行了详细梳理，在此基础上，利用 DPSIR 模型，分析了库区水生态安全驱动力（D）、压力（P）、状态（S）、影响（I）、响应（R）的若干指数，并进一步分析了综合结果。

（4）采用战略环境影响评价的主要技术手段，以水环境容量分析、情景分析、定量的环境影响预测等作为主要的评价方法，研究库区水环境质量现状，确定当

---

① 这条大河，习近平一直牵挂在心⋯⋯. https://m.gmw.cn/2019-01/06/content_32305250.htm[2021-12-27].

前有关三峡库区政策规划所涉及的各环境要素的容量以及预测开发活动的环境影响，以预测三峡库区水环境质量的中长期演进。

本书包含了国家社会科学基金重大项目"长江上游生态大保护政策可持续性与机制构建研究"（20&ZD095）的研究成果，并得到了教育部人文社会科学重点研究基地重庆工商大学长江上游经济研究中心的大力支持和资助。同时我们要感谢国家哲学社会科学规划办公室、教育部社会科学司、重庆市社会科学界联合会等上级主管部门对本书的帮助。最后也要感谢长江上游【流域】复合生态系统管理创新团队师生的帮助。他们在此过程中，紧密配合、合理分工，完成了大量的资料搜集、汇总、编撰工作。

本书共分 8 章，分工如下：前言和总体统筹协调由文传浩负责，第 1 章"三峡库区独特地理单元生态环境概况"由文传浩、何强完成，第 2 章"三峡库区重庆段独特地理单元农业非点源污染发展变化"由兰秀娟、倪颖完成，第 3 章"三峡库区独特地理单元工业点源污染发展变化"由杨海林、赵柄鉴完成，第 4 章"三峡库区独特地理单元城镇生活污水污染发展变化"由赵柄鉴、文传浩完成，第 5 章"三峡库区水质发展变化"由张义、倪颖、兰秀娟完成，第 6 章"三峡库区水生态安全动态评价"由文传浩、李明慧、卢利完成，第 7 章"三峡库区独特地理单元战略环境影响评价"由张义、何强、李明慧、卢利完成，第 8 章"相关政策建议"由赵柄鉴、倪颖、何强完成，最后由文传浩负责全书的定稿工作。

大美三峡，是一种情怀，是一份愿望。古有白帝彩云、高猿长啸，今有天堑通途、高坝雄姿。正是这滚滚江水滋养了每一个库区人的精神和灵魂。作为在三峡库区成长起来的一代人，让三峡库区永葆绿水青山，是我们必须扛在身上的责任。我们应该紧跟时代的步伐，以壮士断腕的决心去实现包括三峡库区在内的整个长江经济带"生态优先，绿色发展"的历史使命，为我们的后代留下一片绿水青山！

文传浩

2021 年 5 月

目录

1 三峡库区独特地理单元生态环境概况

考虑到数据资料的可得性，本章主要介绍截止到 2016 年三峡库区独特地理单元生态环境概况。本章主要内容涉及三峡库区独特地理单元生态环境的地形地貌、土壤、生物资源、气候特征、水质状况及三峡库区主要污染源。

1.1 地 形 地 貌

三峡库区地处四川盆地以东、江汉平原以西、大巴山脉以南、鄂西武陵山脉以北的山区地带，地形十分复杂。湖北省宜昌市所属的夷陵区、秭归县、兴山县和恩施土家族苗族自治州所属的巴东县；重庆市所辖的万州区、巫山县、巫溪县、奉节县、云阳县、开州区、忠县、石柱县、丰都县、涪陵区、武隆区、长寿区、渝北区、巴南区、重庆核心城区、江津区，共计 22 个县区级行政区域，是三峡库区的地理范围。

从三峡库区自身来看，库区南依云贵高原北麓，北靠大巴山山麓，奉节以西属川东平行岭谷低山丘陵区。库区地形高低相差很大，地貌以山地、丘陵为主，河谷横切，山高坡陡。其中，丘陵占 25.16%，中山占 32.02%，低山占 38.25%，平坝和河谷占 4.57%（表 1-1）。干支流两岸自然风光雄伟奇特，文化古迹历史悠久。

表 1-1 三峡库区地貌类型

类型	中山	低山	丘陵	平坝和河谷
面积/km²	25 295.8	30 217.5	19 876.4	3 610.3
占全部面积比例/%	32.02	38.25	25.16	4.57

资料来源：毛汉英等，2002

1）坡度：重庆库区区域地表起伏相对较大，平缓区域面积小，坡地面积大、分布广。各坡度分级中，5°以下平坡地、较平坡地面积占区域总面积的比例合计仅为8.40%；较缓坡地占区域总面积比例最高，为28.06%；25°以上陡坡地、极陡坡地面积占区域总面积的比例合计为38.87%（表1-2）。

表1-2 重庆库区区域各坡度分级面积汇总表

坡度分级		面积/km²	占全部面积比例/%
平坡地	（0°，2°]	2 951.08	3.58
较平坡地	（2°，5°]	3 967.71	4.82
缓坡地	（5°，15°]	20 320.34	24.67
较缓坡地	（15°，25°]	23 111.96	28.06
陡坡地	（25°，35°]	18 350.27	22.28
极陡坡地	>35°	13 669.58	16.59

资料来源：《重庆市第一次地理国情普查公报》（2017年）

2）地貌：重庆库区以山地为主，山地面积为62 051.94km²，占区域总面积的75.33%，其中中山占44.70%，低山占30.63%；其次是丘陵，面积为12 852.45km²，占区域总面积的15.60%；平原、台地面积较小，分别为3077.27km²、4389.28km²，分别占区域总面积的3.74%、5.33%（表1-3）。平原主要分布于三峡库区渝东北和渝西片区，台地、丘陵主要分布于重庆主城周边，山地主要分布于三峡库区渝东北和渝东南片区。

表1-3 重庆库区区域地貌类型面积汇总表

地貌类型	面积/km²	占全部面积比例/%
平原	3 077.27	3.74
台地	4 389.28	5.33
丘陵	12 852.45	15.60
山地	62 051.94	75.33

资料来源：《重庆市第一次地理国情普查公报》（2017年）

1.2 土　　壤

1.2.1 土壤类型

三峡库区土壤类型复杂,受各种因素的影响,形成了多样的土壤类型。根据调查(余炜敏,2005),三峡库区的土壤大致有 10 种类型、333 个土种、24 个亚种、87 个土属。由表 1-4 可知,黄壤面积为 755.1km²,占 30.29%,是三峡库区面积最大的土壤,主要分布在海拔 500～1400m 的低中山地带。紫色土面积为 503.8km²,占 20.21%,是三峡库区主要的土壤类型之一。黄棕土是一种介于黄壤和棕壤之间的过渡土壤类型,它处于黄壤带之上、棕壤带之下,库区黄棕土面积为 442.7km²,占 17.76%。石灰土面积为 301.6km²,占 12.1%。水稻土面积为 234.8km²,占 9.42%。这些土壤主要分布在涪陵地区海拔 200m 的长江河谷至 1000m 以上的中山地带,万州区的平行岭谷区、开州区三里河沿岸阶梯地、平坝,云阳县的长江沿岸的新冲积坝、宜昌市的东部低山丘陵地区。

表 1-4　三峡库区土壤类型面积

土壤类型	面积/km²	占比/%
黄壤	755.1	30.29
紫色土	503.8	20.21
黄棕土	442.7	17.76
石灰土	301.6	12.1
水稻土	234.8	9.42
棕壤	74.5	2.99
灌土	54.8	2.20
红壤	44.9	1.80
草甸土	29.2	1.17

土壤类型	面积/km²	占比/%
其他	51.1	2.06
合计	2492.5	100

资料来源：桌炜敏，2005

1.2.2 重庆库区地表覆盖情况

重庆库区的自然地表覆盖分为林草覆盖、种植土地、水域、荒漠与裸露地四类，面积共 78 168.51km²，占重庆库区总面积的 94.90%。其中，林草覆盖为主要类型，面积为 52 509.19km²，占重庆库区总面积的 63.75%；种植土地为次要类型，面积为 23 480.01km²，占重庆库区总面积的 28.50%；水域面积为 1917.80km²，占重庆库区总面积的 2.33%；荒漠与裸露地面积最小，为 261.51km²，占重庆库区总面积的 0.32%（表 1-5）。

表 1-5　重庆库区地表覆盖概况汇总表

地表覆盖类型		面积/km²	占重庆库区总面积比例/%
自然地表	林草覆盖	52 509.19	63.75
	种植土地	23 480.01	28.50
	水域	1 917.80	2.33
	荒漠与裸露地	2 61.51	0.32
	合计	78 168.51	94.90
人文地表（包括房屋建筑、铁路与道路、人工堆掘地、构筑物）		4 202.43	5.10

资料来源：《重庆市第一次地理国情普查公报》（2017 年）

1.2.3 水土流失

三峡库区是我国水土流失最为严重的地区之一。据水利部长江水利委员会

2000 年水土流失遥感监测结果（程鑫，2010），三峡库区水土流失面积达 2.96 万 km²，占三峡库区土地总面积的 51%，其中轻度流失占流失总面积的 18%，中度流失占 46%，强度流失占 24%，极强度和剧烈流失占 12%。三峡库区年均土壤侵蚀量近 2 亿 t，是长江上游水土流失严重的四大区域之一。

水土流失主要发生在海拔 300～800m 的丘陵、低山地区紫色土及紫色岩母质发育的土壤分布区域（坡耕地及荒山荒坡）。三峡库区每年流失的泥沙总量达 1.4 亿 t，占长江上游泥沙的 26%。三峡库区大于 15°的坡耕地约有 1 万 km²，占三峡库区耕地面积的 56.7%。其中，坡耕地中大部分无灌溉条件，库区泥沙主要来源于坡耕地，水土流失十分严重，成为三峡库区主要的产沙源之一。从水土流失分布来看，高山区人口稀少，植被较好，水土流失较轻；低山区人口密度大，人为破坏严重，水土流失较重。强度侵蚀主要分布于巫山、巫溪、开州、云阳等地的低山丘陵区。库区岩层破碎，碎屑物质多，水土流失概率大。

三峡库区水土流失以面蚀为主。面蚀主要分布在紫色砂泥岩丘陵、岩溶槽谷区及花岗岩中丘区；沟蚀主要分布在岩溶软弱的侏罗系遂宁组地层、志留系砂岩和元古代变质岩、花岗岩类出露区。沟蚀面积不大，但对土地的破坏作用很大，治理任务艰巨。重力侵蚀主要为滑坡、泥石流、崩塌等。此外，还有泥石流等混合侵蚀类型。总体来看，三峡库区土地质量较差，主要表现为陡坡地与薄地较多，水土流失严重，土壤贫瘠。全区坡度大于 25°的坡耕地占 28%，坡耕地年土壤侵蚀量为 9450 万 t，年入库泥沙量为 1890 万 t。由于陡坡垦殖及不合理的耕作方式，森林的乱砍滥伐，表土大量流失。特别是云阳、奉节、巫山、巫溪、巴东、秭归等区县，山高坡陡、地质复杂，滑坡、泥石流频繁，35%左右的土地处在 25°以上的斜坡上，荒山荒坡、"光头山"较多，生产生活条件很差。

遥感调查数据（表 1-6）显示，2004 年重庆库区水土流失面积为 2.39 万 km²，占库区土地总面积的 51.73%，高于全国平均水平（37%），高于长江流域平均水平（31.20%），也高于邻近的四川省、贵州省和湖北省的平均水平。

表 1-6　重庆库区与周边地区水土流失对比表

项目	重庆库区	长江流域	四川省	贵州省	湖北省
水土流失面积/万 km²	2.39	56.20	15.00	7.32	6.08
土地总面积/万 km²	4.62	180.13	45.05	17.64	18.59
水土流失面积占土地总面积比例/%	51.73	31.20	33.30	41.50	32.71

续表

项目	重庆库区	长江流域	四川省	贵州省	湖北省
年侵蚀量/亿 t	0.90	24.00	10.00	2.50	2.10
平均土壤侵蚀模数 /[t/（km²·a）]	3739	651	—	1432	—

资料来源：李月臣等，2008

　　从表 1-7 可以看出，2004 年重庆库区水土流失面积中，轻度侵蚀面积为 5819.53km²，占水土流失面积的 24.51%；中度侵蚀面积为 11 030.98km²，占水土流失面积的 46.47%；强烈侵蚀面积为 5880.17km²，占水土流失面积的 24.77%；极强烈侵蚀面积为 1009.10km²，占水土流失面积的 4.25%；剧烈侵蚀面积为 130.38km²，占水土流失面积的 0.55%。中度侵蚀和强烈侵蚀面积之和占到重庆库区水土流失总面积的 71.24%。重庆库区土壤侵蚀总量达 8923.90 万 t，平均土壤侵蚀模数高达 3739t/（km²·a），远远高于贵州省的 1432t/（km²·a）和长江上游地区的 1560t/（km²·a）。

表 1-7　2005 年重庆库区水土流失情况

侵蚀强度	面积/km²	占水土流失面积比例/%
轻度	5 819.53	24.38
中度	11 030.98	46.21
强烈	5 880.17	24.63
极强烈	1 009.10	4.23
剧烈	130.38	0.55

资料来源：唐继斗和郭宏忠，2008

　　据《重庆市水土保持公报 2016》，2016 年三峡库区重庆段水土流失面积为 18 565.68km²。其中，轻度侵蚀面积 5666.68km²，占水土流失面积的 30.52%；中度侵蚀面积 6250.55km²，占水土流失面积的 33.67%；强烈侵蚀面积 3247.54km²，占水土流失面积的 17.49%；极强烈侵蚀面积 2440.11km²，占水土流失面积的 13.14%；剧烈侵蚀面积 961.80km²，占水土流失面积的 5.18%。三峡库区重庆段年土壤流失总量 6023.94 万 t，平均侵蚀模数 3245t/（km² · a）。

表 1-8 2016 年三峡库区重庆段水土流失情况

侵蚀强度	面积/km²	占水土流失面积比例/%
轻度	5666.68	30.52
中度	6250.55	33.67
强烈	3247.54	17.49
极强烈	2440.11	13.14
剧烈	961.80	5.18

从各类水土流失发生的部位来看，面蚀主要分布在旱坡耕地、荒山荒坡，以及植被覆盖度较低的疏幼林（草）地及残次林（草）地，而沟蚀是在面蚀的基础上产生和发展的，主要发生在顺坡耕作的坡耕地和泥岩、钙质泥岩、泥灰岩出露的斜坡地带。从水土流失的空间分布来看，重庆库区西段平行岭谷区地形平缓，耕地以水田为主；盆周山地虽然地形起伏大，但是森林草地覆盖率高，所以重庆库区西段平行岭谷区及盆周山地水土流失较轻微。重庆库区中段平行岭谷区和东段平行岭谷区水土流失严重，特别是东段平行岭谷区的开州至巫山段是重庆库区水土流失最严重的地区。

将 2004 年水土流失遥感调查数据跟 20 世纪 90 年代中期遥感调查数据相比较，发现重庆库区的水土流失面积有了较大的减少，水土流失强度也有明显的下降。1995 年，重庆库区水土流失面积为 30 608.28km²；到 2004 年底，水土流失面积为 23 870.16km²，水土流失面积减少了 6738.12km²，减幅高达 22.01%。各级强度水土流失面积都有较大幅度的减少。其中，减少面积最大的为中度侵蚀面积，由 1995 年的 15 788.68km² 减少到 2004 年的 11 030.98km²，减少了 4757.70km²，减幅高达 30.13%；其次是极强烈侵蚀和强烈侵蚀，分别减少了 1216.25km² 和 516.22km²，减幅分别达到了 54.70% 和 8.10%，表明重庆库区的水土流失状况得到了一定程度的控制。

2016 年的水土流失情况则比 2004 年有进一步好转。总体水土流失面积减少 5303.48km²，减幅达 22.22%。中度侵蚀和强烈侵蚀水土流失面积有较大幅度减少，减幅分别为 43.34% 和 44.77%，但极强烈侵蚀和剧烈侵蚀水土流失面积则大幅度增加，增幅分别为 1.4 倍和 6.4 倍。

1.3　生　物　资　源

1.3.1　陆生植物

虽然三峡库区的生态系统较为脆弱，但三峡库区却拥有丰富的陆生植物资源。截至 2006 年，三峡库区共有维管束植物 6088 种，其中库区特有的植物有 34 种，还包括国家保护的珍稀濒危植物 56 种，其中Ⅰ级保护物种 4 种、Ⅱ级保护物种 23 种、Ⅲ级保护物种 29 种（中华人民共和国环境保护部，2006）。据《长江三峡工程生态与环境监测公报（2006）》统计，三峡库区植物群落分属 5 个植被型组、7 个植被型、34 个群系组、110 个群系类型。群系类型中有森林群系类型 61 个、灌丛群系类型 25 个、草丛群系类型 24 个。三峡库区共有野生高等植物 299 科 1674 属 4797 种，约占全国植物物种总数的 14.9%。野生高等植物中有苔藓植物 463 种、蕨类植物 371 种、种子植物 3963 种。三峡库区共有 72 种外来入侵植物，其中 9 种被生态环境部公布为恶性外来入侵植物。依据环境保护部 2013 年公布的《中国生物多样性红色名录——高等植物卷》，有 195 种高等植物受到生存威胁，其中包括极危（CR）高等植物 18 种、濒危（EN）高等植物 62 种、易危（VU）高等植物 115 种。三峡库区共有古树名木 9335 株 205 种/变种，隶属于 64 科 128 属。三峡库区古树名木数量在不同物种间差异极大。其中，黄葛树数量最多，占库区古树名木总数的 37% 以上；其次为银杏和柏木，分别占 10.2% 和 9.5%。数量在 10 株以下的物种则达到 145 种之多，数量最小的物种仅有 1 株，如水杉、蛇皮果、珊瑚朴、罗汉树、连香树、杜仲等。

1.3.2　陆生动物

截至 2012 年末，三峡库区陆栖野生脊椎动物共有 4 纲 30 目 110 科 336 属 694 种。其中，哺乳纲 8 目 25 科 74 属 112 种，鸟纲 18 目 65 科 210 属 487 种，爬行纲 2 目 11 科 35 属 51 种，两栖纲 2 目 9 科 17 属 44 种。国家级重点保护野生动物 93 种，其中国家Ⅰ级重点保护野生动物 15 种、Ⅱ级重点保护野生动物 78 种。

据 2017 年《长江三峡工程生态与环境监测公报》，在三峡库区 12 个区县中选取天然植被面积较大、较连续的地点开展陆生鸟类监测，4 月 7 日~5 月 1 日（春季）和 10 月 16 日~11 月 9 日（秋季）共监测到鸟类 179 种 18817 只，其中春季记录 9129 只、秋季记录 9688 只，种类和数量均以当地留鸟为主。从生态类型来看，适应性较强的林冠杂食鸟类占比最大,尤以各种鹀类为最;林下鸟类占比较大,说明三峡库区森林植被层次性保存较好;啄木鸟和䴓等树干觅食鸟类很少,说明大树和老龄林较少;猛禽数量很少,可能与监测区域人类活动强度较高相关;城市与村庄鸟类较多,说明库区人为活动对环境的影响较大。与2016年相比,鸟类密度变化不大。

三峡工程生态与环境监测网络[①]在三峡库区选取水质较好、沿岸植被保存较为完整、沿岸人为干扰较少的3个湖泊和11条支流进行越冬水鸟的监测。2016年冬季,共记录越冬水鸟3245只。其中,数量较多的有绿头鸭1387只、小白鹭736只、小䴙䴘474只和普通鸬鹚443只,此外还监测到中华秋沙鸭8只和鸳鸯197只。湖泊的水鸟密度显著高于河流的水鸟密度。与2015年相比,鹭类数量增多,鸭类、䴙䴘、鸬鹚和骨顶类数量下降。在3个湖泊中,汉丰湖的鸟类数量最多,达到1085只,其次是大洪湖(690只)和长寿湖(497只)。在11条支流中,澎溪河的越冬水鸟数量最多,达到590只,其次是大宁河(352只)和乌江(184只)。

三峡库区野生动物,特别是珍稀保护和濒危的物种受人类活动影响最大。例如,乱砍滥伐、狩猎等活动的威胁程度远远大于三峡工程本身所带来的影响。

由表1-9可知,1996~2012年,哺乳类动物增加了27种,鸟类增加了250种,爬行类增加了24种,两栖类增加了24种,陆生脊椎动物增加了325种。

表1-9 1996~2012年三峡库区陆生脊椎动物区系变化 (单位:种)

年份	哺乳类	鸟类	爬行类	两栖类	陆生脊椎动物
1996	85	237	27	20	369
1997	81	236	23	27	367
1998	119	342	51	41	553
2002	118	391	51	42	602
2004	103	390	36	32	561
2009	112	485	51	44	692
2010	112	485	51	44	692
2011	112	487	51	44	694
2012	112	487	51	44	694

资料来源:根据1997~2013年和2017年《长江三峡工程生态与环境监测公报》整理所得

注:《长江三峡工程生态与环境监测公报》没有完全统计1999年、2000年、2001年、2003年、2005~2008年和2013~2017年数据,故本表该年份数据缺失

[①] 由环保、水利、农业、林业、气象、卫生、地矿、地震、交通等国家有关部门和中国科学院、中国三峡总公司、湖北省支援三峡工程建设委员会办公室(湖北三峡办)、湖北省统计局、重庆市统计局等单位共同组建。

由表 1-10 可知，截至 2012 年末，三峡库区陆栖野生脊椎动物共有 4 纲 30 目 110 科 336 属 694 种。与 2003 年相比，三峡库区的陆栖野生脊椎动物增加了 1 目 27 科 51 属 133 种。

表 1-10　2003～2012 年三峡库区陆栖野生脊椎动物等级变化

年份	纲	目	科	属	种
2003	4	29	83	285	561
2006	4	29	100	298	575
2009	4	30	109	335	692
2010	4	30	109	335	692
2011	4	30	110	336	694
2012	4	30	110	336	694

资料来源：王珂，2013

1.3.3　鱼类资源

目前三峡库区有 181 种鱼类，分属于 8 目 18 科 80 属（表 1-11）。其中，鲤科鱼类为绝对优势种，占总数的 56.4%，有 102 种；其次是鳅科、鲿科和平鳍鳅科，分别为 23 种、16 种和 12 种，所占比例分别为 12.7%、8.8% 和 6.6%。

表 1-11　三峡库区鱼类种类组成

目	科	种数	目	科	种数
鲟形目	鲟科	2	鲤形目	平鳍鳅科	12
	白鲟科	1		鳅科	23
鲑形目	银鱼科	2	鲇形目	鲿科	16
鳗鲡目	鳗鲡	1		鲇科	3
鲤形目	胭脂鱼科	1		鮡科	5
	鲤科	102	鲀形目	鲀科	2

续表

目	科	种数	目	科	种数
合鳃目	合鳃	1		鰕虎鱼科	3
鲈形目	鳍科	3	鲈形目	斗鱼科	2
	塘鳢科	1		鳢科	1

资料来源：根据2004～2017年《长江三峡工程生态与环境监测公报》整理所得

据2017年《长江三峡工程生态与环境监测公报》统计，2016年，在长江上游的宜宾、合江、木洞江段，中游的宜昌江段，以及赤水河赤水市江段，共调查到135种鱼类，其中包括长江上游特有鱼类29种、外来鱼类9类。与三峡水库蓄水前相比，蓄水后宜宾和合江等上游江段特有鱼类种数没有明显差异，而三峡库区特有鱼类种数明显减少。渔获物调查共采集到鱼类3502.77kg，合计82 541尾。其中，特有鱼类385.50kg、7572尾，占鱼类总重量的11.0%，占总尾数的9.2%。与2015年相比，特有鱼类重量占比上升了31个百分点，尾数占比上升了4.5个百分点。三峡水库蓄水后，长江上游特有鱼类资源变化明显，宜宾、合江、木洞江段以及支流赤水河仍有一定规模的特有鱼类种群。2016年，相关机构在四川泸州网箱船基地开展圆口铜鱼人工繁殖实验，获得圆口铜鱼9批次受精卵和鱼苗，受精率高达75%左右，出膜鱼苗1027尾。同年，相关机构在葛洲坝下开展了中华鲟产卵场调查。根据水声学走航式探测的结果，估算调查期间在产卵场及邻近区域（葛洲坝下至松滋口）的大规模鲟鱼（体长大于1.1m）数量为48尾（由于2016年7月清江发生大规模养殖鲟鱼逃逸，尚无法排除外来鲟种）。在葛洲坝下定点探测结果显示，有较多的大目标信号存在，测算出最大目标鱼全长为364.4cm。利用底层网具采集到中华鲟鱼卵（卵膜）67粒、仔鱼22尾；解剖发现10尾鱼共摄食中华鲟卵454粒；水下视频观测到中华鲟卵黏附底质位点5处。2016年2月，相关机构根据目视和声学监测观察到江豚539头次，其中幼豚为27头次，幼豚率为5.0%。同年12月，观察到江豚409头次，其中幼豚为53头次，幼豚率为13.0%。与历年枯水期鄱阳湖考察结果相比较，长江江豚的目击率和分布区域均无显著差异。

三峡工程的修建，对库区鱼类产生了巨大的影响，主要原因是没有鱼道，许多洄游性鱼类在数量上发生了很大的变化。在20世纪80年代，三峡库区有196种（常年值）鱼类，但是库区蓄水后新形成的深水库湖对鱼类的栖息产生了很大的影响，导致鱼类数量明显下降。三峡工程建设期间，鱼类数量一直维持在较低的水平。2003年，三峡库区正式蓄水，鱼类仅为63种。2003年以前，三峡库区鱼的种类波动较不稳定，没有明显的规律性；2003～2006年，三峡库区鱼类数量总体上呈上升趋势；2007～2012 年，三峡库区鱼类种数波动平稳，但仍然低于 20 世纪 80 年代（196 种）的鱼类种数。

1.4 气候特征

三峡库区年平均气温偏高，年平均降水量较常年偏少。其主要气候特点为，冬季气温变幅大，前冷后暖，降水偏少；春季气温高，入春旱，季末降水偏多；夏季干热，气温显著偏高；秋季雨水多，冷暖起伏大。三峡库区平均蒸发量较常年偏大，平均相对湿度较常年偏小，平均风速与常年持平，平均雾日数较常年异常偏少。三峡库区及其邻近地区气象灾害有年初低温雨雪冰冻，夏季高温伏旱，秋季阴雨、局部大雾，以及冬春旱、风雹。

1.4.1 气象要素

据 2017 年《长江三峡工程生态与环境监测公报》统计，2016 年，三峡库区年平均气温为 18.4℃，比常年（17.9℃）偏高 0.5℃。从空间分布来看，三峡库区西部和北部年平均气温分布在 17.5～19.0℃，东部和南部年平均气温分布在 16.0～17.5℃，西北部高于东南部 1.0～2.0℃。与常年相比，三峡地区大部分年平均气温偏高或接近常年，特别是中部和北部地区气温偏高明显，其中万州偏高 1.2℃。从时间分布来看，年内各月平均气温除 5 月、11 月比常年同期分别偏低 0.2℃和 0.3℃外，其余各月气温均偏高，其中 3 月、12 月分别比常年同期偏高 1.4℃和 1.3℃。

2016 年，三峡库区年降水量为 1208.7mm，比常年（1114.9mm）偏多 8.4%。从空间分布来看，库区大部分地区年降水量超过 1200mm，中南部地区年降水量一般在 1400mm 以上。与常年相比，库区年降水量普遍偏多。从时间分布来看，前半年降水偏多，后半年降水偏少。其中 1 月、3 月、4 月、6 月以及 11 月降水量比常年同期偏多，尤其是 1 月、6 月和 11 月降水量比常年偏多 80%以上；其余各月降水量比常年同期偏少或接近常年同期，其中 8 月和 9 月降水量分别较常年同期偏少 29%和 35%。

2016 年三峡库区年平均相对湿度为 76%，与常年持平。各地年均相对湿度在 68%～82%。与常年相比，三峡库区大部分相对湿度接近常年，仅东部局部地区较常年略偏大，其中秭归偏大 6%，万州偏小 5%，重庆、丰都和奉节均偏小 4%。从季节分布来看，冬、春、夏、秋四季相对湿度分别为 76%（常年值为 77%）、75%

（常年值为 74%）、74%（常年值为 76%）和 78%（常年值为 79%），均接近常年同期。

2016 年三峡库区平均风速为 1.6m/s，比常年（1.3m/s）偏大 0.3m/s；月平均风速最大值出现在 5 月和 8 月，风速均达到 1.8m/s，最小值出现在 11 月和 12 月，均为 1.5m/s。与常年同期相比，1 月、5 月以及 10～12 月三峡库区风速偏大 0.4～0.5m/s，其余月份偏大 0.2～0.3m/s。从库区各地平均风速看，巫山最大，达 2.6m/s，其余各地均在 1.0～2.0m/s。

2016 年三峡库区雾日数呈明显的局地性特征。涪陵、忠县和巫山年雾日数分别有 190d、138d 和 106d，而秭归年雾日数仅有 1d。从年内变化来看，4 月雾日最多，有 9d；其次为 12 月，有 7d；1 月、6 月和 10 月均出现 6d；8 月最少，为 2d。

1.4.2 气象灾害

据 2017 年《长江三峡工程生态与环境监测公报》统计，2016 年，三峡库区主要灾害有暴雨洪涝、高温干旱等，其中大雨开始期早，暴雨站次多；高温日数多，持续时间长；气象干旱程度轻，但伏旱明显；有较强秋冬连阴雨和寒潮发生。2016 年 3 月 7～9 日，三峡库区出现一次大范围的降水过程，多个地区日降水量达到大雨量级，大雨开始期较常年偏早 40～50d。年内，库区共出现 8 次区域性暴雨天气过程，仅 6 月就出现 5 次，6 月下旬出现了大范围的持续性强降水，其中"6·19"和"6·30"两次暴雨过程是 2016 年库区范围内降水强度最强和范围影响最广的区域暴雨过程。7 月 18～19 日，三峡库区宜昌附近出现年内最强降水过程，沿江及南部、东部地区普降大到暴雨，局部出现特大暴雨，造成宜昌 12 个区县受灾。同年夏季中后期，库区出现持续高温天气，除部分山地外大部分地区均出现高于15℃的高温天气，其中开州高温日数达 70d，为当地有气象记录以来历史同期第三多。沙坪坝（重庆）、北碚、綦江、江津、长寿、涪陵、丰都、垫江、忠县、梁平、万州、云阳、开州、奉节、巫溪、巫山、武隆等区县均出现 40℃以上高温天气，其中万州 40℃以上的高温天气达 19d，为当地有气象记录以来历史第二多，40℃以上连续高温日数达 14d，与历史最长纪录持平。从极端高温监测情况来看，丰都（43.9℃，8 月 25 日）、开州（43.4℃，8 月 18、19、25 日）均突破当地历史极值。库区气象干旱总体偏轻，夏末秋初出现轻度至中度气象干旱：7 月下旬至 8 月中旬受持续高温少雨天气的影响，部分地区出现轻至中度的气象干旱，其中北碚、石柱、涪陵、丰都、万州、奉节、巫山为中度伏旱，沙坪坝（重庆）、开州、巫溪旱情较重；8 月末，库区出现 2 次降水过程，在一定程度上缓解了中西部气象干旱，但库区东部气象干旱仍有持续；至 10 月中旬，库首部分地区仍然存在伏秋干旱；

10 月中下旬，库区东部出现持续连阴雨天气且累计雨量较大，大部分地区出现达到中度至重度等级的连阴雨。降水虽然有效缓解了前期旱情，但同时对农作物造成了一定的不利影响。另外，11 月上旬后期和中旬中后期也出现了两段连阴雨天气。同年年初和年末，库区分别遭受了较为明显的寒潮降温天气，部分地区出现降雪或冰冻。1 月 20～25 日，受强冷空气影响，三峡库区出现寒潮强降温，72h 内最强降温为 8～10℃，多个区具最低气温降至 0℃以下，三峡库区东部的兴山、宜都最低气温不足–5.8℃，长阳最低气温达–4.4℃；多地出现降雪，最大积雪深度超过 10cm。年初的低温雨雪天气使得多地出现了高速公路桥梁结冰现象，对交通运输造成了不利影响。降雪导致部分地区蔬菜大棚倒塌，持续的低温使农作物受冻。11 月 21～24 日，三峡库区再次出现强降温天气，此次降温过程覆盖面广、降温幅度大，局部地区出现雨雪大风和冻雨灾害。

1.5　水环境质量状况

三峡库区以长江为主干，支流水系也相当发达。有大小溪流 200 余条，总体呈格子状、羽毛状、树枝状分布。长江由西向东绕四川盆地南缘，穿越 10 多个背斜山地，形成峡谷与宽谷相间的地貌景观，峡谷最窄处仅 100 余米，如瞿塘峡、西陵峡、巫峡。宽谷两岸地势开阔，丘陵起伏，河谷最宽处达 2000 余米。库区内流域面积 1000～5000km^2 的河流有 16 条，500km^2 以上的河流有 31 条，100km^2 以上的河流有 100 余条。这些支流以降水补给为主，水量大小与径流量、降水量有关。

1.5.1　水文特征

2016 年，三峡工程生态与环境监测机构在三峡库区长江干支流共布设 7 个水文监测断面，分别为长江干流的永川朱沱、重庆寸滩、涪陵清溪场、万州沱口和巴东官渡口，嘉陵江的北碚和乌江的武隆。三峡库区长江干流流量变幅为 3270～28 200m^3/s，平均流速变幅为 0.10～2.73m/s；嘉陵江流量变幅 223～2810m^3/s，平均流速变幅 0.09～0.91m/s；乌江流量变幅 447～3600m^3/s，平均流速变幅为 0.46～2.1m/s。受蓄水成库的影响，干流沱口至坝前江段流速较上游江段明显变小。各断面平均流速依次为朱沱 1.52m/s、寸滩 1.41m/s、清溪场 0.60m/s、沱口 0.29m/s、官渡口 0.26m/s。各断面最大流速依次为朱沱 2.41m/s、寸滩 2.73m/s、清溪场 1.34m/s、沱口 0.73m/s、官渡口 0.59m/s。

1.5.2 水质状况

2017 年《长江三峡工程生态与环境监测公报》统计显示，2016 年三峡工程生态与环境监测机构在三峡库区长江干流共布设 9 个水质监测断面。监测结果显示，三峡库区长江干流总体水质为良，嘉陵江与乌江总体水质分别为优和良。为监测长江支流的营养状态，三峡工程生态与环境监测机构还在受到长江干流回水顶托作用影响的 38 条长江主要支流以及水文条件与其相似的坝前库湾水域中共布设 77 个营养监测断面，监测结果显示：处于富营养状态的断面比例为 3.9%～46.8%，处于中营养状态的断面比例为 53.2%～93.5%，处于贫营养状态的断面比例为 0.0%～6.5%。三峡库区长江主要支流水华主要发生在春、秋两季，在咤溪河、抱龙河、童庄河等 17 条河流存在水华现象，水华敏感期（3～10 月）总体富营养化程度与 2015 年持平。

1.6 三峡库区主要污染源

进入三峡水库的水污染物质除入库河流的污染物之外，还有三峡库区直接排放的污染物。其污染物来源包括工业废水、城市生活污水、农业污染物和船舶流动污染，该污染物将对水库的局部水环境产生明显影响。

1.6.1 工业废水

随着经济的发展，工业废水的排放量也随之增加，对库区的水环境造成了严重威胁。从蓄水前的 1996 年开始，三峡库区直接排入长江的工业废水越来越多，特别是在 2003 年完成一期蓄水，水位达到 135m 后开始以较大幅度上升；2006 年完成二期蓄水，水位达到 156m 时，三峡库区工业废水排放量达到最大值。在经历了整顿后，三峡库区直接排入长江的工业废水从 2007 年开始有所下降，其中 2008 年有小幅回升的趋势，2009 年继续开始下降，且下降幅度较大。总体上来看，三峡库区工业废水直接向长江排放的情况有所改善。工业废水主要来源于重庆市主城区、长寿区、涪陵区、万州区，尤其是重庆市主城区，其工业废水排放量占了库区总量的一半。

工业废水中主要污染物为悬浮物、化学需氧量（COD）、石油类、挥发酚、硫化物、氨氮（NH_3-N）、六价铬，以及总磷，其中化学需氧量和氨氮所占比例较大。1996～2010 年，工业废水中，化学需氧量的含量一直远远高于其他类型污染物。表 1-12 列举了 1996～2016 年三峡库区工业废水与其中化学需氧量和氨氮的具体数量。

表 1-12 1996～2016 年三峡库区工业废水情况

年份	工业废水/亿 t	化学需氧量/万 t	氨氮/万 t
1996	0.78	2.86	0.22
1997	1.12	3.21	0.31
1998	1.27	2.82	—
1999	2.44	2.15	—
2000	1.28	1.47	0.03
2001	1.08	0.76	0.03
2002	1.44	0.94	0.04
2003	1.84	2.41	0.08
2004	2.43	2.42	0.15
2005	5.74	7.71	0.58
2006	6.28	8.11	0.64
2007	4.75	7.48	0.67
2008	5.58	7.70	0.57
2009	4.86	7.57	0.57
2010	3.19	5.93	0.43
2011	1.91	3.58	0.20
2012	1.73	3.31	0.20
2013	1.90	3.33	0.21
2014	2.12	3.51	0.22
2015	2.12	3.42	0.22
2016	1.36	1.08	0.08

资料来源：根据 1997～2017 年《长江三峡工程生态与环境监测公报》整理所得

1.6.2 城市生活污水

三峡库区总面积为 5.99 万 km², 人口众多, 且城镇人口逐年增加, 因此城市生活污水也是三峡库区水环境污染的主要来源之一。从 1996～2016 年的数据来看（表 1-13）, 三峡库区成库以来, 无论是蓄水前还是蓄水后, 直接排入长江的城市生活污水整体上表现出上升的趋势, 特别是蓄水后的上升趋势高于蓄水前, 从 1996年的 2.48 亿 t 上升到了 2016 年的 12.12 亿 t。其中, 蓄水前 1997～2000 年三峡库区直接排入长江的城市生活污水略微下降, 但下降趋势不明显。城市生活污水呈现出这样的变化与城市人口数量和经济活动有密切关系。城市生活污水排放量的分布情况与工业废水排放量的分布情况相似, 主要分布在重庆市主城区、长寿区、涪陵区、万州区, 其中重庆市主城区城市生活污水所占的比例高于工业废水所占的比例。

城市生活污水中主要污染物为生化需氧量、化学需氧量、总氮、挥发酚、总磷、氨氮, 其中化学需氧量和氨氮所占比例较大, 与工业废水中的污染物组成一样。1996～2012 年, 城市生活污水中化学需氧量的含量都远远高于其他类型污染物, 从 2004 年开始, 化学需氧量有所下降, 2011 年开始继续上升。表 1-13 列举了 1996～2016 年城市生活污水与其中化学需氧量和氨氮的具体数量。

表 1-13 1996～2016 年三峡库区城市生活污水情况

年份	城市生活污水/亿 t	化学需氧量/万 t	氨氮/万 t
1996	2.48	0.98	0.11
1997	3.79	13.83	1.25
1998	3.45	15.53	0.69
1999	3.23	14.52	0.69
2000	2.95	11.51	0.71
2001	3.17	12.38	0.77
2002	3.19	12.43	0.76
2003	4.04	15.77	0.97
2004	4.98	9.96	0.83
2005	4.09	9.26	0.94

续表

年份	城市生活污水/亿 t	化学需氧量/万 t	氨氮/万 t
2006	4.96	10.27	1.02
2007	4.78	9.26	0.93
2008	5.93	8.66	0.93
2009	6.23	8.77	1.30
2010	6.15	9.26	1.33
2011	7.06	14.44	2.56
2012	7.31	14.24	2.48
2013	7.87	13.16	2.38
2014	7.94	12.30	2.26
2015	8.15	12.41	2.23
2016	12.12	14.04	2.18

资料来源：根据 1997～2017 年《长江三峡工程生态与环境监测公报》整理所得

1.6.3 农业污染物

三峡库区农业污染物主要包括因水土流失而导致流失的农田营养物质和畜禽养殖业废物等。随着化肥施用强度的增加、土壤保肥能力下降，大量的氮肥随着水土流失被带入水库，这将加重水库的非点源污染。三峡库区化肥施用量在增加，由于每年耕地面积不同，化肥施用总量变化不能清楚地说明问题，从而须进一步研究每年单位面积上的化肥施用量。单位面积上的化肥施用量能明显地反映出化肥施用的强度。1996～2016 年，三峡库区每公顷化肥施用量起伏不定，1996 年、2000年、2007 年的化肥施用强度都处于峰值，1997～1999 年和 2001～2005 年每公顷化肥施用量较稳定，没有大幅度的变化，2006 年大幅增加，到 2007 年达到最大值862.87kg，随后开始下降。从 2008 年开始，三峡库区每公顷化肥施用量虽然有所下降，但是仍远大于全国目前的平均施肥量（250kg/hm^2）。从表 1-14 中的数据可以看出，三峡库区化肥施用量的结构十分不合理，其化肥的种类主要是氮肥、磷肥和钾肥，几乎不使用其他类型的化肥，并且氮肥的数量明显高于磷肥和钾肥，一直存在重氮磷肥、轻钾肥的现象，即氮肥占主要地位，钾肥施用量相对较少。

表 1-14　1996～2016 年三峡库区化肥施用情况

年份	化肥施用量/万 t	氮肥/万 t	磷肥/万 t	钾肥/万 t	其他/万 t	每公顷化肥施用量/kg
1996	18.06	12.17	4.43	0.23	1.23	684.20
1997	11.90	9.59	1.85	0.46	—	499.43
1998	12.66	9.34	2.26	1.06	—	551.50
1999	13.22	9.15	2.95	1.12	—	510.30
2000	15.37	10.68	3.51	1.18	—	732.03
2001	13.37	9.24	2.82	1.31	—	567.00
2002	12.86	8.85	2.79	1.22	—	554.31
2003	11.02	7.79	2.20	1.03	—	527.50
2004	11.20	7.57	2.57	1.06	—	562.20
2005	8.84	5.85	1.96	1.03	—	548.60
2006	15.42	10.29	3.60	1.53	—	817.40
2007	16.60	11.10	4.30	1.20	—	862.87
2008	14.07	10.14	3.09	0.84	—	720.00
2009	16.00	10.00	4.60	1.40	—	750.00
2010	13.89	8.72	3.64	1.53	—	410.00
2011	15.50	9.30	4.11	2.09	—	410.00
2012	15.70	9.40	4.60	1.70	—	380.00
2013	13.60	8.80	3.80	1.00	—	330.00
2014	13.00	8.50	3.60	0.90	—	320.00
2015	13.50	8.70	3.60	1.20	—	310.00
2016	11.95	8.30	2.80	0.85	—	290.00

　　资料来源：表中为三峡库区 19 个区县的数据，其中 1996 年是 16 个区县的数据；依据 1997～2017 年《长江三峡工程生态与环境监测公报》整理所得

　　从三峡工程生态与环境监测机构监测的 19 个区县来看，农药使用量与化肥施用量呈现出完全相反的趋势，整体上 2016 年农药使用量比 1996 年少。1998～2000 年三峡库区农药使用量减少幅度十分明显，之后年份农药使用量相对较为平稳。

每公顷农药使用量与总量的变化一致。农药使用量呈现出这样的变化趋势与农业技术的进步有一定关系。从表 1-15 的数据可以看出，与化肥施用的结构相比，三峡库区农药使用的结构相对合理，其中有机磷类农药使用量还略高于其他类型的农药。

表 1-15   1996～2016 年三峡库区农药使用情况

年份	农药使用量/t	有机磷/t	有机氮/t	菊酯类/t	除草剂/t	其他/t	每公顷农药使用量/kg
1996	1228.00	660.80	259.30	104.20	——	203.70	4.64
1997	1463.00	829.00	325.00	115.00	78.00	116.00	6.14
1998	964.00	609.00	187.00	65.00	32.00	71.00	4.60
1999	1160.60	524.90	217.70	110.00	77.30	230.70	4.48
2000	765.66	462.91	106.59	68.50	40.88	86.78	3.65
2001	791.46	473.67	92.31	80.53	37.23	107.72	3.22
2002	779.40	478.28	95.93	75.57	36.12	93.50	3.36
2003	645.37	399.20	81.75	41.79	31.52	91.11	3.09
2004	649.66	325.24	155.72	53.89	39.81	75.00	3.26
2005	541.05	257.64	136.45	48.55	38.24	60.17	3.11
2006	655.48	285.71	118.58	115.61	60.65	74.93	3.47
2007	654.10	294.07	110.59	112.96	63.14	73.34	3.40
2008	532.10	291.30	105.30	45.40	42.20	47.90	2.72
2009	699.40	344.20	157.80	66.90	78.40	52.10	3.28
2010	593.20	289.60	118.40	44.90	80.40	59.90	1.73
2011	701.80	327.04	145.27	51.23	112.99	65.27	1.84
2012	701.30	319.79	100.29	58.21	126.23	96.78	1.70
2013	645.80	299.00	134.30	49.60	134.30	102.30	1.53
2014	615.40	302.00	108.00	59.20	80.30	115.20	1.27
2015	601.80	299.30	105.30	56.50	105.30	81.50	1.48
2016	518.50	190.80	80.30	40.00	80.30	115.20	1.27

资料来源：表中为三峡库区 19 个区县的数据，其中 1996 年是 16 个区县的数据；依据 1997～2016 年《长江三峡工程生态与环境监测公报》整理所得

在三峡库区独特的地理单元中，随着农业生产活动的进行，所使用的化肥农药并不是都会被利用或吸收的，其中有很大一部分通过各种途径流失到水体中，因此农业污染是库区非点源污染的主要来源之一，这对三峡库区水质造成了严重的威胁。从表 1-16 的数据来看，三峡库区化肥非点源污染日益严重，2006~2016年化肥年均流失量为 1.208 万 t，其中年均流失的总氮量为 0.94 万 t，年均流失的总磷量为 0.19 万 t，年均流失的总钾量为 0.08 万 t。另外，从表 1-17 的数据来看，三峡库区 2006~2016 年农药年均流失量为 40.42t，其中有机磷类农药年均流失量为 24.08t，有机氮类农药年均流失量为 4.64t，菊酯类农药年均流失量为 3.26t，除草剂类农药年均流失量为 4.66t。

表 1-16　2006~2016 年三峡库区化肥流失量　　　　（单位：万 t）

项目	2006 年	2007 年	2008 年	2009 年	2010 年	2011 年	2012 年	2013 年	2014 年	2015 年	2016 年
氮	0.90	1.11	1.02	1.11	0.87	0.93	0.94	0.98	0.83	0.86	0.75
磷	0.15	0.21	0.18	0.25	0.18	0.20	0.23	0.20	0.17	0.20	0.16
钾	0.04	0.06	0.06	0.07	0.08	0.10	0.08	0.07	0.05	0.10	0.15
总量	1.09	1.38	1.26	1.43	1.13	1.23	1.25	1.25	1.05	1.16	1.06

资料来源：2007~2017 年《长江三峡工程生态与环境监测公报》

表 1-17　2006~2016 年三峡库区农药流失量　　　　（单位：t）

项目	2006 年	2007 年	2008 年	2009 年	2010 年	2011 年	2012 年	2013 年	2014 年	2015 年	2016 年
有机磷	25.56	23.48	22.60	27.7	23.20	26.22	25.50	23.90	23.80	24.30	18.60
有机氮	6.01	5.51	5.40	7.90	6.00	7.18	4.98	3.00	1.50	2.10	1.50
菊酯类	6.17	5.62	2.30	3.40	2.20	2.51	2.89	2.50	2.70	2.10	3.50
除草剂	3.38	3.13	2.10	3.90	4.00	5.70	6.32	6.70	5.70	5.10	5.20
其他	5.87	3.54	2.50	2.70	3.00	3.28	4.81	5.10	3.40	2.70	4.70
总量	46.99	41.28	34.90	45.60	38.40	44.89	44.50	41.20	37.10	36.30	33.50

资料来源：2007~2017 年《长江三峡工程生态与环境监测公报》

三峡库区山多地少，是我国重要的畜牧业生产基地，库区各区县已成为本区域著名的肉类、禽蛋主产地。三峡库区的大多数畜禽粪便未经无害化处理就直接堆放或排放；随着库区畜牧业的进一步发展，三峡库区奶牛、猪、鸡等养殖量将增加；规模化、集约化大中型畜禽养殖场兴起。因此三峡库区的农业污染除了化肥农药的使用以外，畜禽粪便的非点源污染问题变得越来越严重。

1.6.4 船舶流动污染

三峡库区地处长江流域，跨湖北、重庆两省（直辖市），水资源蕴藏量十分丰富。三峡工程蓄水以后，江面变宽，大大地促进了长江航运的快速发展。同时，船舶数量也迅速增加，排污难度增大，三峡库区的自净能力大为减弱。因此，必须关注三峡库区的船舶流动污染。船舶日常的油污染主要来自两个方面：一方面是船舶溢油，另一方面是舱底油污水。据 2017 年《长江三峡工程生态与环境监测公报》统计，三峡库区航运企业单位有 100 多家，拥有大小船舶近万艘。除大型企业有排污治理措施外，许多中小企业没有治理措施，舱底油污水和洗舱水直接排入江内，造成油污染。根据抽测，有的油污水达 5000～60 000g/L，而标准限值仅为 15mg/L，最大超标高达 4000 倍，污染十分严重。从表 1-18 来看，船舶油污水的排放量存在波动，但在 1998～2014 年总量始终在 40 万 t 以上，且平均每艘船的排污量也高达 60t 以上，可见船舶油污水中石油类污染对库区生态环境造成了一定的破坏。船舶上生活污水与生活垃圾的排放量较小，但由于基本没有进行处理就直接排放到水库水面，其影响亦不容忽视。

表 1-18　1998～2016 年三峡库区船舶流动污染情况

年份	排污船舶/艘	船舶油污水排放量/万 t	每艘排污量/t	石油类排放量/t
1998	8327	51.13	61.40	25.74
1999	8755	77.91	88.99	85.05
2000	7437	53.63	72.11	56.00
2001	7066	82.00	116.05	33.70
2002	5700	51.10	89.65	56.20
2003	5873	42.12	71.72	65.94
2004	6079	52.97	87.14	44.00
2005	6081	46.69	81.71	40.46

续表

年份	排污船舶/艘	船舶油污水排放量/万 t	每艘排污量/t	石油类排放量/t
2006	6740	47.08	68.85	28.02
2007	6753	50.93	75.42	39.54
2008	6428	41.20	64.09	37.87
2009	6466	41.30	63.87	37.40
2010	7325	48.13	65.71	41.18
2011	7620	49.59	65.08	45.25
2012	8215	51.02	62.11	46.75
2013	7937	50.00	75.45	55.20
2014	7487	43.90	83.19	46.10
2015	7628	39.40	98.68	37.90
2016	5862	30.21	103.51	26.42

资料来源：1999~2017 年《长江三峡工程生态与环境监测公报》

2 三峡库区重庆段独特地理单元农业非点源污染发展变化

非点源污染是水环境质量恶化的重要污染源，是水质难以彻底改善和恢复的主要因素，按发生来源可划分为农业非点源污染和城市非点源污染，其中以农业非点源污染的贡献率最大（杨育红和阎百兴，2010）。目前，三峡库区非点源污染入库污染负荷约占三峡库区入库污染总负荷的 71%，三峡库区的主要污染源包括农药化肥流失污染、农作物秸秆污染、养殖污染、农村生活污染和径流污染等。非点源污染物的行为过程受流域内生态环境质量的制约。三峡工程的生命力不仅仅取决于三峡工程本身质量，最终取决于整个三峡库区的生态环境质量。三峡库区生态环境安全是三峡工程寿命长短的重要因素之一，三峡库区的生态环境质量的好坏与三峡库区的移民生产生活和社会经济的可持续发展直接相关。弄清楚三峡库区非点源污染物的排放量、排放强度，确定非点源污染的敏感区域等，对去除三峡库区非点源污染存在的潜在威胁有重要的现实意义。正确地认识三峡库区的区域污染特征、非点源污染源、污染物以及准确估算非点源污染负荷对整个三峡库区生态环境污染治理有举足轻重的作用。三峡库区非点源污染主要来自农业的非点源污染，因此本书主要对三峡库区农业非点源污染进行研究。

2.1 研究范围及数据获取

本书主要从种植业、畜禽养殖业、农村居民生活过程中产生的生活污水和生活垃圾三种类型来研究三峡库区农业非点源污染。本书课题组目前只获取到湖北库区各区县的化肥施用量、农药使用量、人口数、土地面积，而养殖业方面相关的数据无法获取。由于研究需要保证研究对象的完整性，本书无法对三峡库区湖北段农业非点源污染进行研究，并且全国关于三峡库区的相关研究大都直接忽视了三峡库区湖北段，可以认为三峡库区湖北段对三峡库区整体研究结果不产生重大影响（陈敏鹏等，2006；张智奎和肖新成，2012），因此本书只对三峡库区重庆段的农业非点源污染进行了研究。其中，重庆渝中区没有农业，因此本书未对其进行研究。养殖业以猪、牛、羊、家禽为统计对象，数据来源于三峡库区重庆段各区县1999～2017年统计年鉴中养殖业发展数据。化肥施用量数据来源于三峡库区重庆段各区县1999～2017年统计年鉴中化肥施用量统计。人口数据来源于重庆各区县1999～2017年统计年鉴中从事农业劳动人口数据。土地面积的数据来源于重庆各区县政府网站。2001～2016年地表水资源拥有量来源于2002～2017年《重庆市水资源公报》。在本章中，由于涉及的指标和数据较为复杂，在此说明：一是本章数据的时间段都是由数据本身的可获得性和准确性所决定的，课题组尽量保留数据的完整性，导致部分指标分析的时间段不统一；二是由于分析的时间较长，并且时间段不统一，本章在撰写2.4～2.7节内容的过程中，为了揭示不同时间段农业非点源污染物发展状况的时空差异特征，并且综合考虑数据获得性和污染物的横向比较，以5年为时间间隔，划分的时间节点统一为2001年、2006年、2011年、2016年。

2.2 研 究 方 法

2.2.1 非点源污染指标核算

农业非点源污染的测算采用清单分析和指标替代相结合的方法，本书研究的农业非点源污染主要是指种植、畜禽养殖业、农村居民生活过程中产生的生活污水和生活垃圾三种类型的四类（COD、NH_3-N、TN、TP）主要污染物。对农业非点源污染物排放量参照陈敏鹏等（2006）的排污系数和清单分析法进行测算，计算公式如下：

$$E = \sum_i EU_i \rho_i (1-\eta) C_i(EU_i, S)$$
$$= \sum_i PE_i \rho_i (1-\eta_i) C_i(EU_i, S) \tag{2-1}$$

$$EI = E / AL \tag{2-2}$$

式中，E 为农业非点源污染物的排放量；EU_i 为第 i 种污染源指标的统计数量；ρ_i 为单元第 i 种污染物的产污强度系数；η 为相关资源利用效率的系数；PE_i 为相关资源利用效率的系数；C_i 为第 i 种污染物的流失系数，该变量由污染源和空间具体特征（S）决定，表征区域地理特征、降水、水文、复种指数及管理措施等复杂因素对农业非点源污染的综合影响；EI 为农业非点源污染物的单位排放强度；AL 为区域耕地面积。

参考第一次全国污染源普查产排污系数手册，通过收集并分析相关文献和重庆市的相关资料，结合重庆库区典型区域的产排污研究，依照分类原则确定排污系数。由于当时第二次全国污染源普查产排污系数手册数据尚未公布，当时关于污染排污系数各省市依旧沿用第一次全国污染源普查产排污系数手册的数据，因此本书也沿用第一次全国污染源普查产排污系数手册的数据。化肥中 COD、TN、TP、NH_3-N 的流失系数分别为 1.97%、2.45%、1.12%、1.04%，化肥的利用率为 35%；重庆市农村生活污水排放 COD、NH_3-N、TN、TP 为人均每天 12.1g、4.0g、4.8g、4.49g；生活垃圾排放量为人均每天 0.64kg，各污染物排放系数分别为 COD 占 0.25%、TP 占 0.21%、TN 占 0.22%、NH_3-N 占 0.021%。第一次全国污染源普查产排污系数手册表明，重庆市畜禽粪便的利用率约为 54%。生活垃圾的排放系数为人均定额 0.5～1.2kg/d，人均生活污水排放量为 0.67L/d，乡村入河系数取 0.30；农村人均生活垃圾排放量为 0.67kg/d，乡村入河系数取 0.20。参考研究结果，畜禽养殖业的 TN 和 TP 输出系数分别取各自排泄系数的 10%，畜禽养殖污染源排放系数见表 2-1。

表 2-1 重庆库区畜禽养殖污染源排放系数

禽类	COD	NH_3-N	TN	TP
猪	19.8	1.96	2.78	0.33
牛	31.79	102.4	1.85	0.4
羊	3.27	0.9	1.4	0.09
家禽	0.006 7	0.004 6	0.001 2	0.000 035

种植业污染源排放量的指标核算公式如下：

$$化肥污染源排放量=化肥施用量（折纯量）\times 入河系数$$

$$有机肥污染源排放量=有机肥施用量\times（1-有机肥利用率）\times 有机肥养分含量\times 入河系数$$

$$（2\text{-}3）$$

养殖业污染源排放量指标核算。利用国家环境保护局 2002 年推荐的《全国规模化畜禽养殖业污染情况调查及防治对策》中的畜禽粪便排放系数，以最大量计算畜禽粪尿排放量：

$$畜禽养殖污染源排放量=养殖总量×畜禽粪便排放系数×污染物入河系数$$

$$（2-4）$$

生活污染源排放量指标核算。根据李杰霞等（2008）对重庆市农业非点源污染负荷的空间分布特征研究计算如下：

$$生活污水污染排放量=农村人口总数×农村生活污水排放系数×污水平均含量×入河系数$$

$$生活垃圾污染排放量=农村人口总数×农村生活垃圾排放系数×垃圾渗滤液平均含量×入河系数$$

$$（2-5）$$

污染物负荷强度的核算：

$$污染物负荷强度=某地区污染物排放量/某地区土地面积 \quad （2-6）$$

2.2.2 聚类分析法

聚类分析是统计学中研究"物以类聚"问题的多元统计分析法，在统计分析划分对象类别时应用广泛。常用的聚类分析法有系统聚类法和 K-均值聚类法。系统聚类法是目前国内外使用最多的一种聚类方法，这种方法是先将聚类的样本或变量各自看成一群，然后确定类与类间的相似统计量，并选择最接近的两类或若干个类合并成一个新类，计算新类与其他各类间的相似性统计量，再选择最接近的两群或若干群合并成一个新类，直到所有的样本或变量都合并成一类为止。相比于系统聚类法而言，K-均值聚类法具有聚类速度快的特点，适用于处理多变量、大样本数据，因此本书采用 K-均值聚类法。其基本思想是：首先，根据需要划分的类别个数确定 K 个聚类中心；其次，注意计算每一个对象到各类别中心点的距离，按照距离最近原则把所有对象归为 K 个类别，并计算新形成的 K 个类别的中心点；最后，把这 K 个计算出来的中心点作为新的原始中心点，重新按照距离远近进行分类。如此重复下去，直到达到一定的收敛标准或事先指定的迭代次数为止。本书使用社会科学统计软件包（SPSS）软件进行 k 均值聚类分析，由 SPSS 自动根据数据本身的特征初步确定 K 个原始中心点。

2.2.3 内梅罗指数

为了综合评价各区县地表水农业非点源污染导致的污染程度，在此引入内梅罗指数。内梅罗指数是美国的 N. L. Nemerow 教授提出的专门针对河流水质评价的污染指数。该指数由于兼顾最高污染状况与平均污染状况，而被广泛用于其他要素乃至其他领域的综合评价。

首先，计算各污染指数的单项污染指数 I_{ik}。

$$I_{ik} = \frac{C_{ik}}{S_k} \tag{2-7}$$

其中，I_{ik} 为第 i 区县、第 k 污染物的单项污染指数；C_{ik} 为第 i 区县、第 k 污染物的水质浓度（mg/L）；S_k 为第 i 污染物的地表水质标准（mg/L）。

$$I_{i(\text{ave})} = \frac{\sum\limits_{k=1}^{4} I_{ik}}{4} \tag{2-8}$$

$$I_{i(\text{max})} = \max(I_{ik}) \tag{2-9}$$

其中，$I_{i(\text{ave})}$ 为第 i 区县各污染物的单项污染指数的平均值，$I_{i(\text{max})}$ 为第 i 区县各污染物的单次污染指数的最大值。

最后，计算内梅罗指数 I_i。

$$I_i = \sqrt{\frac{I_{i(\text{ave})}^2 + I_{i(\text{max})}^2}{2}} \tag{2-10}$$

2.3 三峡库区重庆段农业非点源污染物排放量发展变化

2.3.1 三峡库区重庆段农业非点源污染物排放量总体变化分析

由表 2-2 可知，1998～2016 年，随着农业的快速发展和化肥农药的施用，三峡库区重庆段农业非点源污染呈现出加重的态势，其污染物排放量由 1998 年的 202 502.191 8t 上升为 2016 年的 220 049.582 8t。其中，1998 年的农业非点源污染物排放量是十几年来最低的，2004 年农业非点源污染物排放量达到最高，1998～2016 年最低和最高农业非点源污染物排放量分别为 202 502.191 8t、226 297.920 3t。1998～2016 年，库腹地区农业非点源污染物排放量呈上升趋势，从 116 477.021 9t 增加至 136 237.235 4t。其中，1998 年的农业非点源污染物排放量是最低的，在 2015 年达到最高排放量，1998～2016 年库腹地区的最低和最高农业非点源污染物排放量分别为 116 477.021 9t、137 195.231 1t。1998～2016 年，库腹地区农业非点源污染排放总量都要高于库尾地区，并且库尾地区的排放总量在 2005～2016 年呈下降趋势，而库腹地区呈上升趋势。其中，1998～2004 年库腹地区呈上升趋势，在 2004～2014 年有较小的下降趋势，但是在 2014～2016 年呈明显上升趋势。库尾地区在 1998～2004 年呈明显的上升趋势，与库腹地区的农业非点源污染物排放量总体趋势相同，其中库尾地区的上升趋势波动较大，在 1999 年、2002 年、2004 年出现拐点，而库腹地区波动较小，仅在 2004 年出现拐点。但是 2004～2016 年，库尾地区就呈明显的下降趋势，并且波动较大，在 2005 年、2007 年、2015 年出现拐点。相对于库尾地区，库腹地区在 2004～2016 年仅在 2015 年出现拐点，波动较小。

表 2-2　1998～2016 年三峡库区重庆段农业非点源污染物排放量　（单位：t）

年份	库腹	库尾	三峡库区重庆段
1998	116 477.021 9	86 025.169 9	202 502.191 8
1999	120 658.655 1	92 172.639 9	212 831.295 0
2000	121 577.706 8	92 983.148 1	214 560.854 9
2001	122 469.675 0	93 773.949 8	216 243.624 8
2002	123 453.802 0	94 342.476 8	217 796.278 8
2003	123 793.001 7	98 286.532 8	222 079.534 5
2004	127 324.731 3	98 973.189 0	226 297.920 3
2005	125 260.956 3	94 713.651 6	219 974.607 9
2006	125 400.441 5	94 657.378 3	220 057.819 8
2007	124 957.706 0	95 135.892 3	220 093.598 3
2008	124 266.461 9	94 026.142 1	218 292.604 0
2009	123 911.178 6	93 596.414 6	217 507.593 2
2010	123 725.831 1	92 638.950 2	216 364.781 3
2011	122 537.547 0	92 078.374 6	214 615.921 6

续表

年份	库腹	库尾	三峡库区重庆段
2012	125 425.812 0	93 787.431 0	219 213.243 0
2013	125 833.797 3	93 785.262 5	219 619.059 8
2014	125 932.515 8	93 807.197 7	219 739.713 5
2015	137 195.231 1	83 225.261 2	220 420.492 3
2016	136 237.235 4	83 812.347 4	220 049.582 8

从库腹、库尾地区在三峡库区重庆段的占比来看（图 2-1），库腹地区的农业非点源污染的占比一直较高，并且 2015～2016 年占比呈增加趋势，而库尾地区的占比 1998～2016 年一直低于库腹地区并且 2008～2011 年三峡库区重庆段污染物排放呈下降趋势，从 1998～2016 年三峡库区重庆段、库腹地区、库尾地区农业非点源污染物排放量总体变化及占比来看，其农业非点源污染主要来自库腹地区。

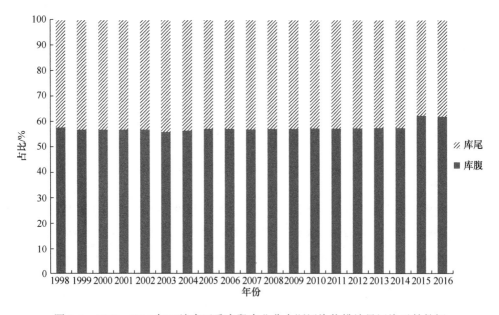

图 2-1 1998～2016 年三峡库区重庆段农业非点源污染物排放量污染贡献份额

从三峡库区重庆段农业非点源污染物排放量的增速来看（表 2-3），1999～2004年，增速整体呈下降趋势，并且每一年的农业非点源污染物排放量的增速都大于

0。也就是说 1999～2004 年三峡库区重庆段农业非点源污染物排放量持续增加，但是增加的幅度在减小，其中在 1999 年和 2002 年出现了极大值和极小值，增速分别为 5.1007、0.7180。2005～2011 年，其增速波动较小，除 2006 年、2007 年的增速正向趋近于 0，是正增长状态以外，其余年份增速均小于 0，呈负增长状态，其中在 2005 年和 2006 年出现极小值和极大值，增速分别为−2.7942、0.0378。2012～2016 年整体增速放缓，趋近于 0，说明这几年三峡库区重庆段的农业非点源污染物排放量变化不大，其中在 2012 年和 2016 年分别出现极大值和极小值，增速分别为 2.1421、−0.1683。总的来说，三峡库区重庆段农业非点源污染物排放量的增速整体呈明显的下降趋势，波动较小，仅在 2005 年、2012 年、2016 年出现拐点，在 1999～2004 年增速波动较大，在 2005～2016 年增速波动较小。

对于库腹地区来说，1999～2004 年农业非点源污染物排放量增速整体呈下降趋势，并且每一年的增速都大于 0，其中在 1999 年和 2003 年增速出现极大值和极小值点，增速分别为 3.5901、0.2748，说明库腹地区在 1999～2004 年农业非点源污染物排放量都是正向增加的趋势，在 1999 年增长幅度较大，在 2003 年增长幅度较小。2005～2011 年，除了 2006 年的增速大于 0 之外，其余年份的农业非点源污染物的排放量增速均小于 0，说明在此期间农业非点源污染总体呈下降状态，但是下降幅度较小，其中分别在 2005 年和 2006 年达到极小值和极大值，增速分别为−1.6209、0.1114。2012～2016 年，增速波动较大，在 2012 和 2016 年出现拐点，且在 2015 年和 2016 年分别出现极大值和极小值，增速分别为 8.9435、−0.6983。总的来说，1999～2016 年库腹地区的农业非点源污染物排放量增速整体呈缩小趋势，在 2005 年、2007 年、2012 年、2016 年出现拐点，说明库腹地区整体的农业非点源污染物排放量变化幅度较大，但是整体呈下降趋势。

对于库尾地区而言，1999～2004 年农业非点源污染物排放量总体呈下降趋势，且每一年农业非点源污染物排放量的增速都大于 0，说明这期间农业非点源污染物排放量一直呈增加趋势，但增加的幅度在减少，其中分别在 1999 年和 2002 年出现极大值和极小值，增速分别为 7.1461、0.6063。这期间库尾地区与库腹地区的增速的走势大致相同。2005～2013 年，库尾地区的增速波动不大，分别在 2005 年与 2012 年出现拐点并且分别对应极小值和极大值，增速分别为−4.3037、1.8561，在此前呈平缓的上升趋势，也与库腹地区存在相同走势。但是在 2014～2016 年，库尾地区呈明显的下降趋势，波动较大，在 2016 年与 2015 年出现极大值和极小值，增速分别是 0.7054、−11.2805。这 3 年的走势与库腹地区的走势截然不同，库尾地区是先降低再升高，库腹地区是先升高再降低。虽然库腹和库尾地区在某些年份的波动较大，但是三峡库区重庆段农业非点源污染物排放量增速呈下降趋势，并且波动较小。

表 2-3 1999～2016 年三峡库区重庆段农业非点源污染物排放量增速（%）

年份	库腹	库尾	三峡库区重庆段
1999	3.5901	7.1461	5.1007
2000	0.7617	0.8793	0.8126
2001	0.7337	0.8505	0.7843
2002	0.8036	0.6063	0.7180
2003	0.2748	4.1806	1.9666
2004	2.8529	0.6986	1.8995
2005	−1.6209	−4.3037	−2.7942
2006	0.1114	−0.0594	0.0378
2007	−0.3531	0.5055	0.0163
2008	−0.5532	−1.1665	−0.8183
2009	−0.2859	−0.4570	−0.3596
2010	−0.1496	−1.0230	−0.5254
2011	−0.9604	−0.6051	−0.8083
2012	2.3570	1.8561	2.1421
2013	0.3253	−0.0023	0.1851
2014	0.0785	0.0234	0.0549
2015	8.9435	−11.2805	0.3098
2016	−0.6983	0.7054	−0.1683

由表 2-4 和图 2-2 可知，1998～2016 年，三峡库区重庆段农业非点源污染物平均排放量为 217 803.20t，污染物 NH_3-N、COD、TN、TP 平均排放量分别为 45 544.85t、137 814.93t、31 268.93t、3174.49t，其贡献份额分别为 20.91%、63.27%、14.36%、1.46%，说明 1998～2016 年三峡库区重庆段农业非点源污染最主要的污染物为 COD，其次为 NH_3-N、TN，对库区污染最小的为 TP。

1998～2016 年，库腹地区和库尾地区的农业非点源污染物平均排放量分别为 125 075.74t、92 727.45t。可以看出库腹地区的排放量要明显高于库尾地区，也印证了前文分析得出的三峡库区重庆段农业非点源污染物主要来自库腹地区的结论。从 NH_3-N、COD、TN、TP 4 种污染物的平均排放量来看，库腹地区污染物 NH_3-N 的平均排放量为 25 819.88t，占比为 20.64%；污染物 COD 的平均排放量为 79 667.18t，占比为 63.70%；污染物 TN 的平均排放量为 17 781.92t，占比为 14.22%；污染物 TP

的平均排放量为 1806.76t，占比为 1.44%。从以上分析可知，库腹地区 4 种污染物中排放最多的是 COD，最少的是 TP，而 NH₃-N 的排放量略高于 TN 的排放量，可知库腹地区的主要污染物是 COD。库尾地区农业非点源污染物的平均排放量为 92 727.45t，其中污染物 NH₃-N 的平均排放量为 19 724.97t，占比为 21.27%；污染物 COD 的平均排放量为 58 147.75t，占比为 62.71%；污染物 TN 的平均排放量为 13 487.01t，占比为 14.54%；污染物 TP 的平均排放量为 1367.72t，占比为 1.48%。从对库尾地区 4 种污染物的平均排放量的比较分析来看，污染物 COD 的平均排放量最高，最低的是污染物 TP 的平均排放量，而污染物 NH₃-N 的平均排放量略高于污染物 TN。

从以上分析可知，库腹地区与库尾地区农业非点源污染物的平均排放量最高的都是 COD，平均排放量最少的是 TP，污染物 NH₃-N 的平均排放量略高于污染物 TN，4 种污染物的平均排放量走势大致相同。其中，库腹地区的农业非点源污染物 NH₃-N、COD、TN 及 TP 的平均排放量都要高于库尾地区，说明库腹受 NH₃-N、COD、TN、TP 的污染程度要比库尾严重。库腹、库尾地区受 COD 的污染最为严重，TP 污染较小。

表 2-4　1998～2016 年三峡库区重庆段农业非点源污染物平均排放量及占比

污染物	三峡库区重庆段		库腹		库尾	
	排放量/t	占比/%	排放量/t	占比/%	排放量/t	占比/%
NH₃-N	45 544.85	20.91	25 819.88	20.64	19 724.97	21.27
COD	137 814.93	63.27	79 667.18	63.70	58 147.75	62.71
TN	31 268.93	14.36	17 781.92	14.22	13 487.01	14.54
TP	3 174.49	1.46	1 806.76	1.44	1 367.72	1.48
总量	217 803.20	100	125 075.74	100	92 727.45	100

注：因四舍五入原因，计算所得数值有时与实际数值有些微出入，特此说明

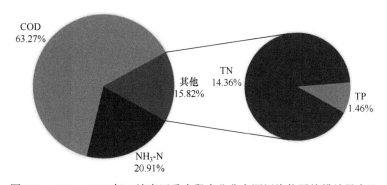

图 2-2　1998～2016 年三峡库区重庆段农业非点源污染物平均排放量占比

2.3.2　三峡库区重庆段各区县的农业非点源污染物排放量发展变化

由表 2-5 可知，从 1998～2016 年三峡库区重庆段各区县农业非点源污染物平均排放量来看，万州的农业非点源污染物的综合排放量最高，达 24 627.517 4t。其次为开州、忠县、奉节、云阳、江津和巫山，这 6 个区县的综合排放量分别是 24 079.985 9t、19 909.082 5t、19 561.523 9t、19 305.402 0t、19 076.377 5t、17 337.101 5t。排放量在最后的 6 个区县分别是巴南、江北、南岸、九龙坡、大渡口和沙坪坝，它们的农业非点源污染物综合排放量分别是 7464.7073t、7020.5814t、5050.3411t、3684.2083t、2871.7842t、2325.6476t。

从 4 种污染物的排放量来看，污染物 COD 排放量最高的是巫山，达 11 436.679 9t，其次为忠县、奉节、万州、开州、北碚和涪陵 6 个区县，这 6 个地区的污染物 COD 的排放量分别是 11 372.642 5t、10 936.494 3t、10 703.020 4t、8799.1008t、8151.3067t、7846.9381t。污染物 COD 排放量在最后的 6 个区县分别是南岸、巫溪、江北、大渡口、九龙坡、沙坪坝，它们的污染物 COD 排放量分别是 3832.1524t、3680.8252t、1956.8903t、1616.9327t、1495.6998t、1317.6805t。沙坪坝是三峡库区重庆段污染物 COD 排放量最少的，也是主城区最低的，即受污染物 COD 污染较轻，巫山是三峡库区重庆段污染物 COD 排放量最高的，即受污染物 COD 影响较为严重。从污染物 NH₃-N 来看，排放量最高的是开州，达 4681.3309t，其次是万州、江津、云阳、渝北、忠县、奉节 6 个区县，这 6 个区县的污染物 NH₃-N 排放量分别是 4551.4378t、4525.5053t、3672.0528t、3239.5676t、2680.4638t、2666.3897t；污染物 NH₃-N 排放量在最后的 6 个区县分别是长寿、九龙坡、巴南、南岸、沙坪坝、大渡口，它们的污染物 NH₃-N 排放量分别是 1287.4827t、795.4595t、640.2464t、437.9039t、312.2122t、293.4596t。大渡口的污染物 NH₃-N 排放量是最低的，说明大渡口受污染物 NH₃-N 污染最小，而开州环境受到较大影响。从污染物 TN 来看，排放量最高的是开州，达 9035.8240t，说明开州受到污染物 TN 的影响较为严重，其次是万州、江津、云阳、渝北、奉节、忠县 6 个区县，这 6 个区县的污染物 TN 排放量分别是 8010.2619t、7656.1663t、6913.5538t、6082.5063t、5071.7938t、5027.1307t；污染物 TN 排放量在最后的 6 个区县分别是长寿、九龙坡、巴南、大渡口、南岸、沙坪坝，它们的排放量分别是 2126.4546t、1185.5874t、1131.6187t、847.4405t、673.7490t、592.0148t，其中沙坪坝污染物 TN 排放量是最低的。从污染物 TP 的排放量来看，开州的排放量是最高的，达 1563.7302t，其次是万州、江津、云阳、渝北、奉节、忠县等 6 个区县，这 6 个区县的排放量分别是 1362.7973t、1306.2779t、1242.7500t、1004.8701t、886.8461t、828.8455t；污染物 TP 排放量在最后的 6 个区县分别是长寿、九龙坡、巴南、大渡口、南岸、沙坪坝，它们的污染物 TP 排放量分别是 361.4503t、207.4616t、177.3406t、113.9514t、106.5358t、103.7401t，其中沙坪坝的污染物 TP 排放量最低，即沙坪坝受到的 TP 污染较小。

从库腹地区内部的各区县对比来看，万州农业非点源污染物的综合排放量最高，高达 24 627.5174t，其次为开州、忠县、奉节和云阳等 4 个区县，农业非点源污染物综合排放量分别是 24 079.985 9t、19 909.082 5t、19 561.523 9t、19 305.402 0t。综合排放量最低的是巫溪，为 9333.2683t。从 4 种污染物的排放量来分析，污染物 COD 中，巫山排放量最高，达 11 436.679 9t，其次是忠县、奉节、万州、开州 4 个区县，排放量分别是 11 372.642 5t、10 936.494 3t、10 703.020 4t、8799.1008t。巫溪的污染物 COD 排放量最低，仅为 3680.8252t。污染物 NH_3-N 中，排放量最高的是开州，高达 4681.3309t，其次是万州、云阳、忠县、奉节 4 个区县，排放量分别为 4551.4378t、3672.0528t、2680.4638t、2666.3897t。在库腹地区中巫溪污染物 NH_3-N 排放量最低，为 1588.4554 吨。污染物 TN 中，开州排放量最高，达 9035.8240t，其次是万州、云阳、奉节和忠县，排放量分别是 8010.2619t、6913.5538t、5071.7938t、5027.1307t。石柱污染物 TN 排放量最低，为 3204.5438t。污染物 TP 中，开州排放量最高，达 1563.7302t，其次是万州、云阳、奉节和忠县 4 个区县，排放量分别是 1362.7973t、1242.7500t、886.8461t、828.8455t，最低的是石柱，排放量为 511.4896t。

从三峡库区重庆段库尾地区的 10 个区县来看，江津的农业非点源污染物的综合排放量最高，高达 19 076.377 5t，其次为渝北、北碚、长寿和巴南 4 个区县，这 4 个区县的排放量分别是 15 916.009 2t、14 914.315 8t、8742.6518t、7464.7073t，而沙坪坝是农业非点源污染物综合排放量最低的地区，仅为 2325.6476t。从 4 种污染物的排放量来看，污染物 COD 排放量最高的是北碚，高达 8151.3067t，其次是渝北、江津、巴南和长寿 4 个区县，这 4 个区县污染物 COD 排放量分别是 5589.0652t、5588.4280t、5515.5016t、4967.2642t，而沙坪坝的污染物 COD 排放量是最低的，仅为 1317.6805t。污染物 NH_3-N 排放量最高的为江津，高达 4525.5053t，其次为渝北、北碚、江北和长寿 4 个区县，排放量分别是 3239.5676t、2116.1353t、1480.3597t、1287.4827t，而大渡口的排放量是最低的，仅为 293.4596t。污染物 TN 排放量最高的是江津，达 7656.1663t，其次为渝北、北碚、江北和长寿 4 个区县，这 4 个区县排放量分别是 6082.5063t、3948.1633t、3058.0225t、2126.4546t，而沙坪坝的排放量是最低的，仅为 592.0148t。污染物 TP 排放量最高的为江津，达 1306.2779t，其次为渝北、北碚、江北和长寿 4 个区县，这 4 个区县的排放量分别是 1004.8701t、698.7105t、525.3089t、361.4503t，而沙坪坝的排放量是最低的，仅为 103.7401t。

表 2-5　1998～2016 年三峡库区重庆段各区县农业非点源污染物平均排放量（单位：t）

区域	区县	COD	NH₃-N	TN	TP	综合排放量
库腹	巫溪	3 680.825 2	1 588.455 4	3 477.293 4	586.694 3	9 333.268 3
	开州	8 799.100 8	4 681.330 9	9 035.824 0	1 563.730 2	24 079.985 9
	巫山	11 436.679 9	1 764.831 7	3 537.674 9	597.915 0	17 337.101 5
	云阳	7 477.045 4	3 672.052 8	6 913.553 8	1 242.750 0	19 305.402 0
	奉节	10 936.494 3	2 666.389 7	5 071.793 8	886.846 1	19 561.523 9
	万州	10 703.020 4	4 551.437 8	8 010.261 9	1 362.797 3	24 627.517 4
	忠县	11 372.642 5	2 680.463 8	5 027.130 7	828.845 5	19 909.082 5
	石柱	6 771.474 1	1 640.485 0	3 204.543 8	511.489 6	12 127.992 5
	丰都	5 688.082 0	2 574.435 9	4 468.698 1	775.116 8	13 506.332 8
	涪陵	7 846.938 1	2 590.941 5	4 676.995 1	793.482 3	15 908.357 0
	武隆	7 021.410 4	2 005.692 2	3 206.194 0	545.228 1	12 778.524 7
库尾	长寿	4 967.264 2	1 287.482 7	2 126.454 6	361.450 3	8 742.651 8
	渝北	5 589.065 2	3 239.567 6	6 082.506 3	1 004.870 1	15 916.009 2
	北碚	8 151.306 7	2 116.135 3	3 948.163 3	698.710 5	14 914.315 8
	巴南	5 515.501 6	640.246 4	1 131.618 7	177.340 6	7 464.707 3
	沙坪坝	1 317.680 5	312.212 2	592.014 8	103.740 1	2 325.647 6
	江北	1 956.890 3	1 480.359 7	3 058.022 5	525.308 9	7 020.581 4
	南岸	3 832.152 4	437.903 9	673.749 0	106.535 8	5 050.341 1
	九龙坡	1 495.699 8	795.459 5	1 185.587 4	207.461 6	3 684.208 3
	大渡口	1 616.932 7	293.459 6	847.440 5	113.951 4	2 871.784 2
	江津	5 588.428 0	4 525.505 3	7 656.166 3	1 306.277 9	19 076.377 5

2.3.3 三峡库区重庆段农业非点源污染物排放量占比变化

从表 2-6 1998~2016 年三峡库区重庆段各区县各农业非点源污染物平均排放量的占比可以看出，江北、江津、渝北、开州这 4 个区县的污染物 TN 排放量占比最高，分别是 43.5580%、40.1343%、38.2163%、37.5242%。这 4 个区县内污染物排放结构中 TN 占比最高，其余区县都是污染物 COD 排放量的占比最高。污染物 COD 排放量占农业非点污染物排放量的比最高的区县高达 75.8791%，占比最低的区县仅 27.8736%。就污染物 NH_3-N 排放量来看，其在三峡库区重庆段的排放量占比都要低于污染物 TN 排放量，其中污染物 NH_3-N 占比最高的达到 23.7231%，有的区县污染物 NH_3-N 排放量占比较低，仅占该地区 4 种污染物排放量的 8.5770%。在三峡库区重庆段的 21 个区县中，污染物 TP 排放量占比最高的达 7.4824%，排放量占比较低的仅 2.1095%。从以上分析可知，三峡库区重庆段的农业非点源污染主要来自污染物 COD，其次是污染物 TN，再次是污染物 NH_3-N。污染物 TP 在农业非点源污染物中的贡献是最小的。

污染物 COD 是一种常用来评价水体污染程度的综合性指标。COD 越高，表明水体中还原性物质（如有机物）含量越高。还原性物质可降低水体中溶解氧的含量，导致水生生物缺氧，最终使生物死亡、水质腐败变臭。并且，苯、苯酚等有机物还具有较强的毒性，会对水生生物造成直接伤害，我国将污染物 COD 作为重点控制的水污染指标。就三峡库区重庆段农业非点源污染物排放量来说，农村和农业 COD 污染还较为严重，养殖废水、肥料、农药等有机物流入水体对水环境造成严重污染。从三峡库区重庆段的库腹地区和库尾地区的内部来看，虽然库腹地区和库尾地区的污染物 COD 的对应区县占比均值分别为 49.04%、50.71%，差距几乎可以忽略不计，但是库腹地区的内部区县污染物 COD 占比最高达 65.9665%（巫山），占比最低达 36.5411%（开州），污染物 COD 占比的极差为 29.4254%。库尾地区的内部区县的污染物 COD 占比最高达 75.8791%（南岸），占比最低达 27.8736%（江北），污染物 COD 占比的极差为 48.0055%。从库腹地区和库尾地区的污染物 COD 占比的极差来看，库腹地区的极差较小，说明内部的 11 个区县的污染物 COD 的排放量占比相差不大，农业发展水平相差不大，农村的畜禽养殖产业也类似，同时也反映了这 11 个区县环境监管体制机制存在一定的问题，在政策落实、执法监管的过程中存在一些疏漏，让农村的畜禽养殖污染行为，甚至网箱养鱼等污染行为没有得到及时的控制，使得库腹地区的农业非点源污染较为严重。库尾地区污染物 COD 占比的极差远远大于库腹地区的极差，说明库尾地区内部的各区县的农业发展水平有很大的差异，在畜禽养殖的技术手段，或者是农业非点源污染的治理手段上都有很大的差异。从前文的分析可知，南岸的农业非点源污染物排放量在三峡库区重庆段的区县当中排倒数第 4 位，说明污染情况相比其他大部分区县来说较轻，但是从南岸的 4 种污染物的占比来看，污染物 COD 的占比较高，远远高于 NH_3-N、TN、TP，说明南岸在污染物 COD 的污染处理的相关政策和手段上仍然存在一些问题，而这些问题恰好是使得南岸的农业非点源污染变得严重的原因所在。

1998～2016 年，三峡库区重庆段农业非点源污染物 COD 的平均排放量为 6274.5064t，库腹地区的很多区县污染物 COD 的平均排放量明显高于库尾地区的区县，受 COD 污染最为严重的地区分别是巫山、忠县、奉节、万州、开州、北碚、涪陵 7 个区县，其平均排放量分别为 11 436.679 9t、11 372.642 5t、10 936.494 3t、10 703.020 4t、8799.1008t、8151.3067t、7846.9381t，其中除了北碚位于库尾地区，其余 6 个区县均位于库腹地区。污染物 COD 排放量最小的主要来自重庆主城区，分别是沙坪坝、江北、九龙坡、大渡口 4 个地区。综上所述，库腹受 COD 污染的程度明显要高于库尾地区。

表 2-6 1998～2016 年三峡库区重庆段各区县各农业非点源污染物平均排放量占比（%）

区域	区县	COD	NH_3-N	TN	TP
	巫溪	39.4377	17.0193	37.2570	6.2861
	开州	36.5411	19.4408	37.5242	6.4939
	巫山	65.9665	10.1795	20.4052	3.4488
	云阳	38.7303	19.0209	35.8115	6.4373
	奉节	55.9082	13.6308	25.9274	4.5336
库腹	万州	43.4596	18.4811	32.5257	5.5336
	忠县	57.1229	13.4635	25.2504	4.1632
	石柱	55.8334	13.5264	26.4227	4.2174
	丰都	42.1142	19.0610	33.0859	5.7389
	涪陵	49.3259	16.2867	29.3996	4.9878
	武隆	54.9470	15.6958	25.0905	4.2668

区域	区县	COD	NH₃-N	TN	TP
	长寿	56.8164	14.7265	24.3228	4.1343
	渝北	35.1160	20.3541	38.2163	6.3136
	北碚	54.6542	14.1886	26.4723	4.6848
	巴南	73.8877	8.5770	15.1596	2.3757
	沙坪坝	56.6586	13.4247	25.4559	4.4607
库尾	江北	27.8736	21.0860	43.5580	7.4824
	南岸	75.8791	8.6708	13.3407	2.1095
	九龙坡	40.5976	21.5911	32.1802	5.6311
	大渡口	56.3041	10.2187	29.5092	3.9680
	江津	29.2950	23.7231	40.1343	6.8476

2.3.4 三峡库区重庆段农业非点源污染物 COD 发展变化

从表 2-7 1998～2016 年三峡库区重庆段 COD 平均排放量聚类中可以看出，如果将其 2 分类，则巫山、忠县、奉节和万州为一类，剩余的区县为一类。从前文的分析可知，这 4 个区县的污染物 COD 平均排放量较高，都是 10 000t 以上的排放量；其余的 17 个区县污染物 COD 平均排放量均小于 10 000t，所以归为同一类。2 分类时三峡库区重庆段 21 个区县的分类差距较大，这样不利于内部区县之间的差异分析。再将其 3 分类，第一类 COD 平均排放量为 10 000t 及以上，第二类为 3000t 及以下，其余为第三类。第一类是巫山、忠县、奉节和万州，第二类是九龙坡、大渡口、沙坪坝、江北，第三类是渝北、江津、巴南、丰都、长寿、巫溪、南岸、石柱、武隆、涪陵、北碚、云阳、开州。从前文的分析可知，第一类巫山、忠县等 4 个区县 COD 平均排放量是 3 分类里面最高的一类，第二类九龙坡、大渡口等 4 个区县的 COD 平均排放量是 3 分类里面最低的一类，第三类渝北、江津等 13 个区县 COD 平均排放量是 3 分类里面居中的一类。如果将 21 个区县再进一步进行分类，第一类依旧是巫山、忠县、奉节、万州，第二类依旧是九龙坡、大渡口、沙坪坝、江北，第三类为石柱、武隆、涪陵、北碚、云阳、开州，第四类是渝北、江津、巴南、丰都、长寿、巫溪、南岸。根据前文的分析，第一类巫山、忠县等 4 个区县 COD 平均排放量是 4 分类里面最高的，第 3 类石柱、武隆等 6 个区县 COD 平均排放量是 4 分类里面较高的，第 4 类渝北、江津等 7 个区县 COD 平均排放量是 4 分类里面较低的，第二类九龙坡、大渡口等 4 个区县 COD 平均排放量是 4 分类里面最低的。根据以上分类，污染物 COD 平均排放量较高的区县主要位于库腹地区，渝东北巫山、忠县、奉节、万州的 COD 平均排放量较高，而九龙坡、大渡口、沙坪坝、江北这 4 个区县的 COD 平均排放量是较低的，在这 4 个区县的周边区县的 COD 排放量在逐渐向外增加，而在库腹较高的 4 个区县的周边区县逐渐向外减少，也就是说三峡库区重庆段从污染物 COD 的平均排放量来分析，形成两个中心，一是库腹地区巫山、忠县等 4 个区县的高污染中心，朝外延区域扩张，各区县的 COD 平均排放量呈递减的分布状态。另外一个是九龙坡、大渡口等 4 个区县的低污染中心，向周边的其他区县扩张时，COD 平均排放量呈递增的分布状态。

表 2-7 1998～2016 年三峡库区重庆段 COD 平均排放量聚类

分类	第一类	第二类	第三类	第四类
2 分类	巫山、忠县、奉节、万州	渝北、江津、巴南、丰都、长寿、巫溪、南岸、石柱、武隆、涪陵、北碚、云阳、开州、九龙坡、大渡口、沙坪坝、江北	—	—
3 分类	巫山、忠县、奉节、万州	九龙坡、大渡口、沙坪坝、江北	渝北、江津、巴南、丰都、长寿、巫溪、南岸、石柱、武隆、涪陵、北碚、云阳、开州	—
4 分类	巫山、忠县、奉节、万州	九龙坡、大渡口、沙坪坝、江北	石柱、武隆、涪陵、北碚、云阳、开州	渝北、江津、巴南、丰都、长寿、巫溪、南岸

2.3.5 三峡库区重庆段农业非点源污染物 NH₃-N 发展变化

从前文可知，1998～2016 年三峡库区重庆段污染物 $NH_3\text{-}N$ 平均排放量为 45 544.85t，库腹地区很多区县的污染物 $NH_3\text{-}N$ 的平均排放量都明显高于库尾地区的区县，其中开州是所有区县中污染物 $NH_3\text{-}N$ 平均排放量最高的。在库腹地区，万州的排放量相比较于开州要略低一点，但是这 2 个区县的污染物 $NH_3\text{-}N$ 排放量要远远高于库腹地区的其他区县，同时万州的污染物 $NH_3\text{-}N$ 排放量也要略高于库尾地区的江津，但是库尾地区内部污染物 $NH_3\text{-}N$ 的平均排放量差异较大，江津要远远高于库腹地区的其他区县，即开州、万州的污染物 NH_3-N 排放量也要远远高于库腹地区的其他区县。其中，受到污染物 NH_3-N 的污染较为严重的区县主要有开州、万州、江津、云阳、渝北 5 个区县，它们的 NH_3-N 排放量分别是 4681.3309t、4551.4378t、4525.5053t、3672.0528t、3239.5676t，其中开州、万州、云阳位于库腹地区，江津和渝北位于库尾地区。三峡库区重庆段的库腹地区受污染物 NH_3-N 的影响较为严重，在库尾地区江津和渝北受污染物 NH_3-N 的影响较为严重，其他区县受污染物 NH_3-N 的影响较轻。污染物 NH_3-N 平均排放量较低的区县主要是大渡口、沙坪坝、南岸、巴南、九龙坡等地，它们的 NH_3-N 排放量分别是 293.4596t、312.2122t、437.9039t、640.2464t、795.4595t。综上所述，库腹受污染物 NH_3-N 污染的程度明显要高于库尾地区。

表 2-8 为 1998～2016 年三峡库区重庆段 NH_3-N 平均排放量聚类结果。若将 21 个区县的污染物 NH_3-N 平均排放量进行 2 分类，第一类 NH_3-N 平均排放量为 2500t 及以上，第二类为 2500t 以下。则第一类是奉节、忠县、丰都、涪陵、云阳、渝北、万州、江津、开州，其中有 7 个区县位于库腹地区，只有江津和渝北 2 个区县位于库尾地区，并且这一类地区的污染物 NH_3-N 平均排放量都比较高；第二类是沙坪坝、大渡口、南岸、巴南、九龙坡、武隆、北碚、巫溪、石柱、江北、巫山、长寿 12 个区县，其中有 4 个区县位于库腹地区，8 个区县位于库尾地区，第二类区县的污染物 NH_3-N 平均排放量相比较于第一类来说均较低，说明第一类区县受到污染物 NH_3-N 的影响较小，同时说明库尾地区受到的影响也较小，库腹地区的大部分区县受到的 NH_3-N 污染较为严重。如果将 21 个区县的 NH_3-N 平均排放量进行 3 分类，第一类 NH_3-N 平均排放量为 4000t 及以上，第二类为 2500～4000t，第三类为 2500t 以下。则第一类是万州、江津、开州，第二类是奉节、忠县、丰都、涪陵、云阳、渝北，第三类是沙坪坝、大渡口、南岸、巴南、九龙坡、武隆、北碚、巫溪、石柱、江北、巫山、长寿。根据前文的分析，第一类是污染物 NH_3-N 最高排放的地带，受到的影响最为严重，其中江津属于库尾地区，万州和开州属于库腹地区。第二类区县中有 5 个区县位于库腹地区，只有渝北位于库尾地区，说明奉节、忠县、丰都、涪陵和云阳这 5 个区县是库腹地区受到影响较重的区域，渝北受到的影响相较于库尾地区的其他区县较高。第三类有 8 个区县位于库尾地区，4 个区县位于库腹地区，这一分类是受到污染较小的地区，大部分区县都位于库尾地区，说明库尾地区受到污染物 NH_3-N 的影响较小。如果将其进行 4 分类，第一类 NH_3-N 平均排放量为 4000t 及以上，第二类为 2500～4000t，第三类为 1000～2500t，第四类为 1000t 以下。第一类是万州、江津、开州，第二类是奉节、忠县、丰都、涪陵、云阳、渝北，第三类是武隆、北碚、巫溪、石柱、江北、巫山、长寿，第四类是沙坪坝、大渡口、南岸、巴南、九龙坡。进行 4 分类能够更清晰地看出三峡库区重庆段 21 个区县的 NH_3-N 污染情况，第一类是污染物 NH_3-N 平均排放量最高的，也是

受到 NH_3-N 污染最为严重的区域，同时万州、江津、开州形成了一个三角形区域。第二类是 NH_3-N 污染较为严重的区域，从库腹地区来看，污染较为严重的开州—奉节—万州—忠县区域呈"漏斗式"分布状态；从库尾地区来看，NH_3-N 污染水平较高的只有江津和渝北，但是呈散点式分布状态。第三类是污染较低的区县，其中有4个区县位于库腹地区，3个区县位于库尾地区。从第一类最重污染、第二类较重污染和第三类较低污染的区域分布来看，库腹地区的区县数量都要多于库尾地区，说明库腹地区在污染物 NH_3-N 的平均排放量方面，要高于库尾地区，受到污染的情况也要严重于库尾地区。第四类的5个区县全部位于库尾地区，而库腹地区的大部分区域都处于污染物 NH_3-N 污染较为严重状态，其中开州和万州的污染情况亟须采取进一步的管控措施进行治理，否则2个区县的水生态环境将越来越糟糕。

表 2-8　1998～2016 年三峡库区重庆段 NH_3-N 平均排放量聚类

分类	第一类	第二类	第三类	第四类
2分类	奉节、忠县、丰都、涪陵、云阳、渝北、万州、江津、开州	沙坪坝、大渡口、南岸、巴南、九龙坡、武隆、北碚、巫溪、石柱、江北、巫山、长寿	—	—
3分类	万州、江津、开州	奉节、忠县、丰都、涪陵、云阳、渝北	沙坪坝、大渡口、南岸、巴南、九龙坡、武隆、北碚、巫溪、石柱、江北、巫山、长寿	—
4分类	万州、江津、开州	奉节、忠县、丰都、涪陵、云阳、渝北	武隆、北碚、巫溪、石柱、江北、巫山、长寿	沙坪坝、大渡口、南岸、巴南、九龙坡

2.3.6　三峡库区重庆段农业非点源污染物 TN 发展变化

从前文可知，1998～2016 年三峡库区重庆段污染物 TN 平均排放量为31 268.93t，库腹地区很多区县的污染物 TN 的平均排放量都明显高于库尾地区的区县，其中开州是所有区县中污染物 TN 平均排放量最高的。在库腹地区，万州的污染物 TN 排放量相比较于开州要略低一点，但是这 2 个区县要远远高于库腹地区的其他区县，同时开州和万州也要略高于库尾地区的江津，但是库尾地区各区县污染物 TN 的平均排放量差异较大，江津要远远高于库尾地区的其他区县，其中受到污染物 TN 的污染较为严重的区县主要有开州、万州、江津、云阳、渝北 5 个区县，它们的污染物 TN 排放量分别是 9035.8240t、8010.2619t、7656.1663t、6913.5538t、6082.5063t，其中开州、万州、云阳位于库腹地区，江津和渝北位于库尾地区。三峡库区重庆段中，库腹地区受污染物 TN 的影响较为严重。在库尾地区，江津和渝北受污染物 TN 的影响较为严重，其他区县受污染物 TN 的影响较轻。污染物 TN 平均排放量较低的区县主要是沙坪坝、南岸、大渡口、巴南、九龙坡等地，它们的排放量分别是 592.0148t、673.7490t、847.4405t、1131.6187t、1185.5874t。综上所述，库腹地区受污染物 TN 的污染程度明显要高于库尾地区。

表 2-9 为 1998～2016 年三峡库区重庆段 TN 平均排放量聚类结果。若将 21 个区县的污染物 TN 的平均排放量进行 2 分类，第一类 TN 平均排放量为 7000t 及以上，第二类为 7000t 以下。则第一类是云阳、渝北、万州、江津、开州 5 个区县，其中有 3 个区县位于库腹地区，只有江津和渝北 2 个区县位于库尾地区，并且这一类地区的污染物 TN 平均排放量都比较高；第二类是沙坪坝、大渡口、南岸、巴南、九龙坡、武隆、北碚、巫溪、石柱、江北、巫山、长寿、奉节、忠县、丰都、涪陵 16 个区县，其中有 8 个区县位于库腹地区，8 个区县位于库尾地区，这一类区县的污染物 TN 平均排放量相较于第一类来说，均较低，说明这一类的区县受到污染物 TN 的影响较小，同时也说明库尾地区受到的影响较小，而库腹地区的大部分区县受到污染较为严重。如果将 21 个区县的 TN 平均排放量进行 3 分类，第一类 TN 平均排放量为 6000t 及以上，第二类为 3000～6000t，第三类为 3000t 以下。则第一类是云阳、渝北、万州、江津、开州，第二类是石柱、武隆、江北、巫溪、巫山、北碚、奉节、忠县、丰都、涪陵，第三类是巴南、九龙坡、沙坪坝、南岸、大渡口、长寿。根据前文的分析，第一类是污染物 TN 最高排放的地带，受到的影响最为严重，且只有江津和渝北 2 个区县位于库尾地区，云阳、万州和开州位于库腹地区；第二类的奉节、忠县等 10 个区县中，有 8 个区县位于库腹地区，只有江北和北碚位于库尾地区，说明奉节、忠县等这 8 个区县是库腹地区受到影响较重的区域，在库尾地区的江北和北碚受到的影响相较于库尾地区的其他区县，其污染物 TN 的平均排放量较高；第三类中共有 6 个区县，这一分类是受到污染较小的地区，都位于库尾地区，说明库尾地区受到污染物 TN 的影响较小。针对污染物 TN 将各区县利用聚类分析法聚类成三大类别，如果继续再分成更多的类别，各区县之间的污染物 TN 的排放量就不再有明显的差异。总的来说，分别从第一类最重污染、第二类较重污染的区域分布来看，库腹地区的区县数量都多于库尾地区，说明库腹地区在污染物 TN 的平均排放量方面，均要高于库尾地区，受到的污染程度也要高于库尾地区。第三类的 6 个区县全部位于库尾地区，而库腹地区的大部分区域都处于污染物 TN 排放较为严重状态，其中污染情况较为严重的区县亟须采取进一步的管控措施进行治理，否

则该地区的水生态环境将越来越糟糕。

表 2-9　1998～2016 年三峡库区重庆段 TN 平均排放量聚类

分类	第一类	第二类	第三类	第四类
2 分类	云阳、渝北、万州、江津、开州	沙坪坝、大溪口、南岸、巴南、九龙坡、武隆、北碚、巫溪、石柱、江北、巫山、长寿、奉节、忠县、丰都、涪陵	—	—
3 分类	云阳、渝北、万州、江津、开州	石柱、武隆、江北、巫溪、巫山、北碚、奉节、忠县、丰都、涪陵	巴南、九龙坡、沙坪坝、南岸、大渡口、长寿	—
4 分类	—	—	—	—

2.3.7　三峡库区重庆段农业非点源污染物 TP 发展变化

从前文可知,1998～2016 年三峡库区重庆段污染物 TP 平均排放量为 3174.49t,且库腹地区很多区县的污染物 TP 的平均排放量都明显高于库尾地区的区县。具体来看, 开州是所有区县中污染物 TP 平均排放量最高的, 在库腹地区万州的排放量相较于开州要略低一点, 但是这 2 个区县要远远高于库腹地区的其他区县, 同时开州也要略高于库尾地区的江津。库尾地区各区县污染物 TP 的平均排放量差异较大, 江津要远远高于库尾地区的其他区县。其中, 受污染物 TP 的污染较为严重的区县主要有开州、万州、江津、云阳 4 个区县, 它们的排放量分别是 1563.7302t、1362.7973t、1306.2779t、1242.7500t, 其中开州、万州、云阳位于库腹地区, 江津和渝北位于库尾地区。虽然从污染较为严重的区域中不能够看出库腹地区与库尾地区的污染物 TP 的排放差别, 但是从表 2-5 可以看出, 三峡库区重庆段的库腹地区受到污染物 TP 的影响较为严重。污染物 TP 平均排放量较低的区县主要是沙坪坝、南岸、大渡口、巴南、九龙坡, 它们的排放量分别是 103.7401t、106.5358t、113.9514t、177.3406t、207.4616t。综上所述, 库腹受污染物 TP 污染的程度明显要高于库尾地区。

从表 2-10 可知 1998～2016 年三峡库区重庆段 TP 平均排放量聚类情况, 若将 21 个区县的污染物 TN 的平均排放量进行 2 分类, 第一类 TP 平均排放量为 1200t 及以上, 第二类为 1200t 以下。则第一类是万州、云阳、江津、开州 4 个区县, 其中有 3 个区县位于库腹地区, 只有江津 1 个区县位于库尾地区, 并且这一类地区的污染物 TP 平均排放量都比较高; 第二类是沙坪坝、南岸、大渡口、巴南、九龙坡、巫溪、巫山、石柱、江北、武隆、长寿、丰都、涪陵、忠县、奉节、北碚、渝北 17 个区县，其中有 8 个区县位于库腹地区，9 个区县位于库尾地区，第二类区县的污染物 TP 平均排放量均要低于第一类区县的，说明第二类的区县受到污染物 TP 的影响较小，同时也说明库尾地区受到污染物 TP 的影响较小，库腹地区的大部分区县受到的污染较为严重。如果将 21 个区县的 TP 平均排放量进行 3 分类，第一类 TP 平均排放量为 1200t 及以上，第二类为 300～1200t，第三类为 300t 以下。则第一类是万州、云阳、江津、开州，第二类是巫溪、巫山、石柱、江北、武隆、长寿、丰都、涪陵、忠县、奉节、北碚、渝北，第三类是沙坪坝、南岸、大渡口、巴南、九龙坡。根据前文的分析，第一类是污染物 TP 排放量最高的地带，受到的影响最为严重，只有江津 1 个区县位于库尾地区，其受污染程度远远高于库尾地区的其他区县，云阳、万州和开州位于库腹地区，其受污染程度也要远远高于库腹地区的其他区县；第二类共 12 个区县，其中有 8 个区县位于库腹地区，只有江北、长寿、北碚和渝北位于库尾地区，说明奉节、忠县等这 8 个区县是库腹地区受到影响较重的区域，而在库尾地区的江北、长寿、北碚和渝北污染物 TP 的平均排放量比库尾地区的其他区县都高一些；第三类共有 5 个区县，这一分类是受到 TP 污染较小的地区，都位于库尾地区，说明库尾地区受污染物 TP 的影响较小。针对污染物 TP 将各区县利用聚类分析法聚类成三大类别，如果继续分成更多的类别，各区县之间的污染物 TP 的排放量就不再有明显的差异，这样的分类就没有意义，所以不再做更多分类来讨论。总的来说，从第一类最重污染、第二类较重污染的区域分布来看，库腹地区的区县数量都多于库尾地区，说明从污染物 TP 的平均排放量来看，库腹地区均要高于库尾地区，受到的污染程度也要高于库尾地区。第三类的 5 个区县全部位于库尾地区，而库腹地区的大部分区域都处于污染物 TP 污染较为严重的状态，这与库腹地区的农业发展息息相关。

表 2-10　1998～2016 年三峡库区重庆段 TP 平均排放量聚类

分类	第一类	第二类	第三类	第四类
2 分类	万州、云阳、江津、开州	沙坪坝、南岸、大渡口、巴南、九龙坡、巫溪、巫山、石柱、江北、武隆、长寿、丰都、涪陵、忠县、奉节、北碚、渝北	—	—
3 分类	万州、云阳、江津、开州	巫溪、巫山、石柱、江北、武隆、长寿、丰都、涪陵、忠县、奉节、北碚、渝北	沙坪坝、南岸、大渡口、巴南、九龙坡	—
4 分类	—	—	—	—

2.4 三峡库区重庆段农业非点源污染物负荷强度发展变化

为了更好地揭示出三峡库区内部农业非点源污染物负荷强度的空间差异和演变格局，本书将三峡库区重庆段 21 个区县作为横向对比单元，利用式（2-6）得到三峡库区重庆段 21 个区县 1998～2016 年农业非点源污染物负荷强度。为了能够客观地划分出三峡库区重庆段 21 个区县的农业非点源污染高低层次，方便纵横两个维度进行统一口径的比较，本书利用 ArcGIS10.2 的地理信息系统软件，选择 Jenks 最佳自然断裂法，将各区县的负荷强度从高到低划分为 5 类。本书应用上述方法得到的划分结果见表 2-11。渝中区没有农业，因此没有对其进行研究，特此说明。

表 2-11 三峡库区重庆段农业非点源污染物负荷强度划分等级

NH$_3$-N		COD		TN		TP	
临界值/（t/km^2）	类型	临界值/（t/km^2）	类型	临界值/（t/km^2）	类型	临界值/（t/km^2）	类型
[0,0.701 678]	极低污染	[0,1.891 755]	极低污染	[0,1.197 151]	极低污染	[0,0.162 588]	极低污染
[0.701 679, 1.225 350]	低污染	[1.891 756, 3.113 385]	低污染	[1.197 152, 1.933 097]	低污染	[0.162 589, 0.281 480]	低污染
[1.225 351, 1.836 566]	中度污染	[3.113 386, 5.153 695]	中度污染	[1.933 098, 2.859 910]	中度污染	[0.281 481, 0.487 308]	中度污染
[1.836 567, 3.013 418]	较高污染	[5.153 696, 9.546 649]	较高污染	[2.859 911, 5.800 268]	较高污染	[0.487 309, 0.969 460]	较高污染
[3.013 419, 6.965 999]	高污染	[9.546 650, 22.695 799]	高污染	[5.800 269, 15.465 099]	高污染	[0.969 461, 2.488 499]	高污染

2.4.1 三峡库区重庆段农业非点源污染物负荷强度总体发展变化

1998～2016 年，三峡库区重庆段农业非点源污染物负荷强度较高的区域集中在库尾地区，这个分析结果与三峡库区重庆段各区县的农业非点源污染物总的排放量有很大的差别：从总量来说，农业非点源污染物排放量较高的区域主要集中在库腹地区，但是从农业非点源污染物负荷强度的角度分析，污染强度较高的区域主要集中在库尾地区。从表 2-12 可知，三峡库区重庆段在 1998～2016 年三峡库区重庆段农业非点源污染物负荷强度中呈现一定的规律性变化，即区域污染物的排放强度趋同。

表 2-12　1998～2016 年三峡库区重庆段农业非点源污染物负荷强度聚类

分类	第一类	第二类	第三类	第四类
2 分类	沙坪坝、大渡口、九龙坡、巫溪、江北、长寿、巴南、南岸	开州、万州、云阳、江津、奉节、忠县、巫山、石柱、武隆、涪陵、北碚、丰都、渝北	—	—
3 分类	沙坪坝、大渡口、九龙坡、巫溪、江北、长寿、巴南、南岸	开州、万州、云阳、江津	奉节、忠县、巫山、石柱、武隆、涪陵、北碚、丰都、渝北	—
4 分类	沙坪坝、大渡口、九龙坡、巫溪、江北、长寿、巴南、南岸	开州、万州、云阳、江津	奉节、忠县、巫山	石柱、武隆、涪陵、北碚、丰都、渝北

通过 NH₃-N、COD、TN、TP 4 种污染物的整体污染强度对三峡库区重庆段 21 个区县进行系统聚类可知，当把 21 个区县进行 2 分类时，第一类包含 8 个区县（沙坪坝、大渡口、九龙坡、巫溪、江北、长寿、巴南、南岸），第二类包含 13 个区县（开州、万州、云阳、江津、奉节、忠县、巫山、石柱、武隆、涪陵、北碚、丰都、渝北）。第一类属于污染强度高的一类，即高污染类型，其中仅有 1 个区县位于库腹地区（巫溪），其余的 7 个区县均位于库尾地区，重庆市主城区除了渝北，其余区县均属于高强度污染类型；第二类属于污染强度低的一类，即低污染类型，其中有 10 个区县位于库腹地区，仅有 3 个区县（江津、北碚、渝北）位于库尾地区。从 2 分类聚类结果来看，库腹地区中污染强度最高的是巫溪，污染强度最低的是丰都。当把 21 个区县通过系统聚类进行 2 分类时，这两类之间污染强度特征有显著的差别。当把三峡库区重庆段进行 3 分类时，第一类和 2 分类时的区县相同，依旧是污染强度高的 8 个区县，集中在主城区。第二类共有 4 个区县（开州、万州、云阳、江津），显然第二类属于污染强度较高的区县，即较高污染类型，其中有 3 个区县（开州、万州、云阳）位于库腹地区，仅有 1 个区县（江津）位于库尾地区。通过前文的分析可知，万州、江津、开州和云阳 4 个区县的污染物排放量均处于三峡库区重庆段中 21 个区县的前几位，也就是说污染物排放量较高，且污染强度也属于较高污染类型，相比沙坪坝、大渡口、九龙坡等这类农业非点源

污染物排放量较低的区域来说，万州这类高排放、低污染的区域在农业发展的过程中属于经济协调发展类型，受农业非点源污染物的影响在该地区自身的环境承载力范围之内。第三类共有 9 个区县（奉节、忠县、巫山、石柱、武隆、涪陵、北碚、丰都、渝北），显然这一类型属于低污染类型，其中有 7 个区县（奉节、忠县、巫山、石柱、武隆、涪陵、丰都）位于库腹地区，仅有 2 个区县（北碚、渝北）位于库尾地区。从 3 分类聚类结果来看，库腹地区中污染强度最高的是巫溪，污染强度最低的是丰都。

当把三峡库区重庆段的 21 个区县通过系统聚类进行 4 分类时，第一类包含的地区与 3 分类、2 分类的分类结果相同，没有发生任何变动，说明第一类所包含的 8 个区县的污染强度远远高于其他 13 个区县的污染强度，虽然这 8 个区县从排放总量上看属于较低排放类型，但是污染物的排放已经严重影响到整个地区的经济发展和生态环境的保护，并且大部分位于库尾地区，也就是主城区的大部分范围。第二类也与 3 分类的最终分类结果相同，共包括 4 个区县（开州、万州、云阳、江津），也说明这 4 个区县与其他的 17 个区县有明显的差别。第二类属于较高污染类型的区域，其中库腹地区的 3 个区县是紧邻区域，而江津是处于三峡库区库尾地区的最边缘的区域。第三类是在 3 分类的基础上通过进一步细化污染强度特征而分类出来的，共计 3 个区县，分别为奉节、忠县、巫山，这 3 个区县均位于库腹地区。第四类显然属于低污染类型，共计 6 个区县，分别是石柱、武隆、涪陵、北碚、丰都、渝北，其中有 4 个区县（石柱、武隆、涪陵、丰都）位于库尾地区，有 2 个区县（北碚、渝北）位于库腹地区。

2.4.2　三峡库区重庆段农业非点源污染物 NH₃-N 发展变化

根据 1998～2016 年三峡库区重庆段农业非点源污染物 NH_3-N 的排放量及负荷强度的历年变化过程，能够较为清晰地看出污染物 NH_3-N 对三峡库区重庆段的影响范围，并选取 2001 年、2006 年、2011 年及 2016 年相关数据分析污染物 NH_3-N 在三峡库区的详细变化情况（表 2-13～表 2-15）。

表 2-13　三峡库区重庆段非点源污染物 NH₃-N 负荷强度划分等级

分类	2001 年	2006 年	2011 年	2016 年
极低污染	沙坪坝、石柱、奉节、巫山、巫溪	沙坪坝、石柱、奉节、巫山、巫溪	沙坪坝、巫溪、石柱、巫山、奉节、渝北	沙坪坝、渝北、石柱、巫山、巫溪、奉节

续表

分类	2001 年	2006 年	2011 年	2016 年
低污染	丰都、开州、云阳、忠县、江北、北碚、渝北、长寿	丰都、江北、长寿、北碚、渝北、云阳、开州	丰都、开州、云阳、长寿、忠县、江北、北碚	云阳、长寿、丰都、江北、北碚、忠县
中度污染	南岸、江津、万州	江津、南岸、万州、忠县	万州、南岸、江津、九龙坡	万州、九龙坡、开州、江津
较高污染	巴南、九龙坡、涪陵、大渡口	大渡口、九龙坡、涪陵	涪陵、大渡口、巴南	巴南、涪陵、大渡口
高污染	武隆	武隆、巴南	武隆	武隆、南岸

表 2-14　三峡库区重庆段各区县农业非点源污染物 NH$_3$-N 排放量排位变化

区县	2001 年	2006 年	2011 年	2016 年
巫溪	14	14	14	14
开州	2	1	1	1
巫山	12	12	12	12
云阳	4	4	4	4
奉节	7	7	6	6
万州	3	3	3	3
忠县	6	6	7	7
石柱	13	13	13	13
丰都	9	9	9	9
长寿	8	8	8	8
渝北	11	11	11	11
北碚	16	16	16	16
涪陵	5	5	5	5

区县	2001 年	2006 年	2011 年	2016 年
巴南	10	10	10	10
沙坪坝	18	18	18	18
江北	20	20	20	20
武隆	15	15	15	15
南岸	19	19	19	19
九龙坡	17	17	17	17
大渡口	21	21	21	21
江津	1	2	2	2

表 2-15　三峡库区重庆段农业非点源污染物 NH_3-N 负荷强度变化　（单位：t/km^2）

区县	2001 年	2006 年	2011 年	2016 年
巫溪	0.3902	0.4069	0.3839	0.4134
开州	1.1493	1.1822	1.1356	1.3026
巫山	0.5959	0.6220	0.5785	0.6148
云阳	0.9916	1.0043	0.9694	1.1047
奉节	0.6436	0.6638	0.6225	0.6664
万州	1.3250	1.3500	1.2953	1.3057
忠县	1.2253	1.2515	1.2031	1.1697
石柱	0.5359	0.5782	0.5291	0.5295
丰都	0.8712	0.8950	0.8515	0.9286
长寿	0.8844	0.9098	0.8612	0.9052
渝北	0.7017	0.7354	0.6824	0.6686
北碚	0.8775	0.9133	0.8472	0.8743
涪陵	2.2081	2.2502	2.1644	2.0601

续表

区县	2001 年	2006 年	2011 年	2016 年
巴南	3.0134	3.0887	2.8895	2.3477
沙坪坝	0.3483	0.3751	0.3294	0.3023
江北	0.8291	0.9062	0.7168	0.8089
武隆	6.7944	6.8914	6.9659	5.6251
南岸	1.5644	1.6400	1.3362	4.3811
九龙坡	1.8366	1.8892	1.7578	1.6662
大渡口	2.8320	2.9301	2.6786	2.4480
江津	1.4214	1.4300	1.3660	1.3680

1. 2001 年三峡库区重庆段农业非点源污染物 NH$_3$-N 发展变化

1）高污染区域

在 2001 年，处于高污染状态的区域为武隆，说明武隆的污染物 NH$_3$-N 负荷强度较高，即每平方千米的污染物 NH$_3$-N 的排放量较高。武隆位于库腹地区，由表 2-14 可知，在 21 个区县中，武隆的污染物 NH$_3$-N 排放量居第 15 位。

2）较高污染区域

在 2001 年，处于较高污染的区县有巴南、九龙坡、涪陵和大渡口。由表 2-13～表 2-15 可知，2001 年巴南的农业非点源污染物 NH$_3$-N 排放量居第 10 位，在 21 个区县中处于比较居中的水平。但是从污染物 NH$_3$-N 的负荷强度来看，每平方千米的污染物 NH$_3$-N 排放较多，说明巴南虽然污染物 NH$_3$-N 排放量较低，但相对于其自身环境承载力来说，污染物 NH$_3$-N 的负荷强度是较高的，再加上巴南农业发展比较滞后，可说明该地区的农村生产生活方式存在一定的问题，尤其是在畜禽养殖、种植等农业生产环境的污染防治方面重视较少。这不仅与该地区的经济发展水平紧密相关，也与该地区的农村常住人口的生活理念、环保意识有关。2001 年，三峡库区重庆段农业非点源污染物 NH$_3$-N 在九龙坡呈现较高污染的状态，说明九龙坡的污染物 NH$_3$-N 负荷强度高。虽然九龙坡是重庆市主城区中发展水平较高的区域，但从其污染物 NH$_3$-N 负荷强度来看，九龙坡的实体经济处于较差的发展状态。如表 2-14 所示，在 2001 年，21 个区县中的九龙坡污染物 NH$_3$-N 排放量居第 17 位，但是从污染物 NH$_3$-N 负荷强度来看，九龙坡却处于一个较高污染的状态，即每平方千米的污染物 NH$_3$-N 的排放量高，说明九龙坡的农业发展方式较为传统，在农业生产中，缺少清洁、高效的生产方式。如表 2-14 所示，2001 年涪陵的农业非点源污染物 NH$_3$-N 排放量排位靠前，这说明该地区的农业非点源污染物 NH$_3$-N 排放量较大，但是对该地区的整体发展来说，污染排放量总体超出该地区环境承载力范围。此外，大渡口的污染物 NH$_3$-N 排放量较低，污染物 NH$_3$-N 负荷强度较高，说明在该地区的经济发展过程中，农业存在较大的环境污染问题。

3）中度污染区域

在 2001 年，处于中度污染的区县有 3 个，分别是南岸、江津、万州，其中南岸、江津位于库尾地区，万州位于库腹地区。相比于其他地区，这类地区的总量指标比较高，但是转化为均量指标时处于一个中度水平，说明该类地区经济发展较为协调。2001 年，南岸的农业非点源污染物 NH$_3$-N 排放量较低，说明这个地区污染物 NH$_3$-N 的负荷强度中等，即每平方千米的污染物 NH$_3$-N 的排放量适中，说明这个地区污染物 NH$_3$-N 排放量处于环境承载力范围之内。由表 2-14 可知，2001 年万州的污染物 NH$_3$-N 排放量在 21 个区县中居第 3 位，说明万州的污染物 NH$_3$-N 排放量总体处于较高水平，但是从污染物 NH$_3$-N 的负荷强度来说，其污染物 NH$_3$-N 的负荷强度为中等，即每平方千米的污染物 NH$_3$-N 排放量为中等水平，说明万州受到的污染适中。

4）低污染区域

在 2001 年，处于低污染状态的区县有 8 个，其中 4 个区县（江北、北碚、渝北、长寿）位于库尾地区，4 个区县（丰都、开州、云阳、忠县）位于库腹地区。江北、北碚的农业非点源污染物 NH$_3$-N 排放量较低，同时这 2 个区县污染物 NH$_3$-N 的负荷强度也较低，即每平方千米的污染物 NH$_3$-N 的排放量较低，说明这 2 个区县污染物 NH$_3$-N 排放量处于环境承载力范围之内。如表 2-14 所示，2001 年忠县的农业非点源污染物 NH$_3$-N 排放量居第 6 位，据表 2-13，其在 21 个区县中处于低排放的区域。忠县以农业为经济的重要发展支柱，结合污染物 NH$_3$-N 负荷强度来分析，可以看出忠县的农业发展水平总体较低，而且在农村种植养殖的污染防治方面，还缺乏强有力的技术支持。如表 2-14 所示，2001 年长寿、丰都、开州的农业非点源污染物 NH$_3$-N 排放量排位靠前，但是这些地区污染物 NH$_3$-N 的负荷强度低，即每平方千米的污染物 NH$_3$-N 的排放量低，说明其污染物 NH$_3$-N 排放量总体处于该地区环境承载力范围之内。云阳的农业非点源污染物 NH$_3$-N 排放量较高，而这个地区污染物 NH$_3$-N 的负荷强度较低，即每平方千米的污染物 NH$_3$-N 的排放量低，说明这个地区污染物 NH$_3$-N 排放量处于环境承载力范围之内。

5）极低污染区域

在 2001 年，处于极低污染状态的区县共有 5 个，其中 1 个区县（沙坪坝）位于库尾地区，4 个区县（石柱、奉节、巫山、巫溪）位于库腹地区。如表 2-14 所示，2001 年奉节的农业非点源污染物 NH$_3$-N 排放量排位靠前，而这个地区污染物 NH$_3$-N 的负荷强度较低，即每平方千米的污染物 NH$_3$-N 的排放量低，说明这个地

区污染物 NH_3-N 排放量处于环境承载力范围之内。2001 年沙坪坝、石柱、巫山、巫溪的农业非点源污染物 NH_3-N 排放量较低，同时这 4 个区县污染物 NH_3-N 的负荷强度也较低，即每平方千米的污染物 NH_3-N 的排放量较低，说明这 4 个地区污染物 NH_3-N 排放量总体处于环境承载力范围之内。

2. 2006 年三峡库区重庆段农业非点源污染物 NH_3-N 发展变化

1）高污染区域

从 2006 年非点源污染物 NH_3-N 负荷强度变化趋势来看，处于高污染状态的区域为武隆和巴南。武隆的污染物 NH_3-N 负荷强度较高，即每平方千米的污染物 NH_3-N 的排放量较高。由表 2-14 可知，在 21 个区县中，武隆的污染物 NH_3-N 排放量居第 15 位。武隆是重庆主城区以外区县经济发展水平靠前的区域之一，武隆以旅游业为经济支柱，其农业发展水平较为落后，在农业发展过程中不重视农业的环境污染问题，农村的畜禽养殖、种植带来的环境污染较为严重；同时，在自给自足的农业活动中，该地区缺少环境保护意识。因此，武隆的污染程度较高，甚至超出了自身的环境承载能力。如表 2-14 所示，2006 年巴南的污染物 NH_3-N 排放量在 21 个区县中居第 10 位，处于比较居中的水平，其污染物 NH_3-N 的排放量从 2001 年的 2162.7t 增加到 2006 年的 2184.3t，说明巴南是受到污染物 NH_3-N 影响不太严重的区域。从 2006 年巴南的污染物 NH_3-N 的负荷强度来看，每平方千米的污染物 NH_3-N 排放量较多，说明巴南虽然排放量总体较低，但是从巴南自身的环境承载力来说，污染物 NH_3-N 的负荷强度是比较大的。巴南的经济在重庆 9 个主城区中处于靠后水平，其农业发展水平滞后，说明该地区农村的生产生活方式存在一定的问题，尤其是在农村的畜禽养殖、种植等农业生产活动的环境污染防治方面重视程度不够。

2）较高污染区域

在 2006 年，处于较高污染状态的区县有 3 个，分别是大渡口、九龙坡、涪陵。其中，大渡口、九龙坡位于库尾地区，涪陵位于库腹地区。2006 年较高污染状态的区县数量比 2001 年少了 1 个。2006 年大渡口的污染物 NH_3-N 排放量在 21 个区县中居第 21 位，处于最低的水平，说明大渡口是受到污染物 NH_3-N 影响最轻的区域。但是从污染物 NH_3-N 的负荷强度来说，每平方千米的污染物 NH_3-N 排放量较多，说明大渡口的排放量相比较三峡库区重庆段的其他区县来说，受到的污染较为严重，从大渡口自身的环境承载力来说，污染物 NH_3-N 的负荷是比较大的。大渡口的经济发展水平对于重庆的 9 个主城区来说是靠后的，再结合该地区的污染物 NH_3-N 的负荷强度来看，大渡口农业发展相比较于经济发展水平来说比较滞后，同时也说明该地区农村的生产生活方式存在一定的问题，且存在较为严重的环境污染问题，尤其是在农村的畜禽养殖、种植等农业生产活动的环境污染防治方面重视程度不够。2006 年九龙坡的污染物 NH_3-N 负荷强度较高。从总量来看，

2001 年九龙坡的农业非点源污染物 NH_3-N 是 801.9t，增加至 2006 年的 812t，增加幅度相比于其他区县来说较小。虽然在 2001 年和 2006 年污染物 NH_3-N 排放量在三峡库区重庆段 21 个区县中的排位均居第 17 位，可以看出其污染物 NH_3-N 排放量处于低排放状态，但九龙坡污染物 NH_3-N 负荷强度处于较高污染状态，九龙坡的污染强度要高于许多其他的区县。因此，从九龙坡自身的环境承载力来说，这对九龙坡的经济发展是不利的，同时也说明九龙坡的农业发展较为落后，并且在发展农业的过程中存在较大的环境污染问题。2006 年涪陵的污染物 NH_3-N 排放量在 21 个区县中居第 5 位，与 2001 年相比，其排放量的变化很少，从 2001 年的 3253.2t 增加至 2006 年的 3280.4t。并且，由表 2-15 可知，2006 年涪陵的污染物 NH_3-N 负荷强度要高于九龙坡。

3）中度污染区域

在 2006 年，处于中度污染状态的区县有 4 个，分别是江津、南岸、万州、忠县，其中 2 个区县（江津、南岸）位于库尾地区，2 个区县（万州、忠县）位于库腹地区。2006 年江津的污染物 NH_3-N 排放量在 21 区县中居于第 2 位，虽比 2001 年下降了 1 位，但仍说明江津的污染物 NH_3-N 排放量在 2001 年和 2006 年都处于高排放的状态，其排放量从 2001 年的 4578.8t 增加至 2006 年的 4627.2t。2006 年江津的污染物 NH_3-N 负荷强度居中，说明江津的污染物 NH_3-N 排放量总体处于该地区环境承载力范围之内。在 2001 年，南岸的农业非点源污染物 NH_3-N 的排放量在三峡库区重庆段 21 区县中居第 19 位，与 2001 年相比排位没有发生变化。其排放量从 2001 年的 412t 增加至 2006 年的 423.1t，相比其他区县，排放量增加得不多，但是其污染强度增加的幅度较大。万州的污染物 NH_3-N 排放量较高，但是该地区污染物 NH_3-N 的负荷强度处于中等水平，即每平方千米的污染物 NH_3-N 的排放量处于中等水平，说明污染排放量总体处于该地区环境承载力范围之内。忠县的污染物 NH_3-N 排放量较高，但是该地区污染物 NH_3-N 的负荷强度适中，即每平方千米的污染物 NH_3-N 的排放量处于中等水平，说明污染物 NH_3-N 排放量总体处于该地区环境承载力范围之内。

4）低污染区域

在 2006 年，处于低污染状态的区县共有 7 个，分别是丰都、江北、长寿、北碚、渝北云阳、开州，其中 3 个区县（丰都、云阳、开州）位于库腹地区，4 个区县（江北、长寿、北碚、渝北）位于库尾地区。如表 2-14 所示，2006 年丰都、长寿、云阳、开州的农业非点源污染物 NH_3-N 排放量排位较为靠前，但是这些地区污染物 NH_3-N 的负荷强度低，即每平方千米的污染物 NH_3-N 的排放量低，说明污染物 NH_3-N 排放量总体处于该地区环境承载力范围之内。如表 2-14 所示，2006 年江北、北碚、渝北的农业非点源污染物 NH_3-N 排放量排位较为靠后，同时这 3 个区县污染物 NH_3-N 的负荷强度也较低，即每平方千米的污染物 NH_3-N 的排放量低，说明这 3 个地区污染物 NH_3-N 排放量总体处于环境承载力范围之内。

5）极低污染区域

在 2006 年处于极低污染状态的区县共有 5 个，分别是沙坪坝、石柱、奉节、巫山、巫溪，其中 4 个区县（石柱、奉节、巫山、巫溪）位于库腹地区，1 个区县（沙坪坝）位于库尾地区。如表 2-14 所示，2006 年沙坪坝、石柱、巫山、巫溪的农业非点源污染物 NH_3-N 排放量排位较为靠前，但是这些地区污染物 NH_3-N 的负荷强度低，即每平方千米的污染物 NH_3-N 的排放量低，说明污染物 NH_3-N 排放量总体处于该地区环境承载力范围之内。如表 2-14 所示，2006 年奉节的农业非点源污染物 NH_3-N 排放量排位较为靠前，但是这个地区污染物 NH_3-N 的负荷强度也较低，即每平方千米的污染物 NH_3-N 的排放量低，说明这个地区污染物 NH_3-N 排放量总体处于环境承载力范围之内。

3. 2011 年三峡库区重庆段农业非点源污染物 NH_3-N 发展变化

1）高污染区域

在 2011 年，从农业非点源污染物 NH_3-N 负荷强度变化趋势来看，处于高污染状态的区域依旧是武隆，说明武隆每平方千米的污染物 NH_3-N 排放量高，武隆的农业发展处于较差的状态。由表 2-14 可知，在 21 个区县中，武隆的污染物 NH_3-N 排放量居第 15 位，并且其 2001 年、2006 年和 2011 年的排放量排位在三峡库区重庆段的 21 个区县中没有发生变化。因此，武隆呈现"低排放、高污染"的畸形状态，说明农业非点源污染物 NH_3-N 的排放量已经对武隆的生态环境造成了严重的负面影响。

2）较高污染区域

在 2011 年，处于较高污染状态的区县仅有 3 个，分别是涪陵、大渡口和巴南。2011 年涪陵的农业非点源污染物 NH_3-N 的排放量在 21 个区县中居第 5 位，即 2011 年涪陵处于高排放、高污染的状态。大渡口在 2006 年也处于较高污染的状态，并且与 2001 年处于较高污染状态的区县重叠的有巴南、涪陵、大渡口。

3）中度污染区域

在 2011 年，处于中度污染状态的区县共有 4 个，分别是万州、南岸、江津、九龙坡，其中 3 个区县（南岸、江津、九龙坡）位于库尾地区，1 个区县（万州）位于库腹地区。相比于 2006 年，其重叠的、污染状态未变动的区县有江津、南岸和万州 3 个区县。如表 2-14 所示，2011 年万州、江津的农业非点源污染物 NH_3-N 排放量排位靠前，但是这些地区污染物 NH_3-N 的负荷强度处于中等水平，即每平方千米的污染物 NH_3-N 的排放量低，说明污染物 NH_3-N 排放量总体处于该地区环境承载力范围之内。如表 2-14 所示，2011 年南岸、九龙坡的农业非点源污染物 NH_3-N 排放量排位靠后，同时这 2 个区县污染物 NH_3-N 的负荷强度也处于中等水平，即每平方千米的污染物 NH_3-N 的排放量低，说明这 2 个区县污染物 NH_3-N 排放量总体处于环境承载力范围之内。

4）低污染区域

2011 年，处于低污染状态的区县共有 7 个，分别是丰都、开州、云阳、长寿、忠县、江北、北碚。如表 2-14 所示，2011 年云阳、开州、长寿、丰都的农业非点源污染物 NH_3-N 排放量均居前 10 位，说明污染物 NH_3-N 排放量较高，但是这些地区污染物 NH_3-N 的负荷强度低，即每平方千米的污染物 NH_3-N 的排放量低，说明污染物 NH_3-N 排放量总体处于该地区环境承载力范围之内。2011 年忠县的农业非点源污染物 NH_3-N 排放量排位较为靠前，但是这些地区污染物 NH_3-N 的负荷强度低，即每平方千米的污染物 NH_3-N 的排放量低，说明污染物 NH_3-N 排放量总体处于该地区环境承载力范围之内。

5）极低污染区域

在 2011 年，处于极低污染状态的区县共有 6 个，分别为沙坪坝、渝北、巫溪、石柱、巫山、奉节，其中 4 个区县（巫溪、石柱、巫山、奉节）位于库腹地区，2 个区县（沙坪坝、渝北）位于库尾地区。在 2011 年极低污染状态中，库腹地区的占比较高，库尾地区的占比较低。其中，巫溪、石柱、巫山、奉节在 2011 年的农业非点源污染物 NH_3-N 的排放量在三峡库区重庆段的排位分别是第 14 位、第 13 位、第 12 位、第 6 位。从总量上来说，奉节的排放量较高，但是却处于一个污染强度极低的状态，说明奉节处于高排放、低污染的状态。巫溪、石柱、巫山的排放量在三峡库区重庆段的 21 个区县中处于中等水平，3 个区县处于低排放、低污染的状态，说明这 3 个地区在经济发展过程中注重农业发展质量，使得农业得到高质量发展，使得经济发展和环境保护相协调。

4. 2016 年三峡库区重庆段农业非点源污染物 NH_3-N 发展变化

1）高污染区域

在 2016 年，处于高污染状态的区域为武隆、南岸这 2 个区县。2011 年南岸的农业非点源污染物 NH_3-N 负荷强度处于中度污染状态，在 2016 年转变成高污染状态。在 2016 年，武隆的农业非点源污染物 NH_3-N 负荷强度高，处于高污染状态，说明武隆每平方千米的污染物 NH_3-N 排放量高，武隆的农业受到的污染较大。

2）较高污染区域

在 2016 年，处于较高污染状态的区县有 3 个，分别是涪陵、大渡口和巴南，相比 2011 年，较高污染状态的区县数目没有发生变化。由表 2-14 可知，在 21 个区县中，2016 年涪陵的污染物 NH_3-N 排放量居第 5 位，同 2001 年、2006 年、2011 年的排位一样。从污染物 NH_3-N 的负荷强度来看，2016 年涪陵处于较高污染的状态，说明涪陵在 2011～2016 年，农业得到发展，而随之带来的环境污染问题也越来越突出，其农村的生产生活活动过程中的污染问题并未引起重视，导致涪陵呈现高排放、高污染状态，并且这样的负面状态并没有得到很好的监管和治理，说明该地区的整体生态环境保护意识不强，农业非点源污染物 NH_3-N 的排放量已经对涪陵的生态环境造成了严重的负面影响。

3）中度污染区域

2016 年，处于中度污染状态的区县共有 4 个，分别是万州、开州、江津、九龙坡。万州在 2001 年、2006 年、2011 年和 2016 年皆处于中度污染的状态。2016年万州的农业非点源污染物 NH_3-N 的排放量在 21 个区县中居第 3 位，相比较于2001 年、2006 年和 2011 年，排位不变。2016 年开州的农业非点源污染物 NH_3-N排放量居第 1 位，说明污染物 NH_3-N 排放量较高，但是该地区污染物 NH_3-N 的负荷强度处于中等水平，即每平方千米的污染物 NH_3-N 的排放量低，说明污染排放量总体处于该地区环境承载力范围之内。

4）低污染区域

2016 年，处于低污染状态的区县共有 6 个，分别是江北、北碚、云阳、长寿、丰都、忠县。如表 2-14 所示，2016 年云阳、长寿、丰都的农业非点源污染物 NH_3-N排放量均居前 10 位，说明污染物 NH_3-N 排放量较高，但是这些地区污染物 NH_3-N的负荷强度低，即每平方千米的污染物 NH_3-N 的排放量低，说明污染排放量总体处于该地区环境承载力范围之内。北碚在 2001 年、2006 年、2011 年呈低污染状态，说明北碚受到农业非点源污染物 NH_3-N 的影响程度没有变化。从总量上来说，2016 年北碚的农业非点源污染物 NH_3-N 的排放量在三峡库区重庆段的 21 个区县中排第 16 位，并且 2001～2016 年均未发生变化，说明在这 15 年期间，北碚污染物 NH_3-N 的排放量相比于三峡库区重庆段的其他区县来说一直处于较低的状态，在 2016 年北碚呈现出低排放、低污染的状态。

5）极低污染区域

2016 年，处于极低污染状态的区县共有 6 个，分别是沙坪坝、渝北、石柱、巫山、巫溪、奉节，其中 4 个区县（石柱、巫山、巫溪、奉节）位于库腹地区，2个区县（沙坪坝、渝北）位于库尾地区。与 2011 年极低污染状态地区相比，区域全部重叠，但是巫山、巫溪、奉节和石柱的自身污染物 NH_3-N 负荷强度有小幅度的上升。如表 2-14 所示，2016 年沙坪坝、石柱的农业非点源污染物 NH_3-N 排放量排位靠后，并且这 2 个区县污染物 NH_3-N 的负荷强度低，即每平方千米的污染物 NH_3-N的排放量低，说明污染物 NH_3-N 排放量总体处于该地区环境承载力范围之内。

2.4.3　三峡库区重庆段农业非点源污染物 COD 发展变化

根据 1998～2016 年三峡库区重庆段农业非点源污染物 COD 的排放量及负荷

强度的历年变化过程，能够较为清晰地看出污染物 COD 对三峡库区重庆段的影响范围，并选取 2001 年、2006 年、2011 年及 2016 年相关数据分析污染物 COD 在三峡库区的详细变化情况（表 2-16～表 2-18）。

表 2-16　三峡库区重庆段非点源污染物 COD 负荷强度划分等级

分类	2001 年	2006 年	2011 年	2016 年
极低污染	沙坪坝、巫溪、石柱	沙坪坝、巫溪、石柱	沙坪坝、巫溪、石柱、巫山	渝北、石柱、巫溪、沙坪坝
低污染	奉节、丰都、巫山、渝北、北碚、江北、长寿	渝北、奉节、北碚、江北、丰都、长寿、巫山	江北、渝北、北碚、丰都、长寿、云阳、奉节	奉节、江北、北碚、长寿、丰都、巫山
中度污染	开州、忠县、万州、南岸、江津、云阳	开州、忠县、万州、江津、南岸、云阳	开州、忠县、万州、南岸、江津、九龙坡	万州、江津、九龙坡、大渡口、云阳、开州、涪陵、忠县
较高污染	涪陵、大渡口、巴南、九龙坡	涪陵、大渡口、九龙坡	涪陵、大渡口、巴南	南岸、巴南
高污染	武隆	武隆、巴南	武隆	武隆

表 2-17　三峡库区重庆段各区县农业非点源污染物 COD 排放量排位变化

区县	2001 年	2006 年	2011 年	2016 年
巫溪	14	13	13	10
开州	3	1	1	1
巫山	12	12	12	11
云阳	4	4	4	2
奉节	8	6	6	5
万州	2	2	2	3
忠县	6	8	8	9
石柱	13	15	15	14
丰都	9	9	9	6

续表

区县	2001 年	2006 年	2011 年	2016 年
长寿	7	7	7	7
渝北	11	11	11	13
北碚	16	16	16	14
涪陵	5	5	5	8
巴南	10	10	10	12
沙坪坝	18	18	18	17
江北	20	20	20	20
武隆	15	14	14	16
南岸	19	19	19	19
九龙坡	17	17	17	18
大渡口	21	21	21	21
江津	1	3	3	4

表 2-18　三峡库区重庆段农业非点源污染物 COD 负荷强度变化　　（单位：t/km^2）

区县	2001 年	2006 年	2011 年	2016 年
巫溪	1.2834	1.3218	1.2743	1.4693
开州	3.4806	3.6440	3.4432	4.9943
巫山	1.8918	1.9305	1.8567	1.9968
云阳	3.1134	3.1554	3.0595	4.4168
奉节	2.0278	2.1094	1.9623	2.3800
万州	3.9533	3.9673	3.9425	3.7178
忠县	3.6014	3.6671	3.4280	3.1890
石柱	1.6059	1.6283	1.5836	1.2119

续表

区县	2001 年	2006 年	2011 年	2016 年
丰都	2.5880	2.6405	2.5574	3.0631
长寿	2.7192	2.7178	2.6210	2.8592
渝北	2.0535	2.0000	2.0339	1.0340
北碚	2.4656	2.5220	2.4361	2.7667
涪陵	6.7241	6.7669	6.6917	5.1038
巴南	9.5466	9.6624	9.4407	7.1679
沙坪坝	0.9386	0.9698	0.9277	1.4882
江北	2.5284	2.6385	2.4312	2.6771
武隆	22.3330	22.6957	22.0713	12.3290
南岸	4.0780	4.2046	4.0012	6.2471
九龙坡	5.1537	5.2897	5.0870	4.0745
大渡口	8.0126	8.4339	7.6579	4.2670
江津	4.1296	4.1606	4.1066	3.7931

1. 2001 年三峡库区重庆段农业非点源污染物 COD 发展变化

1）高污染区域

由表 2-16～表 2-18 可知，2001 年，三峡库区重庆段农业非点源污染物 COD 在武隆呈现高污染的状态，说明武隆的污染物 COD 负荷强度较高，即每平方千米的污染物 COD 的排放量较高。虽然武隆是重庆市主城区之外的区县发展发展水平居中的区域之一，但是从其污染物的排放强度来看，武隆的农业非点源污染物 COD 的污染强度远远高于其他的区县。由表 2-17 可知，在 21 个区县中，武隆在 2001 年的污染物 COD 排放量排位中居第 15 位。但是从污染物 COD 的负荷强度来看，武隆却处于一个高污染的状态，说明武隆的农业发展水平滞后。

2）较高污染区域

在 2001 年，处于较高污染状态的区县有 4 个，分别是涪陵、大渡口、巴南和九龙坡，其中 1 个（涪陵）位于库腹地区，3 个（大渡口、巴南和九龙坡）位于库尾地区。由表 2-17 可知，2001 年涪陵的农业非点源污染物 COD 的排放量居第 5 位，在 21 个区县当中处于较高排放的区域。由表 2-17 可知，在 21 个区县中，2001 年大渡口的污染物 COD 排放量居第 21 位，排在最末，说明从总量上来说，大渡口是受污染物影响较小的区域，但是从污染物 COD 的负荷强度来说，每平方千米的污染物 COD 较多，这说明虽然大渡口排放量比三峡库区重庆段的其他区县要少，受到的污染较轻，但是从大渡口自身的环境承载力来说，污染物 COD 的负荷强度是比较大的。大渡口区域的经济在重庆 9 个主城区中是靠后的，再结合该地区的农村非点源污染物 COD 的负荷强度来说，大渡口农业发展相比较于经济发展水平来说相对滞后，同时也说明其农村的生产生活方式存在一定的问题，尤其是在农村的畜禽养殖、种植等农业生产活动的环境污染防治方面重视较少。由表 2-17 可知，2001 年巴南的污染物 COD 排放量在 21 个区县中居第 10 位，处于中等水平，说明从总量上来说，巴南的污染物 COD 排放量处于较高的水平，而巴南也是受到污染物影响较为严重的区域之一，并且从污染物 COD 的负荷强度来说，每平方千米的污染物 COD 较多，说明巴南相比较三峡库区重庆段的其他区县来说，受到的 COD 污染较为严重。从巴南自身的环境承载力来说，污染物 COD 的负荷强度较大，巴南的经济在重庆 9 个主城区中处于靠后水平。结合该地区的农村非点源污染物 COD 的负荷强度来看，巴南农业发展比较滞后，同时也说明该地区农村的生产生活方式存在一定的问题，其存在较为严重的环境污染问题，尤其是在农村的畜禽养殖、种植等农业生产活动的环境污染防治方面重视较少。

3）中度污染区域

在 2001 年，处于中度污染的区县有 6 个，分别是开州、忠县、万州、南岸、江津、云阳，其中 4 个区县位于库腹地区，分别是开州、忠县、万州、云阳，2 个地区位于库尾地区，分别是南岸、江津。如表 2-17 所示，开州、忠县、万州、江津的农业非点源污染物 COD 的排放量排位均靠前，但是从三峡库区重庆段非点源污染物 COD 负荷强度来说，则处于中度污染状态，说明该类地区的农业非点源污染物 COD 的排放量虽然在区县中进行单项指标的总量比较时排位靠前，但是对该类地区的整体发展来说，该类地区的 COD 污染仍然在该地区的环境承载力范围之内。相比于其他地区来说，这类地区的总量指标比较高，但是转化为均量指标时处于中度水平，说明该类地区经济发展较为协调。其中南岸的污染物 COD 排放量较低，而污染物 COD 负荷强度处于中度污染状态，说明该地区在经济发展过程中，有一定的生态环保意识，没有让农业污染超出该地区的环境承载力范围。

4）低污染区域

处于低污染状态的区县有 7 个，其中 3 个（奉节、丰都、巫山）位于库腹地区，4 个（渝北、北碚、江北、长寿）位于库尾地区。如表 2-17 所示，2001 年奉节、丰都、长寿的农业非点源污染物 COD 排放量排位靠前，但是这些地区污染物 COD 的负荷强度低，即每平方千米的污染物 COD 的排放量低，说明污染物 COD

排放量总体处于该地区环境承载力范围之内。如表 2-17 所示，2001 年渝北、北碚、江北的农业非点源污染物 COD 排放量排位较为靠后，同时这 3 个区县污染物 COD 的负荷强度也较低，即每平方千米的污染物 COD 的排放量低，说明这 3 个区县污染物 COD 排放量总体处于环境承载力范围之内。

5）极低污染区域

处于极低污染状态的区县共有 3 个，其中 2 个（巫溪、石柱）位于库腹地区，1 个（沙坪坝）位于库尾地区。如表 2-17 所示，从沙坪坝的农业非点源污染物 COD 的排放量来说，其在 2001 年污染物 COD 排放量居第 18 位，排放总量是 772.97t。如表 2-17 所示，2001 年巫溪的农业非点源污染物 COD 排放量排位较为靠后，同时该地区污染物 COD 的负荷强度也极低，即每平方千米的污染物 COD 的排放量较低，说明该地区污染物 COD 排放量处于环境承载力范围之内。石柱的农业非点源污染物 COD 的排放量在 2001 年排位为第 13 位，排放总量为 1890.67t，处于中等排放水平，并且其负荷强度处于极低污染状态。

2. 2006 年三峡库区重庆段农业非点源污染物 COD 发展变化

1）高污染区域

从 2006 年非点源污染物 COD 负荷强度变化趋势来看，处于高污染状态的区域是武隆、巴南。2006 年，三峡库区重庆段农业非点源污染物 COD 在武隆呈现高污染的状态，说明武隆的污染物 COD 负荷强度高，即每平方千米的污染物 COD 的排放量高，但武隆是在重庆主城区以外的区县中经济发展水平靠前的区域之一。从污染物的排放强度来看，武隆的农业发展不是处于一个较好的状态。在 21 个区县中，2006 年武隆的污染物 COD 的排放量居第 14 位，在 21 个区县中处于中等水平，但是从污染物 COD 的负荷强度来看，武隆却处于高污染的状态。虽然武隆以旅游业为经济支柱，但是其农业的发展水平较为落后，在农业发展过程中，不重视农业的环境污染问题，特别是农业的畜禽养殖污染较为严重。其在农业活动过程中，不重视过度施肥带来的环境污染问题，缺少环境保护意识。因此，武隆相比其他区县的总体污染程度较高，甚至超出自身的环境承载能力。从巴南的农业非点源污染物 COD 的负荷强度来看，其处于高污染状态。由表 2-17 可知，巴南 2006 年的污染物 COD 排放量在 21 个区县中居第 10 位。巴南污染物 COD 的排放量从 2001 年的 2401.17t 增加到 2006 年 6851.53t，从总量上看巴南的污染物 COD 排放量明显增加，也是受污染物影响较严重的区域之一。从污染物 COD 的负荷强度来说，巴南每平方千米的污染物 COD 排放较多。从巴南自身的环境承载力来说，其污染物 COD 的负荷是比较大的。巴南的经济在重庆的 9 个主城区来说是靠后的，再结合该地区的农村非点源污染物 COD 的负荷强度来说，巴南农业发展相比较于经济发展来说是滞后的，同时也说明其农村的生产生活方式存在一定的问题，尤其是在农村的畜禽养殖、种植等农业生产活动的环境污染防治方面重视较少。

2）较高污染区域

在 2006 年，处于较高污染状态的区县仅有 3 个，分别是涪陵、大渡口、九龙坡，其中大渡口和九龙坡属于库尾地区，涪陵属于库腹地区。如表 2-17 所示，2006 年涪陵的农业非点源污染物 COD 排放量排位靠前，同时该地区污染物 COD 的负荷强度也较高，即每平方千米的污染物 COD 的排放量高，说明该地区污染物 COD 排放量总体超出环境承载力范围。在 2006 年，对大渡口来说，其农业非点源污染物 COD 的负荷强度较高。由表 2-17 可知，大渡口在 2006 年的污染物 COD 排放量在 21 个区县中居第 21 位，排名最末，说明从总量来说大渡口的污染物 COD 排放量处于非常低的水平，同时也是受污染物影响较轻的区域，但是从污染物 COD 的负荷强度来说，每平方千米的污染物 COD 排放较多，说明大渡口相比于三峡库区重庆段的其他区县来说，受到的 COD 污染较为严重，从大渡口自身的环境承载力来说，污染物 COD 的负荷强度是比较大的。大渡口的经济发展在重庆的 9 个主城区中处于靠后水平，再结合该地区的农村非点源污染物 COD 的负荷强度来说，大渡口农业发展相比较于经济发展来说比较滞后，同时也说明农村的生产生活方式的环境污染问题较为严重，尤其是在该地区农村的畜禽养殖、种植等农业生产活动的环境污染防治方面重视较少。这与该地区的经济发展紧密相关，应该要对其大力宣传相关知识。从九龙坡的农业非点源污染物 COD 的负荷强度来看，其处于较高污染状态。从总量来看，九龙坡的农业非点源污染物 COD 排放量在 2001 年是 924.34t，在 2006 年增加至 2250.26t，增加幅度相比于其他区县来说较大，但是在 2001 年和 2006 年其污染物 COD 排放量在三峡库区重庆段 21 个区县总排位中均位于第 17 位，可以看出排放量排位靠后。但是从九龙坡自身的环境承载力来说，污染物 COD 的负荷强度在增大，使得九龙坡虽然是低排放，但是并没有处在极低污染状态，而是处在较高污染状态，并且污染强度呈增加趋势，这对九龙坡的经济发展是不利的。同时也说明九龙坡的农业发展较为落后，并且在发展农业的过程中存在较大环境污染问题。

3）中度污染区域

在 2006 年，处于中度污染状态的区县有 6 个，分别是开州、忠县、万州、江津、南岸、云阳，其中 3 个区县（开州、忠县、万州）位于库腹地区，3 个区县（江津、南岸、九龙坡）位于库尾地区。在 2006 年，对开州来说，其污染物 COD 的排放量在 21 个区县中居第 1 位，与 2001 年相比，在污染物 COD 的排放量位次中上升了 2 位，成为 21 个区县中排放量最大的地区，并且排放量的增加幅度较大，从 2001 年的 4913.45t 增加至 2006 年的 13 854.85t。可以看出，开州的农业非点源污染处于一个高排放的状态。忠县在 2006 年处于中度污染状态，而在 2001 年也处于中度污染状态。在 2001 年，忠县的农业非点源污染物 COD 的排放量在三峡库区重庆段 21 个区县中处于第 6 位；在 2006 年排位发生变化，在三峡库区 21 个区县中排第 8 位。忠县的农业非点源污染物 COD 的排放量从 2001 年的 3113.92t 增加至 2006 年的 7896.76t，相比其他区县呈明显的增加趋势，但是增加幅度不大，排名下降 2 位。江津 2001 年污染物 COD 排放量在 21 个区县中处于第 1 位，处于最高排放的状态，在 2006 年处于第 3 位，说明在 2001 年和 2006 年都是处于高排放的状态，其排放量从 2001 年的 5242.06t 增加至 2006 年的 13 302.95t。与 2001 年相比，2006 年江津的非点源污染物 COD 的负荷强度在升高，表明江津在 2001～2006 年的农业污染变严重了。

4）低污染区域

在 2006 年，处于低污染状态的区县共有 7 个，分别是渝北、奉节、北碚、江北、丰都、长寿、巫山，其中 3 个（奉节、丰都、巫山）位于库腹地区，4 个（渝北、北碚、江北、长寿）位于库尾地区。与 2001 年的低污染状态的 7 个区县全部重叠，但是其污染强度总体呈上升趋势。在 2001 年，渝北的污染物 COD 排放量居第 11 位，在 2006 年居第 11 位，虽然排位并未发生变化，但是从总量上来说，呈明显的增加趋势，从 2320.8244t 增加至 5858.7244t；同期，江北的污染物 COD 负荷强度呈上升趋势，2001 年和 2006 年江北在三峡库区重庆段 21 个区县中排第 20 位，没有发生变化，并且总的排放量较低，区域总体呈现低污染状态，说明当地的经济发展质量较好。长寿的污染物 COD 排放量变化幅度较小，在三峡库区重庆段 21 个区县中排第 7 位，说明长寿在 2006 年的污染物 COD 排放量较高，但是从每平方千米的污染物 COD 的排放量来说，COD 排放在长寿的环境承载力的范围之内。巫山 2006 年的污染物 COD 的排放量排在第 12 位，说明其处于一个低排放、低污染的状态，也就是说巫山的污染程度尚在自身的环境承载力的范围之内。

5）极低污染区域

在 2006 年，处于极低污染状态的区县共有 3 个，分别是沙坪坝、巫溪、石柱，其中共 2 个（巫溪、石柱）位于库腹地区，1 个（沙坪坝）位于库尾地区，相比 2001 年的极低污染状态的区县，位于库腹地区与库尾地区的占比不变，甚至区域全部重叠，其中沙坪坝是三峡库区重庆段农业非点源污染物 COD 的负荷强度最低地区。从沙坪坝的农业非点源污染物 COD 的排放量来说，其在 2001 年和 2006 年的污染物 COD 排放量均居第 18 位，排放量分别是 772.97t、1719.51t，上升的幅度较小。如表 2-17 所示，2006 年巫溪的农业非点源污染物 COD 排放量排位较为靠后，同时该地区污染物 COD 的负荷强度也极低，即每平方千米的污染物 COD 的排放量极低，说明该地区污染物 COD 排放量处于环境承载力范围之内。石柱的农业非点源污染物 COD 的排放量在 2001 年排第 13 位，而在 2006 年下降了 2 位，但是其排放量呈上升趋势，从 1890.67t 上升至 4800.17t，处于中等排放水平，并且其负荷强度极低，说明石柱在 2001～2006 年的农业发展水平较高。

3. 2011 年三峡库区重庆段农业非点源污染物 COD 发展变化

1）高污染区域

在 2011 年，从农业非点源污染物 COD 负荷强度变化趋势来看，处于高污染状态的区域依旧是武隆。在 2011 年，三峡库区重庆段农业非点源污染物 COD 在武隆呈现一个高污染的状态，说明武隆的污染物 COD 负荷强度较高，即每平方千米的污染物 COD 的排放量较高，说明武隆的农业污染较严重。由表 2-17 可知，在 21 个区县中，武隆 2011 年的污染物 COD 排放量居第 14 位，并且其 2001 年、2006 年和 2011 年的排位在三峡库区重庆段的 21 个区县中变动幅度较小（在 2001 年居第 15 位），但是从污染物 COD 的负荷强度来看，武隆却处于最高污染的状态，与 2001 年、2006 年的污染状态相同，说明武隆在 2001~2011 年农业发展的速度越来越来越快，随之带来的环境污染问题也越来越突出，其农村的生产生活过程中的污染问题并未引起重视，导致了武隆呈现低排放、高污染的畸形状态，农业非点源污染物 COD 的排放量已经对武隆的生态环境造成了严重的负面影响。

2）较高污染区域

在 2011 年，处于较高污染状态的区县有 3 个，分别是涪陵、大渡口和巴南。其中涪陵和大渡口在 2001 年、2006 年也处于较高污染的状态。虽然从 2011 年负荷强度上看，涪陵、大渡口和巴南 3 个区县都处于较高污染状态，但是涪陵、大渡口和巴南排放量却是呈下降趋势的，在 2001 年的排放量分别是 9906.55t、825.30t、6851.53t，在 2011 年排放量分别是 9858.80t、788.76t、6775.53t，3 个区县的排放量都下降了。在 3 个区县中，涪陵的农业非点源污染物 COD 排放量依然处于较高位次，在 2001 年、2006 年和 2011 年其农业非点源污染物 COD 排放量在 21 个区县中均位居第 5 位。

3）中度污染区域

在 2011 年，处于中度污染状态的区县共有 6 个，分别是开州、忠县、万州、南岸、江津、九龙坡，其中 3 个区县（南岸、江津、九龙坡）位于库尾地区，3 个地区（忠县、开州、万州）位于库腹地区。相比于 2006 年，除了九龙坡是从较高污染降为中度污染以外，其他中度污染状态的区域全部重叠。根据表 2-17 和表 2-18，2011 年忠县、开州、万州、江津的农业非点源污染物 COD 排放量排位靠前，同时这 4 个区县污染物 COD 的负荷强度也较高，说明这 4 个区县污染物 COD 排放量处于环境承载失衡边缘。2011 年南岸、九龙坡的农业非点源污染物 COD 排放量较低，同时这 2 个区县污染物 COD 的负荷强度也较低，说明这 2 个区县污染物 COD 排放量的降低趋势要优于其他中度污染区域。

4）低污染区域

在 2011 年，处于低污染状态的区县共有 7 个，分别为江北、渝北、北碚、丰都、长寿、云阳、奉节，其中 3 个区县（丰都、云阳、奉节）位于库腹地区，4 个区县（江北、渝北、北碚、长寿）位于库尾地区。由表 2-17 可知，江北、北碚、渝北 2011 年的农业非点源污染物 COD 排放量在三峡库区重庆段的排位中分别是第 20 位、第 16 位、第 11 位，在三峡库区重庆段的 21 个区县中处于中等靠后的水平，属于低排放、低污染的状态。丰都、长寿、奉节、云阳 2011 年的农业非点源污染物 COD 排放量在三峡库区重庆段的排位中分别是第 9 位、第 7 位、第 6 位和第 4 位，表明了这些地区虽然负荷强度低，但是排放量依然较高，呈现出高排放、低污染的状态。

5）极低污染区域

在 2011 年，处于极低污染状态的区县共有 4 个，分别是沙坪坝、巫溪、石柱、巫山。其中，3 个区县（巫溪、石柱、巫山）位于库腹地区，1 个区县（沙坪坝）位于库尾地区。相比较于 2006 年，虽然 2011 年处于极低污染状态的区域增加了巫山，但是巫山的 COD 排放量在排位上处于居中的位置，并且高于沙坪坝和石柱 2 个区县。

4. 2016 年三峡库区重庆段农业非点源污染物 COD 发展变化

1）高污染区域

从 2016 年农业非点源污染物 COD 负荷强度来看，处于高污染状态的区域仍然是武隆。武隆在 2001 年、2006 年、2011 年和 2016 年都处于高污染状态，说明武隆的污染物 COD 负荷强度较高，即每平方千米的污染物 COD 的排放量较高，说明武隆的农业发展不是处于一个较好的状态。由表 2-17 可知，在 21 个区县中，武隆在 2016 年的污染物 COD 排放量居第 16 位，其 2001 年、2006 年和 2011 年的污染物 COD 排放量排位在三峡库区重庆段的 21 个区县中变动的幅度较小，分别是第 15 位、第 14 位、第 14 位，说明其污染物 COD 排放量在三峡库区重庆段处于一个较低的水平，但是从污染物 COD 的负荷强度来看，武隆是一个最高污染的状态。由表 2-18 可知，与 2011 年的污染状态相比，武隆的污染物 COD 负荷强度发生了明显的变化，呈下降趋势，在 2011 年和 2016 年的负荷强度分别是 22.0713t/km², 12.3290t/km²，说明武隆在 2011～2016 年，随农业发展带来的环境污染问题引起重视，虽然在 2016 年武隆呈现一个低排放、高污染状态，但是其环境污染状态已得到改善，农业非点源污染物 COD 的排放量已经对武隆的生态环境造成严重的负面影响的同时，该地区整体生态环境保护意识也正在逐渐增强。

2）较高污染区域

在 2016 年，处于较高污染状态的区县有 2 个，分别是南岸、巴南。相比于 2011 年，较高污染状态的区县数目发生变化，减少了 1 个，重叠区域是巴南。在

2016 年, 巴南和南岸的农业非点源污染物 COD 的排放量在 21 个区县中分别居第 12 位、第 19 位。相较于 2001 年、2006 年和 2011 年, 南岸的排位没有发生变化。相比较于 2001 年、2006 年和 2011 年, 巴南的排位在 2016 年下降 2 位。

3）中度污染区域

在 2016 年, 处于中度污染状态的区县共有 8 个, 分别是万州、江津、九龙坡、大渡口、云阳、开州、涪陵、忠县, 其中 5 个区县（万州、云阳、开州、涪陵、忠县）位于库腹地区, 3 个区县（江津、九龙坡、大渡口）位于库尾地区。如表 2-17 所示, 2016 年万州、江津、云阳、开州、涪陵的农业非点源污染物 COD 排放量排位靠前, 同时这 5 个区县污染物 COD 的负荷强度居中, 即每平方千米的污染物 COD 的排放量居中, 说明这 5 个区县污染物 COD 排放量处于环境可承载力范围内。如表 2-17 所示, 2016 年九龙坡、大渡口的农业非点源污染物 COD 排放量排位靠后, 同时这 2 个区县污染物 COD 的负荷强度居中, 即每平方千米的污染物 COD 的排放量居中, 说明这 2 个区县污染物 COD 排放量总体也处于环境承载力范围之内。

4）低污染区域

在 2016 年, 处于低污染状态的区县共有 6 个, 分别是奉节、江北、北碚、长寿、丰都、巫山, 其中 3 个区县（奉节、丰都、巫山）位于库腹地区, 3 个地区（江北、北碚、长寿）位于库尾地区。与 2011 年的低污染状态地区相比, 2016 年的低污染状态地区数目减少了 1 个, 2011 年与 2016 年重叠的区域包括江北、北碚、长寿、丰都、奉节这 5 个区县, 另外, 巫山在 2011 年处于极低污染状态, 而 2016 年却处于低污染状态。如表 2-17 所示, 2016 年奉节、长寿、丰都的农业非点源污染物 COD 排放量排位靠前, 同时这 3 个区县污染物 COD 的负荷强度低, 即每平方千米的污染物 COD 的排放量低, 说明这 3 个区县污染物 COD 排放量总体处于环境承载力范围之内。如表 2-17 所示, 2016 年江北、北碚的农业非点源污染物 COD 排放量排位靠后, 同时这 2 个区县污染物 COD 的负荷强度低, 即每平方千米的污染物 COD 的排放量低, 说明这 2 个区县污染物 COD 排放量总体也处于环境承载力范围之内。

5）极低污染区域

在 2016 年, 处于极低污染状态的区县共有 4 个, 分别是渝北、石柱、巫溪、沙坪坝, 其中 2 个区县（石柱、巫溪）位于库腹地区, 2 个区县（渝北、沙坪坝）位于库尾地区, 与 2011 年的极低污染状态区县相比, 其在数目上无变化, 其中重叠的区县共有 3 个（石柱、巫溪、沙坪坝）, 但是从这 3 个区县在 2011 年的污染物 COD 负荷强度来看, 巫溪、沙坪坝的污染物 COD 负荷强度有较大幅度的上升, 也就是说巫溪、沙坪坝的农业非点源污染物 COD 的污染强度呈上升趋势, 这 2 个区县污染物 COD 排放量的排位在 2011 年分别是第 13 位、第 18 位, 在 2016 年分别是第 10 位、第 17 位；从排位上分析，可以看出巫溪上升 3 位，沙坪坝上升 1 位，说明巫溪上升的幅度较大。2016 年石柱的排位较 2011 年上升 1 位，在 2011 年和 2016 年的污染物 COD 的排放量分别是 4733.47t、3622.43t，其污染物 COD 的负荷强度从 1.5836t/km² 下降至 1.2119t/km²，说明石柱污染物 COD 排放量下降的幅度较小，而其他区县下降幅度较大，所以排位有所上升。

2.4.4 三峡库区重庆段农业非点源污染物 TN 发展变化

根据 1998～2016 年三峡库区重庆段农业非点源污染物 TN 的排放量及负荷强度的历年变化过程，能够较为清晰地看出污染物 TN 对三峡库区重庆段的影响范围，并选取 2001 年、2006 年、2011 年及 2016 年相关数据分析污染物 TN 在三峡库区的详细变化情况（表 2-19～表 2-21）。

表 2-19 三峡库区重庆段非点源污染物 TN 负荷强度划分等级

分类	2001 年	2006 年	2011 年	2016 年
极低污染	沙坪坝、巫溪、石柱、奉节	沙坪坝、巫溪、石柱、渝北、奉节、巫山	沙坪坝、渝北、巫溪、石柱	沙坪坝、石柱、巫溪、渝北
低污染	北碚、巫山、丰都、长寿、江北、云阳、渝北	北碚、丰都、长寿、云阳、江北	巫山、江北、奉节、北碚、丰都、长寿、云阳	巫山、江北、奉节
中度污染	忠县、江津、万州、南岸、九龙坡、开州	开州、忠县、江津、万州、南岸、九龙坡	开州、忠县、南岸、万州、江津、九龙坡	北碚、长寿、南岸、九龙坡、丰都、忠县、万州、江津
较高污染	涪陵、巴南	涪陵、大渡口、巴南	大渡口、涪陵	云阳、大渡口、开州、涪陵、巴南
高污染	武隆、大渡口	武隆	武隆、巴南	武隆

表 2-20 三峡库区重庆段各区县农业非点源污染物 TN 排放量排位变化

区县	2001 年	2006 年	2011 年	2016 年
巫溪	13	12	11	10
开州	2	1	1	1

续表

区县	2001 年	2006 年	2011 年	2016 年
巫山	10	11	12	11
云阳	4	4	5	2
奉节	7	7	6	5
万州	1	2	2	4
忠县	6	6	7	8
石柱	15	15	13	15
丰都	9	9	9	6
长寿	8	8	8	7
渝北	12	13	15	13
北碚	16	16	16	14
涪陵	5	5	4	9
巴南	11	10	10	12
沙坪坝	18	18	18	17
江北	20	19	20	19
武隆	14	14	14	16
南岸	19	20	19	20
九龙坡	17	17	17	18
大渡口	21	21	21	21
江津	3	3	3	3

表 2-21 三峡库区重庆段农业非点源污染物 TN 负荷强度变化 （单位：t/km²）

区县	2001 年	2006 年	2011 年	2016 年
巫溪	0.7549	0.8302	0.9898	1.1209
开州	1.9331	2.0872	2.3702	3.3931

区县	2001 年	2006 年	2011 年	2016 年
巫山	1.3818	1.1552	1.2703	1.3499
云阳	1.8193	1.7326	1.8537	2.9722
奉节	1.1331	1.1460	1.3008	1.5896
万州	2.2786	2.2974	2.4697	2.4130
忠县	2.1643	2.2087	2.4123	2.3323
石柱	0.9796	1.0494	1.1668	0.9471
丰都	1.3883	1.4556	1.6383	2.1356
长寿	1.4916	1.5412	1.6620	1.9816
渝北	1.1972	1.1085	1.1941	1.1926
北碚	1.3784	1.3754	1.4187	1.9526
涪陵	4.1456	4.1681	4.6876	3.4062
巴南	5.4208	5.4801	5.8086	4.8359
沙坪坝	0.6449	0.6115	0.5449	0.8716
江北	1.7015	1.7343	1.2937	1.5269
武隆	13.4488	14.2686	15.4650	8.4079
南岸	2.6080	2.3071	2.4592	2.0982
九龙坡	2.8599	2.6335	2.6826	2.1047
大渡口	5.8003	5.0210	4.5115	3.0422
江津	2.2359	2.2416	2.5986	2.6522

1. 2001 年三峡库区重庆段农业非点源污染物 TN 发展变化

1）高污染区域

由表 2-19～表 2-21 可知，2001 年，三峡库区重庆段农业非点源污染物 TN 在武隆和大渡口呈现高污染的状态，说明武隆和大渡口的污染物 TN 负荷强度较高，即每平方千米的污染物 TN 的排放量较高。由表 2-20 可知，在 21 个区县中，武隆在 2001 年的污染物 TN 排放量居第 14 位，呈中等水平，但是从污染物 TN 的负荷强度来看，武隆却是一个最高污染的状态。从 2001 年大渡口的农业非点源污染物 TN 的负荷强度来看，其处于较高污染状态。根据表 2-20，大渡口在 2001 年的污染物 TN 排放量在 21 个区县中，居第 21 位，排在末位，说明从总量上来说大渡口的污染物 TN 排放量较低，也是受污染物 TN 影响较小的区域，但是从污染物 TN 的负荷强度来说，每平方千米的污染物 TN 排放量较多，说明虽然相比较于三峡库区重庆段的其他区县来说，大渡口受到的 TN 污染较轻，但是从大渡口自身的环境承载力来说，污染物 TN 的负荷强度是比较大的。大渡口区域的经济在重庆的 9 个主城区中是靠后的，再结合该地区的农村非点源污染物 TN 的负荷强度来看，大渡口农业发展相比较于经济发展来说相对落后，同时也说明其农村的生产生活方式存在一定的问题，尤其是在农村的畜禽养殖、种植等农业生产活动的环境污染防治方面重视较少。

2）较高污染区域

在 2001 年，处于较高污染的区县仅有涪陵和巴南。由表 2-20 可知，涪陵的农村非点源污染物 TN 的排放量居第 5 位，在 21 个区县当中排位较高。涪陵的经济发展对于整个重庆市来说，处于一个靠后的水平。对 2001 年巴南来说，从农业非点源污染物 TN 的负荷强度来看，其处于较高污染状态。由表 2-20 可知，巴南在 2001 年的污染物 TN 排放量在 21 个区县中居第 11 位，处于中等水平，并且从污染物 TN 的负荷强度来说，每平方千米的污染物 TN 较多，说明相较于三峡库区重庆段的其他区县来说，巴南受到的 TN 污染较为严重，从巴南自身的环境承载力来说，污染物 TN 的负荷是比较大的。巴南的经济发展水平在重庆的 9 个主城区中靠后，再结合该地区的农村非点源污染物 TN 的负荷强度，相较于其经济发展，巴南农业发展比较滞后，同时也说明该地区存在较为严重的环境污染问题，尤其是在农村的畜禽养殖、种植等农业生产活动的环境污染防治方面重视较少。

3）中度污染区域

在 2001 年，处于中度污染的区县有 6 个，分别是忠县、江津、万州、南岸、九龙坡、开州，其中有 3 个区县位于库腹地区，分别是忠县、万州、开州，有 3 个区县位于库尾地区，分别是江津、南岸、九龙坡。如表 2-20 所示，2001 年忠县的农业非点源污染物 TN 排放量居第 6 位，同时该地区污染物 TN 的负荷强度居中，即每平方千米的污染物 TN 的排放量居中，说明该地区污染物 TN 排放量总体处于环境承载失衡边缘。由表 2-20 可知，万州、江津的农业非点源污染物 TN 排放量排位都处于一个较高的状态，但是针对三峡库区重庆段非点源污染物 TN 负荷强度来说，则处于中度污染状态，说明该类地区的农业非点源污染物 TN 排放量虽然在区县中进行单项指标的总量比较时排位靠前，但是对该类地区的整体发展来说，该类地区的污染仍然在该地区的环境承载力的范围之内。相比于其他地区来说，这类地区的总量指标比较高，但是转化为均量指标时则处于中度污染水平，说明该类地区经济发展较为协调。九龙坡、南岸的污染物 TN 的排放量较低，在 2001 年在三峡库区重庆段的 21 个区县中排名分别是第 17 位、第 19 位，而其污染物 TN 负荷强度则处于中度污染状态，说明该地区在经济发展过程中，有一定的生态环保意识，没有让农业污染超出该地区的环境承载力范围。如表 2-20 所示，2001 年开州的农业非点源污染物 TN 排放量排第 2 位，同时其污染物 TN 负荷强度低，即每平方千米的污染物 TN 的排放量低，说明该地区污染物 TN 的负荷强度居中。

4）低污染区域

在 2001 年，处于低污染状态的区县有 7 个，分别是北碚、巫山、丰都、长寿、江北、云阳、渝北，其中 3 个区县（巫山、丰都、云阳）位于库腹地区，4 个区县（北碚、长寿、江北、渝北）位于库尾地区。如表 2-20 所示，2001 年北碚、江北、渝北的农业非点源污染物 TN 排放量排位较为靠后，同时这 3 个地区污染物 TN 的负荷强度低，即每平方千米的污染物 TN 的排放量低，说明这 3 个地区污染物 TN 排放量总体处于环境承载力范围之内。如表 2-20 所示，2001 年丰都、长寿、巫山、云阳的农业非点源污染物 TN 排放量排位较为靠前，同时这 4 个地区污染物 TN 的负荷强度低，即每平方千米的污染物 TN 的排放量低，说明这 4 个地区污染物 TN 排放量总体也处于环境承载力范围之内。

5）极低污染区域

在 2001 年，处于极低污染状态的区县共有 4 个，其中 3 个区县（巫溪、石柱、奉节）位于库腹地区，1 个（沙坪坝）位于库尾地区。如表 2-20 所示，2001 年巫溪、石柱的农业非点源污染物 TN 排放量排位较为靠后，同时这 2 个区县污染物 TN 的负荷强度极低，即每平方千米的污染物 TN 的排放量极低，说明这 2 个区县污染物 TN 排放量总体处于环境承载力范围之内。如表 2-20 所示，2001 年奉节的农业非点源污染物 TN 排放量排位较为靠前，但是这个地区污染物 TN 的负荷强度极低，即每平方千米的污染物 TN 的排放量极低，说明这个地区污染物 TN 排放量总体处于环境承载力范围之内。2001 年，沙坪坝的农业非点源污染物 TN 排放量较低，而且其污染物 TN 的负荷强度较低，说明这个地区污染物 TN 排放量处于环境承载力范围之内。

2. 2006 年三峡库区重庆段农业非点源污染物 TN 发展变化

1）高污染区域

在 2006 年，处于高污染状态的区域依旧是武隆。2006 年，三峡库区重庆段农业非点源污染物 TN 在武隆呈高污染的状态，说明武隆的污染物 TN 负荷强度较高，即每平方千米的污染物 TN 的排放量较高。武隆在 2006 年的污染物 TN 排放量居第 14 位，在 21 个区县中处于中等水平，但是从污染物 TN 的负荷强度来看，武隆却是最高污染的状态。

2）较高污染区域

在 2006 年，处于较高污染状态的区县有 3 个，分别是涪陵、大渡口、巴南。从巴南的农业非点源污染物 TN 的负荷强度来看，其处于较高污染状态，由表 2-20 可知，巴南 2006 年的污染物 TN 排放量在 21 个区县中居第 10 位，排位居中，并且与 2001 年的排位相比变动幅度较小，而污染物 TN 的排放量从 2001 年的 3890.46t 增加到 2006 年的 3933.00t。从总量上看，巴南的污染物 TN 排放量增加，从污染物 TN 的负荷强度来说，巴南每平方千米的污染物 TN 排放较多，从巴南自身的环境承载力来说，巴南污染物 TN 的负荷强度是比较大的。巴南的经济在重庆的 9 个主城区中是靠后的，再结合该地区的农村非点源污染物 TN 的负荷强度来看，巴南农业发展相比较于经济发展来说较为滞后。在 2006 年，对大渡口来说，从农业非点源污染物 TN 的负荷强度来看，其处于较高污染状态。由表 2-20 可知，大渡口 2006 年的污染物 TN 排放量在 21 个区县中居第 21 位，排位最低，说明大渡口的污染物 TN 排放量处于非常低的水平，同时也是受污染物影响较轻的区域，但是从污染物 TN 的负荷强度来说，每平方千米的污染物 TN 排放量较多，说明大渡口的 TN 排放量相比较于三峡库区重庆段的其他区县来说，受到的污染较为严重。从大渡口自身的环境承载力来说，污染物 TN 的负荷强度是比较大的。大渡口的经济在重庆的 9 个主城区中是靠后的，再结合该地区的农村非点源污染物 TN 的负荷强度来说，大渡口农业发展相比较于经济发展来说比较滞后。

3）中度污染区域

在 2006 年，处于中度污染状态的区县有 6 个，分别是开州、忠县、江津、万州、南岸、九龙坡，其中 3 个区县（开州、忠县、万州）位于库尾地区，3 个区县（江津、南岸、九龙坡）位于库腹地区。相比于 2001 年，2006 年三峡库区重庆段处于中度污染状态的地区没有发生变化。在 2006 年，开州污染物 TN 的排放量在 21 个区县中居于第 1 位，开州成为 21 个区县中排放量最大的地区，并且排放总量增加，从 2001 年的 7694.83t 增加至 2006 年的 8308.09t。可以看出，开州的农业非点源污染物 TN 处于高排放、高污染的状态。在中度污染状态这一分类中，开州的负荷强度要高于忠县、万州、江津、南岸、九龙坡这 5 个区县。江津 2001 年和 2006 年污染物 TN 排放量在 21 区县中处于第 3 位，说明其在 2001 年和 2006 年都处于高排放的状态，其污染物 TN 排放量从 2001 年的 7202.74t 增加至 2006 年的 7220.98t。江津在 2001 年与 2006 年均处于中度污染的状态，江津的非点源污染物 TN 排放量在增加，并且其污染物 TN 的负荷强度在升高，说明江津在 2001~2006

年的农业污染问题越来越突出。忠县在 2006 年处于中度污染状态，且在 2001 年也处于中度污染状态。2001 年忠县的农业非点源污染物 TN 的排放量在三峡库区重庆段 21 个区县中，处于第 6 位，在 2006 年也是排第 6 位。从总量上看，忠县污染物 TN 排放量从 2001 年的 4745.72t 增加至 2006 年的 4843.00t，排放量呈增加趋势，相比于其他的区县来说，增加幅度不大，但是其负荷强度增加的幅度较大。九龙坡在 2001 年和 2006 年均处于中度污染状态。从总量来看，九龙坡的农业非点源污染物 TN 排放量在 2001 年是 1248.72t，在 2006 年降低至 1149.88t，呈下降趋势，但是其 2001 年和 2006 年污染物 TN 排放量在三峡库区重庆段 21 个区县中排位均居第 17 位。但是从九龙坡自身的环境承载力来说，其污染物 TN 的负荷强度处于中度。

4）低污染区域

在 2006 年，处于低污染状态的区县共有 5 个，分别是北碚、丰都、长寿、云阳、江北，其中 2 个区县（丰都、云阳）位于库腹地区，3 个区县（北碚、长寿、江北）位于库尾地区。相比于 2001 年的低污染状态的 7 个区县，2006 年减少了 2 个区县，其他区县全部重叠。如表 2-20 所示，2006 年北碚、江北的农业非点源污染物 TN 排放量排位较为靠后，同时这 2 个区县污染物 TN 的负荷强度低，即每平方千米的污染物 TN 的排放量低，说明这 2 个区县污染物 TN 排放量总体处于环境承载力范围之内。如表 2-20 所示，2006 年丰都、长寿、云阳的农业非点源污染物 TN 排放量排位较为靠前，同时这 3 个区县污染物 TN 的负荷强度低，即每平方千米的污染物 TN 的排放量低，说明这 3 个区县污染物 TN 排放量总体也处于环境承载力范围之内。

5）极低污染区域

在 2006 年，处于极低污染状态的区县共有 6 个，分别是沙坪坝、巫溪、石柱、渝北、奉节、巫山，其中 4 个区县（巫溪、石柱、奉节、巫山）位于库腹地区，2 个区县（沙坪坝、渝北）位于库尾地区。如表 2-20 所示，2006 年沙坪坝、巫溪、石柱、渝北、巫山的农业非点源污染物 TN 排放量排位较为靠后，同时这 5 个区县污染物 TN 的负荷强度极低，即每平方千米的污染物 TN 的排放量极低，说明这 5 个区县污染物 TN 排放量总体处于环境承载力范围之内。如表 2-20 所示，2006 年奉节的农业非点源污染物 TN 排放量排位较为靠前，同时该地区污染物 TN 的负荷强度极低，即每平方千米的污染物 TN 的排放量极低，说明该地区污染物 TN 排放量总体也处于环境承载力范围之内。沙坪坝是三峡库区重庆段农业非点源污染物 TN 的负荷强度最低地区，从沙坪坝的农业非点源污染物 TN 的排放量来说，其在 2001 年和 2006 年的污染物 TN 排放量均居第 18 位，排放量分别是 1181.46t、1120.31t，下降的幅度比其他区县小。巫山在 2001 年的污染物 TN 的排放量排位是第 10 位，在 2006 年是第 11 位，排位下降了 1 位，且排放量呈下降趋势，从

2001年的4045.30t下降至3381.95t。石柱的农业非点源污染物TN的排放量在2001年排位为第15位,而在2006年没有发生变化,但是排放量呈上升趋势,从2928.08t上升至3136.77t,处于中等排放水平,并且污染物TN负荷强度处于极低污染状态,说明石柱在2001~2006年的农业发展水平较高。

3. 2011年三峡库区重庆段农业非点源污染物TN发展变化

1)高污染区域

在2011年,三峡库区重庆段农业非点源污染物TN在武隆与巴南呈现高污染的状态,说明武隆与巴南的污染物TN负荷强度较高。

2)较高污染区域

在2011年,处于较高污染状态的区县仅有2个,分别是大渡口和涪陵,相比于2006年,2011年处于较高污染状态的区县没有巴南,即大渡口和涪陵在2006年也处于较高污染的状态,并且与2001年处于较高污染状态的重叠区域只有涪陵。2001年涪陵污染物TN排放量是6107.73t,2011年涪陵污染物TN排放量是6906.15t,可以看出涪陵的污染物TN排放量呈上升趋势。在2001年、2006年涪陵的农业非点源污染物TN的排放量在21个区县中均居第5位,在2011年居第4位,说明涪陵处于高排放、较高污染的状态。

3)中度污染区域

在2011年,处于中度污染状态的区县共有6个,分别是开州、忠县、南岸、万州、江津、九龙坡,其中3个区县(南岸、江津、九龙坡)位于库尾地区,3个区县(开州、忠县、万州)位于库腹地区。如表2-20所示,2011年开州、忠县、万州、江津的农业非点源污染物TN排放量排位较为靠前,同时这4个区县污染物TN的负荷强度居中,即每平方千米的污染物TN的排放量居中,说明这4个区县污染物TN排放量总体处于环境承载力边缘。如表2-20所示,2011年南岸、九龙坡的农业非点源污染物TN排放量排位较为靠后,同时这2个地区污染物TN的负荷强度居中,即每平方千米的污染物TN的排放量居中,说明这2个地区污染物TN排放量总体也处于环境承载失衡边缘。

4)低污染区域

2011年,处于低污染状态的区县共有7个,分别为巫山、江北、奉节、北碚、丰都、长寿、云阳,其中4个区县(巫山、奉节、丰都、云阳)位于库腹地区,3个区县(江北、北碚、长寿)位于库尾地区。在2011年低污染状态中,库腹地区的占比较高,库尾地区占比较低。其中,江北、北碚、丰都、长寿、云阳2011年的农业非点源污染物TN的排放量在三峡库区重庆段分别居第20位、第16位、第9位、第8位、第5位。从污染物TN排放量来看,云阳、长寿、丰都的排放量较高，但是 3 个区县却处于负荷强度低的状态，说明云阳、长寿、丰都处于高排放、低污染的状态。江北、北碚的污染物 TN 排放量在三峡库区重庆段的 21 个区县当中处于中下水平，这 3 个区县处于低排放、低污染的状态。

5）极低污染区域

在 2011 年，处于极低污染状态的区县共有 4 个，分别是沙坪坝、渝北、巫溪、石柱，其中 2 个区县（巫溪、石柱）位于库腹地区，2 个区县（沙坪坝、渝北）位于库尾地区。这 4 个区县在 2006 年与 2011 年均处于极低污染状态。如表 2-20 所示，2011 年沙坪坝、巫溪的农业非点源污染物 TN 排放量较低，同时这 2 个区县污染物 TN 的负荷强度极低，即每平方千米的污染物 TN 的排放量极低，说明这 2 个地区污染物 TN 排放量总体处于环境承载力范围之内。

4. 2016 年三峡库区重庆段农业非点源污染物 TN 发展变化

1）高污染区域

在 2016 年，从农业非点源污染物 TN 负荷强度变化趋势来看，处于高污染状态的区域仍然是武隆。武隆在 2001 年、2006 年、2011 年和 2016 年都处于高污染状态，说明武隆的污染物 TN 负荷强度较高，即每平方千米的污染物 TN 的排放量较高，说明武隆的农业发展不是处于一个较好的状态。由表 2-20 可知，在 21 个区县中，武隆在 2016 年的污染物 TN 排放量居第 16 位，且其 2001 年、2006 年和 2011 年排放量在三峡库区重庆段的 21 个区县中排位无变动，均居第 14 位，说明污染物 TN 排放量在三峡库区重庆段中处于中等水平。与 2011 年的污染状态相比，武隆在 2016 年的污染物 TN 排放量发生了明显的变化，呈下降趋势，说明在 2011～2016 年，武隆农业发展带来的环境污染问题引起了人们的重视。虽然在 2016 年，武隆呈现低排放、高污染的状态，但是环境污染状态在逐年得到改善，说明农业非点源污染物 TN 的排放量已经对武隆的生态环境造成了严重的负面影响，也反映该地区整体生态环境保护意识逐渐增强。

2）较高污染区域

在 2016 年，处于较高污染状态的区县有 5 个，分别是云阳、大渡口、开州、涪陵、巴南。相比于 2011 年，2016 年较高污染状态的区县数目发生了变化，其重叠区域是大渡口和涪陵，增加了 3 个区县（云阳、开州、巴南）。如表 2-20 所示，在 2016 年，大渡口、巴南的农业非点源污染物 TN 的排放量在 21 个区县中分别居第 21 位、第 12 位，相比较于 2001 年、2006 年和 2011 年，大渡口的排位没有发生变化，巴南从 2011 年到 2016 年下降了 2 位。2016 年云阳、开州、涪陵的农业非点源污染物 TN 排放量较高，同时这 3 个区县污染物 TN 的负荷强度较高，即每平方千米的污染物 TN 的排放量较高，说明这 3 个区县污染物 TN 排放量总体超出环境承载力范围。2016 年大渡口农业非点源污染物 TN 排放量较低，同时该地区污染物 TN 的负荷强度较高，即每平方千米的污染物 TN 的排放量较高，说明该地区污染物 TN 排放量总体超出环境承载力范围。

3）中度污染区域

在 2016 年，处于中度污染状态的区县共有 8 个，分别是北碚、长寿、南岸、九龙坡、丰都、忠县、万州、江津，其中 3 个区县（丰都、忠县、万州）位于库腹地区，5 个区县（北碚、长寿、南岸、九龙坡、江津）位于库尾地区。与 2011 相比，2016 年处于中度污染状态的区县数目发生明显变化，库腹地区与库尾地区的区县数目占比也随之发生变化，其中 2011 年与 2016 年中度污染状态重叠的区县共有 5 个（南岸、九龙坡、忠县、万州、江津）。南岸、九龙坡、忠县、万州、江津在 2001 年的排位分别是第 19 位、第 17 位、第 6 位、第 1 位、第 3 位，在 2016 年的排位分别是第 20 位、第 18 位、第 8 位、第 4 位、第 3 位，可以看出万州和江津都处于高排放状态，南岸和九龙坡的排位变动幅度不大，一直处于靠后的位置，处于一个低排放的状态，而忠县处于较高排放的状态。万州在 2001 年、2006 年、2011 年、2016 年均处于中度污染状态，呈一字形的变化趋势。九龙坡污染物 TN 的排放量较低，但是从污染强度来说，九龙坡的污染物 TN 的负荷强度处于居中水平。在 2016 年，九龙坡处于低排放、中度污染的状态。在 2001 年、2006 年、2011 年九龙坡也处于中度污染状态，说明 2001~2016 年，九龙坡受到污染物 TN 的负荷强度呈一字形变化趋势。在 2016 年中度污染的区域变动较大的有北碚、长寿和丰都，这 3 个区县在 2011 年处于低污染状态。

4）低污染区域

2016 年，处于低污染状态的区县共有 3 个，分别是巫山、江北、奉节，其中 2 个区县（巫山、奉节）位于库腹地区，1 个区县（江北）位于库尾地区，与 2011 年的低污染状态地区相比，数目减少了 4 个。在 2011 年与 2016 年重叠的区域包括巫山、江北、奉节这 3 个区县。奉节在 2011 年和 2016 年的农业非点源污染物 TN 排放量分别居第 6 位、第 5 位。从其排位上来看，呈上升趋势，说明自身的负荷强度在增大，并且增加的幅度比其他区县小。巫山在 2011 年处于低污染状态，在 2011 年和 2016 年的农业非点源污染物 TN 排放量分别居第 12 位、第 11 位，排放量分别是 3719.00t、3951.82t。从其排位上来看，呈上升趋势，并且其农业非点源污染物 TN 排放量增加，说明自身的负荷强度在增加，只是增加的幅度比其他区县小，所以自身的负荷强度依旧处于低污染状态。

5）极低污染区域

2016 年，处于极低污染状态的区县共有 4 个，分别是沙坪坝、石柱、巫溪、渝北，其中 2 个区县（石柱、巫溪）位于库腹地区，2 个区县（沙坪坝、渝北）位于库尾地区。与 2011 年的极低污染状态区县相比，在数目上未发生变化，但是从 4 个区县在 2011 年的负荷强度来看，沙坪坝、巫溪的自身污染物 TN 负荷强度有较大幅度的上升；石柱则是呈大幅度下降的趋势，渝北下降的幅度相比石柱来说较小，也就是说巫溪、沙坪坝的农业非点源污染物 TN 的污染强度呈上升趋势，2011 年这 2 个区县的 TN 排放量排位分别是第 11 位、第 18 位，在 2016 年的排位分别是第 10 位、第 17 位。从其排位来分析，可以看出巫溪和沙坪坝都上升了 1 位，而石柱从 2011 年到 2016 年下降了 2 位，且在 2011 年和 2016 年的污染物 TN 的排放量分别是 3487.85t、2831.02t，污染物 TN 的负荷强度从 1.1668t/km^2 下降至 0.9471t/km^2，说明石柱县污染物 TN 的排放量和负荷强度下降的幅度较大。

2.4.5 三峡库区重庆段农业非点源污染物 TP 发展变化

根据 1998~2016 年三峡库区重庆段农业非点源污染物 TP 的排放量及负荷强度的历年变化过程，能够较为清晰地看出污染物 TP 对三峡库区重庆段的影响范围，并选取 2001 年、2006 年、2011 年及 2016 年相关数据分析污染物 TP 在三峡库区的详细变化情况（表 2-22～表 2-24）。

表 2-22 三峡库区重庆段非点源污染物 TP 负荷强度划分等级

分类	2001 年	2006 年	2011 年	2016 年
极低污染	沙坪坝、巫溪	沙坪坝、巫溪	沙坪坝、巫溪、巫山、云阳、奉节、石柱、丰都、长寿、渝北、北碚、江北	石柱、渝北、沙坪坝
低污染	巫山、奉节、渝北、北碚、丰都、长寿、石柱	北碚、丰都、长寿、石柱、渝北、巫山、奉节	开州、万州、忠县、南岸、九龙坡、江津	巫山、巫溪
中度污染	云阳、开州、忠县、江津、万州、南岸、江北、九龙坡	开州、忠县、万州、南岸、江津、云阳、江北	涪陵、巴南、大渡口	丰都、奉节、万州、忠县、长寿、北碚、江北、南岸、九龙坡、江津
较高污染	涪陵、大渡口、巴南	涪陵、大渡口、九龙坡		开州、云阳、涪陵、大渡口
高污染	武隆	武隆、巴南	武隆	巴南、武隆

表 2-23 三峡库区重庆段各区县农业非点源污染物 TP 排放量排位变化

区县	2001 年	2006 年	2011 年	2016 年
巫溪	13	12	10	10
开州	1	1	1	1
巫山	12	11	12	11
云阳	4	4	5	2
奉节	6	6	7	5
万州	2	2	2	3
忠县	7	7	6	9
石柱	15	15	13	15
丰都	9	9	8	6
长寿	8	8	9	8
渝北	11	13	14	14
北碚	16	16	16	13
涪陵	5	5	4	7
巴南	10	10	11	12
沙坪坝	18	18	18	17
江北	20	19	20	19
武隆	14	14	15	16
南岸	19	20	19	20
九龙坡	17	17	17	18
大渡口	21	21	21	21
江津	3	3	3	4

表 2-24　三峡库区重庆段农业非点源污染物 TP 负荷强度变化　　（单位：t/km²）

区县	2001 年	2006 年	2011 年	2016 年
巫溪	0.1340	0.1446	0.0772	0.2035
开州	0.3603	0.3655	0.1818	0.6597
巫山	0.1957	0.2053	0.0965	0.2541
云阳	0.3184	0.3166	0.1349	0.6137
奉节	0.2021	0.2062	0.0977	0.3067
万州	0.3948	0.3951	0.1839	0.4543
忠县	0.3638	0.3705	0.1858	0.4134
石柱	0.1626	0.1728	0.0913	0.1516
丰都	0.2472	0.2564	0.1262	0.4138
长寿	0.2608	0.2696	0.1264	0.3439
渝北	0.2032	0.1974	0.0888	0.1619
北碚	0.2365	0.2391	0.1059	0.3257
涪陵	0.6974	0.7068	0.3599	0.6946
巴南	0.9595	0.9792	0.4232	0.9913
沙坪坝	0.0979	0.0977	0.0412	0.1316
江北	0.2815	0.3000	0.0970	0.2862
武隆	2.3708	2.4884	1.1386	1.8817
南岸	0.4092	0.3957	0.1878	0.3936
九龙坡	0.4873	0.4876	0.1951	0.4248
大渡口	0.8738	0.8504	0.3368	0.6131
江津	0.3915	0.3976	0.1960	0.4810

1. 2001年三峡库区重庆段农业非点源污染物TP发展变化

1）高污染区域

由表2-22～表2-24可知，2001年，三峡库区重庆段农业非点源污染物TP在武隆呈现高污染的状态，说明武隆的污染物TP负荷强度较高。如表2-23所示，2001年武隆的农业非点源污染物TP排放量排位较为靠后，但其污染物TP的负荷强度高，即每平方千米的污染物TP的排放量高，说明其污染物TP排放量已经超出环境承载力范围。

2）较高污染区域

在2001年，处于较高污染的区域有涪陵、大渡口、巴南。由表2-23可知，涪陵在2001年的非点源污染物TP的排放量居第5位。2001年，大渡口的农业非点源污染物TP的负荷强度较高。由表2-23可知，大渡口2001年的污染物TP排放量在21个区县中居第21位，排在末尾，说明大渡口的污染物TP排放量处于比较低的水平，也是受到污染物影响较小的区域，但是从污染物TP的负荷强度来说，大渡口在2001年的污染物TP的负荷强度是0.8738t/km²，每平方千米的污染物TP排放较多。2001年，巴南农业非点源污染物TP的负荷强度较高。由表2-23可知，巴南2001年的污染物TP排放量在21个区县中居第10位，处于中等水平。从污染物TP的负荷强度来说，巴南每平方千米的污染物TP排放较多，说明巴南相较于三峡库区重庆段的其他区县来说，受到的TP污染较为严重，从巴南自身的环境承载力来说，其污染物TP的负荷强度是比较大的。结合该地区的农村非点源污染物TP的负荷强度来说，巴南农业发展比较滞后，同时也说明其农村的生产生活方式存在一定的问题，其存在的环境污染问题较为严重。

3）中度污染区域

在2001年，处于中度污染的区县有8个，分别是云阳、开州、忠县、江津、万州、南岸、江北、九龙坡，其中4个区县位于库腹地区，分别是云阳、开州、忠县、万州，4个区县位于库尾地区，分别是江津、南岸、江北、九龙坡。由表2-23可知，云阳、开州、万州、江津的农业非点源污染物TP排放量排位均靠前，但是对三峡库区重庆段非点源污染物TP负荷强度来说，却处于中度污染状态，说明该类地区的农业非点源污染物TP的排放量虽然在区县中进行单项指标的总量比较时排位靠前，但是对于该地区的整体发展来说，该类地区的污染仍然在该地区的环境承载力的范围之内。相比于其他地区来说，这类地区的总量指标比较高，但是转化为均量指标时处于中等水平，说明该类地区经济发展较为协调。其中南岸的污染物TP排放量较低，2001年在三峡库区重庆段的21个区县中居第19位，而其污染物TP负荷强度则处于中度污染状态，说明该地区在经济发展过程中，有一定的生态环保意识，没有让农业污染超出该地区的环境承载力范围。江北的污染物 TP 排放量比较高，其污染物 TP 负荷强度则处于中度污染状态。九龙坡的污染物 TP 排放量较低，2001 年在三峡库区重庆段的 21 个区县中居第 17 位，而其污染物 TP 负荷强度则处于中度，说明该地区在经济发展过程中，存在一定的环境污染问题。

4）低污染区域

在 2001 年，处于低污染状态的区县有 7 个，分别是巫山、奉节、渝北、北碚、丰都、长寿、石柱，其中 4 个区县（石柱、巫山、奉节、丰都）位于库腹地区，3 个区县（渝北、北碚、长寿）位于库尾地区。从总量上来说，污染物 TP 排放量较高的区县主要有奉节、丰都、长寿和石柱，但是从污染物 TP 的负荷强度变化来说，2001 年处于低污染状态的区县有巫山、奉节、渝北、北碚、丰都、长寿、石柱，其中两部分区域重叠的有奉节、丰都、长寿和石柱 4 个区县，这类区县的实际情况是污染物排放量是比较高的，但污染强度相比于其他区县来说较低。

5）极低污染区域

在 2001 年，处于极低污染状态的区县共有 2 个，分别是沙坪坝和巫溪，其中 1 个区县（巫溪）位于库腹地区，1 个区县（沙坪坝）位于库尾地区。如表 2-23 所示，2001 年沙坪坝、巫溪的农业非点源污染物 TP 排放量排位靠后，但这 2 个区县污染物 TP 的负荷强度极低，即每平方千米的污染物 TP 的排放量极低，说明这 2 个区县污染物 TP 排放量在环境承载力范围之内。

2. 2006 年三峡库区重庆段农业非点源污染物 TP 发展变化

1）高污染区域

从 2006 年非点源污染物 TP 负荷强度变化趋势来看，处于高污染状态的区县有武隆和巴南。在 2006 年，三峡库区重庆段农业非点源污染物 TP 在武隆呈现高污染的状态，说明武隆的污染物 TP 负荷强度较高。由表 2-23 可知，在 21 个区县中，武隆 2006 年的污染物 TP 排放量居第 14 位，在 21 个区县中处于中等水平。但是从污染物 TN 的负荷强度来看，武隆在 2001 年和 2006 年的污染物 TP 负荷强度分别是 2.3708t/km²、2.4884t/km²，可以看出武隆在 2001～2006 年的污染物 TP 负荷强度在升高。在前文的分析中，武隆的污染物 TN、污染物 TP 都处于高污染状态，说明武隆比其他区县的污染更为显著。由表 2-23 可知，巴南 2006 年的污染物 TP 排放量在 21 个区县中居第 10 位，是比较居中的水平，并且与 2001 年的排位相同，污染物 TP 的排放量从 2001 年的 688.60t 增加到 2006 年的 702.73t。从总量上看，巴南的污染物 TP 排放量增加；从污染物 TP 的负荷强度来说，巴南每平方千米的污染物 TP 排放较多；从巴南自身的环境承载力来说，污染物 TP 的负荷强度是比较大的。巴南区域的经济在重庆的 9 个主城区中是靠后的，再结合该地区的农村非点源污染物 TP 负荷强度来说，巴南农业发展相较于经济发展来说极其滞后，同时也说明其农村的生产生活方式存在一定的问题，尤其是在农村的畜禽养殖、种植等农业生产活动的环境污染防治方面重视较少。这与该地区的经济发展紧密相关，同时也与该地区的农村常住人口的生活理念有关，如在进行农业生产活动时是否采取正确的方法，是否有环境保护意识等。

2）较高污染区域

在 2006 年，处于较高污染状态的区县仅有 3 个，分别是涪陵、大渡口和九龙坡，其中大渡口和九龙坡位于库尾地区，涪陵位于库腹地区。在 2006 年，大渡口农业非点源污染物 TP 的负荷强度处于较高污染状态。由表 2-23 可知，大渡口 2006 年的污染物 TP 排放量在 21 个区县中居第 21 位，排在末尾，说明从总量上来说，大渡口的污染物 TP 排放量处于非常低的水平，同时也是受污染物 TP 影响较轻的区域，但是从污染物 TP 的负荷强度来说，大渡口每平方千米的污染物 TP 排放较多，说明大渡口相较于三峡库区重庆段的其他区县来说，受到的 TP 污染较为严重。从大渡口自身的环境承载力来说，其污染物 TP 的负荷强度是比较大的。大渡口的经济在重庆的 9 个主城区中处于靠后水平，再结合该地区的农村非点源污染物 TP 的负荷强度来看，大渡口农业发展相比较于经济发展来说比较滞后，同时也说明该地区农村的生产生活方式存在一定的问题，其存在的环境污染问题较为严重，尤其是在农村的畜禽养殖、种植等农业生产活动的环境污染防治方面重视较少，这与该地区的经济发展紧密相关，应该要对其大力宣传相关知识。从总量来看，九龙坡的农业非点源污染物 TP 排放量在 2001 年是 212.77t，在 2006 年增加至 212.91t，两个年份其在三峡库区重庆段 21 个区县中均居第 17 位，可以看出总量呈现的是低排放状态。九龙坡在 2001 年的污染物 TP 排放量较小，相比于 2001 年来说，其 2006 年排位并没有发生变化。但是从九龙坡自身的环境承载力来说，其污染物 TP 的负荷强度在增大，使得九龙坡虽然是低排放，但是并没有处在低污染状态，而是处在较高污染状态，并且污染强度呈增加趋势，这对九龙坡的经济发展是不利的。

3）中度污染区域

在 2006 年，处于中度污染状态的区县有 7 个，分别是开州、忠县、万州、南岸、江津、云阳、江北，其中 4 个区县（开州、忠县、万州、云阳）位于库腹地区，3 个区县（南岸、江津、江北）位于库尾地区。在 2006 年，开州污染物 TP 的排放量在 21 个区县中居第 1 位，成为 21 个区县中排放量最大的地区，并且排放量从 2001 年的 1434.08t 增加至 2006 年的 1455.07t。可以看出，开州的农业非点源污染物 TP 处于高排放、中度污染的状态，在中度污染状态这一分类中，开州的污染强度要高于忠县、万州、南岸、江津这 4 个区县。江津 2001 年和 2006 年污染物 TP 排放量在 21 区县中均居第 3 位，说明在 2001 年和 2006 年都处于高排放的状态。江津在 2001 年与 2006 年均处于中度污染的状态。江津的非点源污染物

TP 排放量在增加，排放量从 2001 年的 1261.21t 增加至 2006 年的 1280.76t，并且污染物 TP 的负荷强度在升高，说明江津在 2001 年到 2006 年的农业污染问题越来越严重。忠县在 2006 年处于中度污染状态，且在 2001 年也处于中度污染状态。在 2001 年，忠县的农业非点源污染物 TP 的排放量在三峡库区重庆段 21 区县中居第 7 位，在 2006 年也居第 7 位。从总量上看，忠县从 2001 年的 797.80t 增加至 2006 年的 812.47t，相比于其他区县来说，其污染物 TP 排放量呈明显的增加趋势，但是增加幅度未引起排名变化。

4）低污染区域

在 2006 年，处于低污染状态的区县共有 7 个，分别是北碚、丰都、长寿、石柱、渝北、巫山、奉节，其中 4 个区县（丰都、巫山、奉节、石柱）位于库尾地区，3 个区县（北碚、长寿、渝北）位于库腹地区。相比于 2001 年，2006 年渝北的污染物 TP 负荷强度呈下降趋势，渝北的污染物 TP 排放量在 2001 年居第 11 位，在 2006 年居第 13 位，虽然排位仅下降 2 位，但是从总量上来说，从 579.64t 降低至 563.08t，呈明显的下降趋势。在 2001 年江北在三峡库区重庆段 21 个区县中居第 20 位，在 2006 年居第 19 位，总的排放量较低，上升的幅度较小。长寿的污染物 TP 排放量变化幅度较小，在 2001 年和 2006 年在三峡库区重庆段 21 个区县中均居第 8 位，说明长寿在 2006 年的污染物 TP 排放量较高，但是从每平方千米的污染物 TP 排放量来说，在长寿的环境承载力的范围之内。巫山在 2001 年的污染物 TP 排放量居第 12 位，在 2006 年居第 11 名，排位下降 1 位，但是总量呈上升趋势，从 2001 年的 573.05t 下降至 2006 年的 601.04t。石柱的农业非点源污染物 TP 的排放量在 2001 年居第 15 位，而在 2006 年没有发生变化，仍居第 15 位，但是排放量呈上升趋势，从 486.00t 上升至 516.41t，处于中等水平，并且其负荷强度较低，说明石柱在 2001～2006 年的农业发展水平较高。

5）极低污染区域

在 2006 年，处于极低污染状态的区县共有 2 个，分别是沙坪坝、巫溪，其中巫溪位于库腹地区，沙坪坝位于库尾地区。沙坪坝是三峡库区重庆段农业非点源污染物 TP 的负荷强度最低地区。从沙坪坝的农业非点源污染物 TP 的排放量来看，其在 2001 年和 2006 年的污染物 TP 排放量均居第 18 位，排放量分别是 179.34t、178.92t，下降的幅度相比于其他区县来说较小。

3. 2011 年三峡库区重庆段农业非点源污染物 TP 发展变化

1）高污染区域

在 2011 年，从农业非点源污染物 TP 负荷强度变化趋势来看，处于高污染状态的区域依旧是武隆，说明武隆的污染物 TP 负荷强度较高。根据表 2-23 和表 2-24，2011 年武隆的农业非点源污染物 TP 排放量排位虽然靠后，但该地区污染物 TP 的负荷强度高，即每平方千米的污染物 TP 的排放量高，说明该地区污染物 TP 排放量已经超出其环境承载力范围。

2）较高污染区域

根据分类标准，2011 年没有较高污染的区域。

3）中度污染区域

在 2011 年，处于中度污染状态的区县共有 3 个，分别是涪陵、巴南和大渡口。在 2006 年，涪陵、大渡口属于较高污染区域，而巴南属于高污染区域；在 2011 年涪陵、大渡口、巴南均属于中度污染区域。这表明了这 3 个区县 TP 污染情况有所改善。根据表 2-24，涪陵、巴南和大渡口 3 个区县污染物 TP 负荷强度分别从 2006 年的 0.7068t/km²、0.9792t/km²、0.8504t/km² 下降为 2011 年的 0.3599t/km²、0.4232t/km²、0.3368t/km²，下降幅度较大。从表 2-23 的污染排放量排位来看，2006～2011 年大渡口的污染物 TP 排放量在 21 个区县中一直处于最后一位，巴南的排位从第 10 位下降为第 11 位，而涪陵的排位却上了 1 位，表明涪陵污染物 TP 排放量下降幅度要低于其他 2 个区县。

4）低污染区域

在 2011 年，处于低污染状态的区县共有 6 个，分别是开州、万州、忠县、南岸、九龙坡、江津，其中 3 个区县（开州、万州、忠县）位于库腹地区，3 个区县（南岸、九龙坡、江津）位于库尾地区。与中度污染区域类似，这 7 个区县在 2006 年都处于较高污染区域或中度污染区域，在 2011 年变为低污染区域，进一步反映了 2006～2011 年三峡库区重庆段 TP 污染改善明显。但是根据表 2-23，从排放量的排位上来看，2011 年开州、万州、江津的 TP 排放量依然居于高位，分别排在整个三峡库区重庆段的第 1 位、第 2 位和第 3 位，并且位次比较稳定，呈现出高排放、低污染的状态，进一步改善的空间较大，但也存在 TP 污染加剧的风险。南岸虽然在位次上相对靠后，但是从 2006 年到 2011 年，位次也上升了 1 位，进一步反映了低污染区域在污染物 TP 排放量的减少速度上要慢于其他区域。

5）极低污染区域

在 2011 年，处于极低污染状态的区县共有 11 个，分别是沙坪坝、巫溪、巫山、云阳、奉节、石柱、丰都、长寿、渝北、北碚、江北，其中 6 个（巫溪、巫山、云阳、奉节、石柱、丰都）位于库腹地区，5 个（沙坪坝、长寿、渝北、北碚、江北）位于库尾地区。除沙坪坝和巫溪外，其余 9 个区县在 2006 年都属于中度污染区域或者低污染区域，总体上再次表明三峡库区重庆段 TP 污染呈现改善的趋势。

4. 2016 年三峡库区重庆段农业非点源污染物 TP 发展变化

1）高污染区域

从 2016 年农业非点源污染物 TP 负荷强度变化趋势来看，处于高污染状态的区域是武隆和巴南,说明武隆和巴南每平方千米的污染物 TP 的排放量较高。但是从污染物的排放强度来看,在 21 个区县中,武隆的污染物 TP 的排放量在 2016 年居第 16 位,且在 2001 年、2006 年和 2011 年排位变动的幅度较小,分别是第 14 位、第 14 位、第 15 位,说明其污染物 TP 的排放量在三峡库区重庆段处于中等水平。从污染物 TP 的负荷强度来看,武隆是一个高污染的状态。

2)较高污染区域

在 2016 年,处于较高污染状态的区县有 4 个,分别是大渡口、云阳、开州、涪陵,相比于 2006 年,较高污染状态的区县数目发生变化,增加了 1 个,重叠区域是大渡口、涪陵。大渡口、涪陵 2016 年的农业非点源污染物 TP 排放量在 21 个区县中分别居第 21 位、第 7 位,相比较于 2011 年,大渡口的排位没有发生变化,一直是处于最低排放位次,说明大渡口处于低排放、高污染的状态;涪陵在 2016 年下降 3 位,说明涪陵处于中排放、较高污染的状态。

3)中度污染区域

在 2016 年,处于中度污染状态的区县共有 10 个,分别是丰都、奉节、万州、忠县、长寿、北碚、江北、南岸、九龙坡、江津,其中 4 个区县(丰都、奉节、万州、忠县)位于库腹地区,6 个区县(长寿、北碚、江北、南岸、九龙坡、江津)位于库尾地区。其中,万州、江津、九龙坡、忠县在 2001 年的排位分别是第 2 位、第 3 位、第 17 位、第 7 位,在 2016 年的排位分别是第 3 位、第 4 位、第 18 位、第 9 位,可以看出万州和江津都是处于高排放状态,九龙坡一直处于靠后的排位,处于低排放状态,而忠县处于较高排放状态。

4)低污染区域

在 2016 年,处于低污染状态的区县共有 2 个,分别是巫山、巫溪,这 2 个区县都位于库腹地区。与 2011 年的低污染状态区县相比,2016 年减少了 4 个区县。巫山在 2011 年和 2016 年的农业非点源污染物 TP 排放量分别居第 12 位、第 11 位,总量分别是 282.47t、743.80t,从排位上来看,呈上升趋势,虽然仅上升 1 位,但是总量增加的幅度相比于其他区县来说较小,所以自身依旧处于低污染状态。

5)极低污染区域

在 2016 年,处于极低污染状态的区县共有 3 个,分别是沙坪坝、石柱、渝北,其中 1 个区县(石柱)位于库腹地区,2 个区县(沙坪坝、渝北)位于库尾地区。与 2011 年的极低污染状态地区相比,2016 年减少了 8 个,其中重叠的区县共有 3 个(沙坪坝、石柱、渝北)。对比 3 个区县在 2011 年的负荷强度来看,各自污染物 TP 负荷强度有较大幅度的上升(表 2-24)。这 3 个区县的污染物 TP 排放量排位在 2011 年分别居第 18 位、第 13 位、第 14 位,在 2016 年分别居第 17 位、第 15 位、第 14 位。从该排位来分析,可以看出沙坪坝上升 1 位,而石柱下降 2 位,渝北没有变动。这 3 个区县污染物 TP 的排放量在 2011 年分别是 75.52t、272.96t、

253.43t，在 2016 年分别是 241.04t、453.27t、461.91t，可以看出虽然这 3 个地区的排名没有较大的变化，但是每个地区的污染物 TP 排放量增加幅度较大。

2.5 三峡库区重庆段农业非点源污染物对地表水质浓度的影响分析

不考虑污染物排放的时间分布与空间分布差异，假设污染物全年均匀分布于地表水中，以各区县 NH_3-N、COD、TN、TP 的实物绝对排放量为基础，按照各区县 2001～2014 年地表水资源拥有量，根据式（2-7）～式（2-9）计算地表水质 NH_3-N、COD、TN、TP 的排放浓度。

2.5.1 三峡库区重庆段地表水质 NH_3-N 浓度发展变化

根据图 2-3，从时间维度可以看出，三峡库区重庆段由农业非点源污染导致的地表水质 NH_3-N 浓度总体呈现下降的趋势。在 2001 年，巫溪的地表水质 NH_3-N 浓度在 21 个区县中最低，为 0.43mg/L，而大渡口是最高的，地表水质 NH_3-N 浓度为 19.28mg/L，此外浓度比较高的地区还有九龙坡、北碚、沙坪坝、江北、南岸、

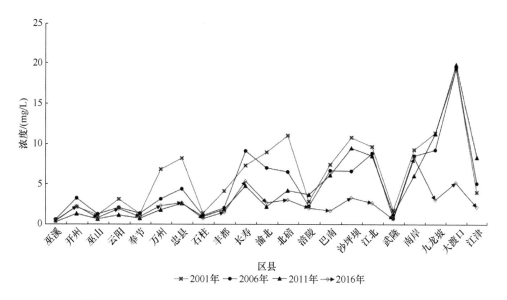

图 2-3　三峡库区重庆段地表水质 NH_3-N 浓度变化

渝北、忠县、巴南、长寿，其浓度分别是11.29mg/L、10.95mg/L、10.72mg/L、9.58mg/L、9.21mg/L、8.88mg/L、8.14mg/L、7.37mg/L、7.24mg/L。排在前 10 位的区县中，库腹地区与库尾地区相比，库尾地区的区县较多。库尾地区 12 个区县中共有 9 个区县在前 10 位，说明库尾地区也是受污染物 NH₃-N 影响较为严重的区域。而排在后 5 位的区县分别是武隆、石柱、奉节、巫山、巫溪，其地表水质 NH₃-N 浓度分别是 1.71mg/L、1.29mg/L、1.20mg/L、1.06mg/L、0.43mg/L。库腹地区在 2001 年的地表水质 NH₃-N 浓度整体较低。从浓度趋势线可以看出，在 2006 年、2011 年和 2016 年三峡库区重庆段的 21 个区县走势基本一致。

2.5.2 三峡库区重庆段地表水质 COD 浓度发展变化

根据图 2-4，从时间维度可以看出，三峡库区重庆段由农业非点源污染导致的地表水质 COD 浓度 2001 年的总体趋势线高于 2006 年的总体趋势线，2006 年总体趋势线高于 2011 年的总体趋势线，说明三峡库区重庆段由农业非点源污染导致的地表水质 COD 浓度总体呈现下降的趋势。从空间维度可以看出，2001~2016 年，库尾地区的地表水质 COD 平均浓度高于库腹地区；其中沙坪坝、大渡口、江北、渝北等地区的地表水质 COD 平均浓度明显高于其他地区，渝东北地区的巫山、巫溪、云阳、奉节等区县的地表水质 COD 浓度较低，库腹地区地表水质 COD 浓度较高的是忠县、万州等区县。

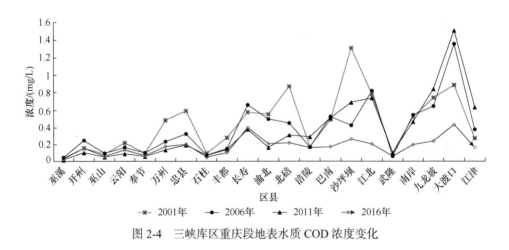

图 2-4 三峡库区重庆段地表水质 COD 浓度变化

2.5.3 三峡库区重庆段地表水质 TN 浓度发展变化

根据图 2-5，从时间维度可以看出，三峡库区重庆段由农业非点源污染导致的地表水质 TN 浓度总体呈现下降的趋势。2001 年,巫溪的地表水质 TN 浓度在 21 个区县中最低,为 0.89mg/L,而大渡口是最高的,地表水质 TN 浓度为 47.99mg/L,此外浓度比较高的地区还有沙坪坝、江北、渝北、南岸、北碚、忠县、万州,其浓度分别是 24.93mg/L、21.24mg/L、20.88mg/L、15mg/L、14.45mg/L、13.21mg/L、12.06mg/L。排在前 10 位的区县中,库腹地区与库尾地区相比,库尾地区的区县较多。库尾地区 12 个区县中共有 8 个区县在前 10 位,说明库尾地区是受污染物 TN 影响较为严重的区域。排在后 5 位的区县分别是武隆、奉节、石柱、巫山、巫溪,其地表水质 TN 浓度分别是 2.89mg/L、2.85mg/L、2.66mg/L、2.37mg/L、0.89mg/L。库腹地区在 2001 年的地表水质 TN 浓度整体较低。从地表水质 TN 浓度趋势线可以看出,在 2006 年、2011 年和 2016 年,三峡库区重庆段的 21 个区县走势基本一致。

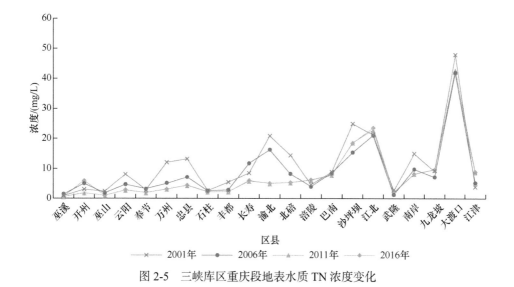

图 2-5　三峡库区重庆段地表水质 TN 浓度变化

2.5.4　三峡库区重庆段地表水质 TP 浓度发展变化

根据图 2-6,从时间维度可以看出,三峡库区重庆段由农业非点源污染导致的地表水质 TP 浓度 2001 年的总体趋势线高于 2006 年的总体趋势线,2011 年的总体趋势线高于 2016 年的总体趋势线,说明三峡库区重庆段由农业非点源污染导致的地表水质 TP 浓度总体呈现下降的趋势。从空间维度可以看出,2001~2016 年,库尾地区的地表水质 TP 浓度明显高于库腹地区,其中渝北、沙坪坝、江北、大渡口、九龙坡的地表水质 TP 浓度明显高于其他区县,库腹地区的巫溪、巫山、奉节、石柱的地表水质 TP 浓度明显低于其他区县,库腹地区的开州、云阳、万州、忠县等区县受 TP 的污染较为严重。

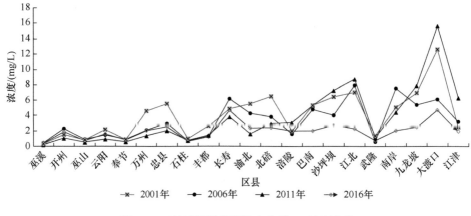

图 2-6　三峡库区重庆段地表水质 TP 浓度变化

2.6　三峡库区重庆段地表水质农业非点源污染物贡献份额发展变化

本小节由三峡库区重庆段地表水质的浓度，计算出了各农业非点源污染物的贡献程度。

2.6.1　三峡库区重庆段农业非点源污染物 NH_3-N 贡献份额发展变化

由表 2-25～表 2-27 可知，2001 年，三峡库区重庆段的化肥和农村生活 NH_3-N 污染是库区地表水质污染的主要来源，其中大渡口、江北、沙坪坝、南岸、涪陵 5 个区县受化肥 NH_3-N 污染比较严重；江津、九龙坡、北碚、丰都、长寿 5 个区县受农村生活 NH_3-N 污染比较严重，其农村生活 NH_3-N 的贡献份额均超过 75%。从三峡库区重庆段来看，各区县受养殖业 NH_3-N 的污染程度较低，其中受养殖业 NH_3-N 污染程度最高的为巫溪，其贡献份额也只有 16.7362%。

2016 年，三峡库区重庆段的化肥和农村生活 NH_3-N 污染是库区地表水质污染的主要来源，其中受化肥 NH_3-N 污染最为严重的区县为巫溪、石柱、北碚、渝北、沙坪坝 5 个区县；农村生活 NH_3-N 污染贡献份额超过 85% 的为南岸、九龙坡 2 个区县，其中受农村生活 NH_3-N 污染最为严重的为南岸，其贡献份额超过了 95%；养殖业 NH_3-N 对库区的污染依然影响很小，其中养殖业 NH_3-N 污染最为严重的为云阳，其贡献份额为 22.7591%。综上所述，与 2001 年相比，库腹地区受化肥 NH_3-N 污染的贡献份额在进一步加大，库尾地区受化肥、农村生活污染影响变化微小，整个三峡库区重庆段受化肥 NH₃-N 污染、农村 NH₃-N 污染、养殖业 NH₃-N 污染的贡献份额变化很小。

总体而言，2001～2016 年，三峡库区重庆段农业非点源污染物 NH₃-N 贡献份额主要来自化肥、农村生活，养殖业对 NH₃-N 的贡献份额很小。库腹、库尾地区受污染源 NH₃-N 的贡献份额也呈现一定程度的差异。2001～2016 年，三峡库区重庆段受化肥 NH₃-N 污染的贡献份额由 15.4442%上升为 18.3267%，受农村生活 NH₃-N 污染的贡献份额由 72.8360%下降为 69.1877%，受养殖业 NH₃-N 污染的贡献份额由 11.7198%上升为 12.4856%，进一步可以说明，三峡库区重庆段化肥 NH₃-N 污染在逐步加重，农村生活 NH₃-N 污染在减轻，但表现不明显。2001～2016 年，化肥、农村生活、养殖业的 NH₃-N 贡献份额变化很小。

表 2-25　三峡库区重庆段农业非点源污染物 NH₃-N（化肥）贡献份额（%）

区县	2001 年	2006 年	2011 年	2016 年
巫溪	14.5882	19.8877	28.6806	25.9373
开州	16.4363	16.0753	20.1136	18.5122
巫山	16.2190	16.7764	20.8905	18.6566
云阳	15.3664	11.8249	12.8764	12.4031
奉节	12.8393	13.3289	17.6506	17.7602
万州	15.6008	14.9901	15.6926	15.8766
忠县	17.7883	17.9752	19.9732	21.7505
石柱	18.4006	20.8218	25.0095	25.4558
丰都	11.1909	13.0467	17.2502	17.2195
长寿	13.6034	14.7526	16.1614	24.3652
渝北	15.7424	11.3014	12.8240	32.8584
北碚	14.2713	12.2948	12.7521	27.1820
涪陵	18.7390	18.9284	22.0647	8.9438
巴南	13.8737	14.1674	13.8416	10.5114
沙坪坝	23.9458	19.2688	14.1630	36.7627

续表

区县	2001 年	2006 年	2011 年	2016 年
江北	25.1883	24.2642	11.2044	15.4719
武隆	16.6787	19.3268	20.4597	0.6626
南岸	19.9364	13.3784	17.8109	2.4716
九龙坡	12.9873	8.2818	7.8617	5.9124
大渡口	26.0191	18.2344	13.8311	7.9562
江津	11.6321	12.0737	16.5545	19.5785
三峡库区重庆段	15.4442	15.2453	17.8283	18.3267

表 2-26　三峡库区重庆段农业非点源污染物 NH_3-N（农村生活）贡献份额（%）

区县	2001 年	2006 年	2011 年	2016 年
巫溪	68.6756	64.2225	58.3198	58.3475
开州	71.2868	71.4679	68.4155	64.8266
巫山	69.7039	68.5669	66.6657	67.1503
云阳	70.6689	73.4238	73.1879	64.8378
奉节	73.0618	72.0724	69.2802	66.0663
万州	73.5707	73.7578	73.5605	73.2890
忠县	72.1938	71.7097	70.8410	69.3134
石柱	71.4364	69.5392	66.7298	68.5792
丰都	76.2916	73.7719	71.5526	66.7147
长寿	75.6937	73.9500	73.8098	66.4196
渝北	74.2910	76.7975	78.0146	63.6731
北碚	76.3005	77.8923	79.7590	65.8826

续表

区县	2001 年	2006 年	2011 年	2016 年
涪陵	70.5726	70.2700	68.2912	78.9105
巴南	73.2394	73.1128	74.0477	74.5462
沙坪坝	69.5465	73.8460	79.9486	58.4983
江北	65.2186	65.6275	76.4017	73.0920
武隆	66.8065	64.5122	60.4166	79.2413
南岸	73.4370	78.0778	76.8873	95.4138
九龙坡	77.8872	80.4550	83.9629	85.5508
大渡口	66.6006	71.8768	79.3604	84.5325
江津	78.1276	77.3745	73.8160	71.0317
三峡库区重庆段	72.8360	72.6145	71.1664	69.1877

表 2-27 三峡库区重庆段农业非点源污染物 NH_3-N（养殖业）贡献份额（%）

区县	2001 年	2006 年	2011 年	2016 年
巫溪	16.7362	15.8898	12.9996	15.7152
开州	12.2769	12.4567	11.4709	16.6612
巫山	14.0772	14.6567	12.4438	14.1931
云阳	13.9647	14.7513	13.9357	22.7591
奉节	14.0989	14.5987	13.0692	16.1736
万州	10.8285	11.2521	10.7469	10.8344
忠县	10.0179	10.3151	9.1858	8.9361
石柱	10.1630	9.6390	8.2606	5.9649
丰都	12.5175	13.1814	11.1972	16.0658

续表

区县	2001 年	2006 年	2011 年	2016 年
长寿	10.7028	11.2973	10.0287	9.2152
渝北	9.9666	11.9012	9.1613	3.4685
北碚	9.4282	9.8128	7.4888	6.9354
涪陵	10.6884	10.8016	9.6442	12.1457
巴南	12.8869	12.7198	12.1107	14.9425
沙坪坝	6.5077	6.8852	5.8884	4.7390
江北	9.5931	10.1083	12.3938	11.4361
武隆	16.5148	16.1611	19.1237	20.0960
南岸	6.6266	8.5438	5.3018	2.1146
九龙坡	9.1255	11.2633	8.1754	8.5367
大渡口	7.3803	9.8888	6.8086	7.5113
江津	10.2402	10.5518	9.6295	9.3897
三峡库区重庆段	11.7198	12.1402	11.0053	12.4856

2.6.2 三峡库区重庆段农业非点源污染物 COD 贡献份额发展变化

由表 2-28～表 2-30 可知，2001 年，三峡库区重庆段农业非点源污染物 COD 的贡献份额最大的为养殖业、农村生活，而化肥对 COD 贡献较小。其中，沙坪坝、江北、涪陵、大渡口、南岸、忠县、石柱 7 个区县化肥污染 COD 的贡献份额较大，其贡献份额均超过了 7%，而化肥污染 COD 贡献份额较低的为江津、丰都和奉节，其贡献份额分别为 4.7314%、4.4432% 和 4.8750%。农村生活污染 COD 贡献份额最大的为南岸、万州、忠县、石柱、丰都、长寿、渝北、北碚、沙坪坝、大渡口、江津、九龙坡 12 个区县，其贡献份额均超过了 35%，其中农村生活污染 COD 贡献份额最多的为南岸。养殖业污染 COD 的贡献份额最多，各区县之间相差 0%～16%，其贡献份额维持在 48%～65%。三峡库区重庆段化肥污染 COD 的贡献份额为 6.2034%，农村生活污染 COD 的贡献份额为 34.8823%，养殖业污染 COD 的贡献份额为 58.9144%。

2016 年，三峡库区重庆段农业非点源污染 COD 的贡献份额最大的是养殖业、农村生活，其中巫溪、开州、巫山、云阳、奉节、丰都、涪陵、巴南、武隆、大渡口 10 个区县养殖业 COD 的贡献份额超过 60%，养殖业 COD 的贡献份额较大的为云阳、涪陵、巴南、武隆、大渡口 5 个区县，其贡献份额超过 75%；化肥 COD 的贡献份额则较小。三峡库区重庆段 COD 的贡献份额中，化肥为 7.4501%，农村生活为 29.2154%，养殖业为 63.3345%。

综上所述，2001～2016 年，养殖业 COD 的贡献份额在增加，其中养殖业 COD 贡献份额超过 60% 的区县个数由 2001 年的 7 个增加到 2016 年的 10 个。2001～2016 年，农村生活 COD 贡献份额整体有下降的态势，农村生活 COD 贡献份额超过 35% 的地区已由 2001 年的 12 个减少为 2016 年的 8 个。总体来看，2001～2016 年，三峡库区各区县化肥、农村生活、养殖业的 COD 贡献份额变化都很小，COD 污染主要来自养殖业和农村生活，其中养殖业 COD 贡献份额有一定程度的增加，但是增加幅度很小；农村生活 COD 的贡献份额有一定程度的下降，但是下降幅度较小；化肥 COD 的贡献份额基本没有大的变化，对三峡库区 COD 的整体贡献份额一直处于较低水平。

表 2-28　三峡库区重庆段农业非点源污染物 COD（化肥）贡献份额（%）

区县	2001 年	2006 年	2011 年	2016 年
巫溪	5.3859	7.7292	11.7236	9.7486
开州	6.6459	6.3774	8.3433	6.0988
巫山	6.2651	6.6465	8.2729	7.1847
云阳	5.9609	4.4694	4.8824	3.7369
奉节	4.8750	5.0379	6.9368	6.2164
万州	6.3592	6.1716	6.2822	6.7734
忠县	7.4671	7.5771	8.7605	10.0528
石柱	7.6199	9.2852	10.8840	14.0571
丰都	4.4432	5.2801	7.0707	6.4657

续表

区县	2001 年	2006 年	2011 年	2016 年
长寿	5.3152	5.9710	6.4919	10.0554
渝北	6.5403	4.7037	5.1325	25.7386
北碚	6.0985	5.2712	5.2779	11.4497
涪陵	7.6646	7.8429	9.1221	4.1648
巴南	5.2794	5.4673	5.1143	4.0465
沙坪坝	11.3533	9.1885	6.0349	11.4594
江北	10.7961	10.7634	3.9183	5.7161
武隆	6.2577	7.3849	8.1716	0.3325
南岸	9.4785	6.1942	7.3496	1.9109
九龙坡	5.5091	3.4144	3.1307	2.7396
大渡口	11.9919	7.8279	5.7976	5.1557
江津	4.7314	4.9187	6.7457	8.7797
三峡库区重庆段	6.2034	6.1675	7.2115	7.4501

表 2-29　三峡库区重庆段农业非点源污染物 COD（农村生活）贡献份额（%）

区县	2001 年	2006 年	2011 年	2016 年
巫溪	30.0591	30.1321	28.5281	26.0274
开州	33.1069	35.5354	32.3815	25.5302
巫山	32.1492	31.7492	31.6864	30.3149
云阳	32.7054	33.0328	33.1074	17.4962
奉节	33.1652	35.2444	30.8827	27.9422

续表

区县	2001 年	2006 年	2011 年	2016 年
万州	35.8095	35.7684	35.7585	33.2840
忠县	36.4884	36.9294	33.4160	32.3915
石柱	36.3862	35.8199	34.8553	40.4867
丰都	36.2409	36.6034	34.7683	23.9323
长寿	36.9536	36.1025	34.6713	38.6570
渝北	37.0223	37.8843	37.5715	37.9900
北碚	38.6909	39.3380	39.2247	42.0607
涪陵	34.5472	34.6183	33.9349	20.1165
巴南	33.1956	33.3305	32.7744	18.3934
沙坪坝	39.8493	40.3362	42.3472	61.3765
江北	32.7353	33.4700	35.7554	42.6945
武隆	29.6366	29.2937	29.2419	2.6942
南岸	40.6575	42.0030	42.5606	70.4097
九龙坡	38.8140	39.6953	39.9809	41.2313
大渡口	36.8178	38.7376	40.3032	16.0974
江津	37.5408	37.5660	36.7164	32.6524
三峡库区重庆段	34.8823	35.3309	34.1403	29.2154

表 2-30 三峡库区重庆段农业非点源污染物 COD（养殖业）贡献份额（%）

区县	2001 年	2006 年	2011 年	2016 年
巫溪	64.5549	62.1387	59.7482	64.2240
开州	60.2473	58.0872	59.2752	68.3711
巫山	61.5857	61.6043	60.0408	62.5004

区县	2001 年	2006 年	2011 年	2016 年
云阳	61.3336	62.4978	62.0102	78.7669
奉节	61.9598	59.7178	62.1805	65.8415
万州	57.8312	58.0600	57.9593	59.9425
忠县	56.0445	55.4936	57.8235	57.5557
石柱	55.9939	54.8949	54.2607	45.4562
丰都	59.3159	58.1165	58.1610	69.6020
长寿	57.7312	57.9264	58.8368	51.2875
渝北	56.4374	57.4120	57.2960	36.2713
北碚	55.2105	55.3908	55.4974	46.4896
涪陵	57.7882	57.5388	56.9429	75.7187
巴南	61.5250	61.2022	62.1113	77.5601
沙坪坝	48.7974	50.4753	51.6179	27.1641
江北	56.4686	55.7667	60.3264	51.5894
武隆	64.1057	63.3214	62.5865	96.9733
南岸	49.8640	51.8027	50.0898	27.6793
九龙坡	55.6769	56.8903	56.8884	56.0291
大渡口	51.1903	53.4345	53.8992	78.7468
江津	57.7278	57.5153	56.5379	58.5680
三峡库区重庆段	58.9144	58.5016	58.6482	63.3345

2.6.3 三峡库区重庆段农业非点源污染物 TN 贡献份额发展变化

由表 2-31～表 2-33 可知，2001 年，三峡库区重庆段农业非点源污染物 TN 主要来自养殖业污染，其次是化肥污染，其中养殖业污染 TN 贡献份额较高的为巫溪、开州、云阳、奉节、万州、丰都、长寿、渝北、北碚、巴南、武隆、九龙坡、江津 13 个区县，其养殖业污染 TN 贡献份额均超过了 70%，养殖业污染 TN 贡献份额较少的为巫山，其化肥污染的贡献份额为 57.0979%；化肥污染 TN 排放较多的为沙坪坝、石柱、大渡口、江北 4 个区县，其贡献份额均超过了 17%。

2016 年，三峡库区重庆段各区县 TN 排放主要还是来自养殖业污染，其中巫溪、开州、巫山、云阳、奉节、万州、忠县、丰都、长寿、北碚、涪陵、巴南、武隆、九龙坡、江津 15 个区县的养殖业污染 TN 贡献份额都超过了 60%。化肥污染 TN 贡献份额较大的为大渡口、渝北 2 个区县，其贡献份额分别为 47.9830%、42.2660%。三峡库区重庆段化肥污染 TN 贡献份额为 21.2311%；三峡库区重庆段农村生活污染 TN 贡献份额为 6.6754%；三峡库区重庆段养殖业污染 TN 贡献份额为 72.0935%。

综上所述，2001～2016 年，三峡库区重庆段化肥污染 TN 的贡献份额在增加，养殖业污染 TN 的贡献份额处于稳定状态，农村生活污染 TN 的贡献份额在不断减少。

表 2-31　三峡库区重庆段农业非点源污染物 TN（化肥）贡献份额（%）

区县	2001 年	2006 年	2011 年	2016 年
巫溪	15.6239	22.2237	20.2213	16.7601
开州	15.0550	16.7864	16.0503	16.4942
巫山	11.0176	16.3008	14.5133	21.0745
云阳	9.5686	9.9877	10.1594	14.0077
奉节	10.9532	13.9068	13.7875	15.1528
万州	13.2964	13.2085	12.4371	23.9467
忠县	16.3354	17.3988	17.2902	28.5078
石柱	19.3448	21.8635	20.8780	35.3285
丰都	11.5276	14.5882	14.7883	13.3363
长寿	12.9162	13.4569	20.0963	20.2171
渝北	10.3635	11.0274	27.2477	42.2660

续表

区县	2001 年	2006 年	2011 年	2016 年
北碚	11.9477	11.2223	24.0952	22.5236
涪陵	16.3513	18.6472	6.3997	29.0516
巴南	11.5554	10.6278	6.0247	21.4556
沙坪坝	20.2452	12.9461	31.6033	36.0793
江北	23.3645	8.6247	13.0585	35.8239
武隆	15.0127	15.9120	0.3645	27.8037
南岸	14.1077	15.6521	6.4097	33.3181
九龙坡	7.7877	6.8614	4.6959	25.7917
大渡口	17.1761	11.9226	6.2175	47.9830
江津	10.7062	14.3087	15.7000	19.0943
三峡库区重庆段	13.2030	14.7766	14.6834	21.2311

表 2-32　三峡库区重庆段农业非点源污染物 TN（农村生活）贡献份额（%）

区县	2001 年	2006 年	2011 年	2016 年
巫溪	13.5621	10.7851	7.4097	6.2619
开州	6.8695	13.8168	11.3878	5.8226
巫山	31.8845	12.6297	10.3359	7.0025
云阳	15.0040	14.7721	12.0060	3.6705
奉节	14.9588	13.8107	10.7497	6.6604
万州	15.4090	16.4756	13.6286	7.6267
忠县	15.7407	15.8980	13.3003	7.2565
石柱	15.9107	14.2985	12.2387	9.8086
丰都	16.3715	15.8023	11.5928	5.5953

区县	2001 年	2006 年	2011 年	2016 年
长寿	15.9737	15.5841	11.6201	10.4845
渝北	17.9259	16.9755	11.2905	10.0294
北碚	17.3225	18.9065	12.5921	11.9077
涪陵	15.1721	14.1340	13.9256	3.5920
巴南	14.9617	14.4948	12.8585	3.5690
沙坪坝	18.6634	19.9307	13.3274	19.9448
江北	9.2936	9.1730	6.0587	9.1422
武隆	12.3801	12.0425	11.8480	0.4004
南岸	20.4777	18.7282	18.5587	22.5394
九龙坡	19.7337	18.6175	14.8052	9.5508
大渡口	18.7746	17.1921	16.4337	2.0503
江津	17.9619	16.2152	13.7851	8.1428
三峡库区重庆段	15.8039	14.9536	12.2078	6.6754

表 2-33　三峡库区重庆段农业非点源污染物 TN（养殖业）贡献份额（%）

区县	2001 年	2006 年	2011 年	2016 年
巫溪	70.8140	66.9912	72.3691	76.9779
开州	78.0755	69.3968	72.5619	77.6832
巫山	57.0979	71.0695	75.1509	71.9230
云阳	75.4273	75.2402	77.8346	82.3218
奉节	74.0880	72.2824	75.4628	78.1867
万州	71.2946	70.3159	73.9344	68.4267
忠县	67.9239	66.7031	69.4095	64.2357

区县	2001 年	2006 年	2011 年	2016 年
石柱	64.7445	63.8379	66.8834	54.8629
丰都	72.1009	69.6095	73.6190	81.0684
长寿	71.1101	70.9590	68.2835	69.2984
渝北	71.7106	71.9971	61.4618	47.7046
北碚	70.7298	69.8713	63.3127	65.5687
涪陵	68.4766	67.2187	79.6748	67.3564
巴南	73.4829	74.8774	81.1168	74.9754
沙坪坝	61.0914	67.1232	55.0693	43.9759
江北	67.3419	82.2023	80.8828	55.0339
武隆	72.6072	72.0454	87.7875	71.7959
南岸	65.4146	65.6196	75.0316	44.1425
九龙坡	72.4786	74.5211	80.4989	64.6574
大渡口	64.0493	70.8853	77.3488	49.9667
江津	71.3320	69.4762	70.5149	72.7629
三峡库区重庆段	70.9931	70.2698	73.1089	72.0935

2.6.4 三峡库区重庆段农业非点源污染物 TP 贡献份额发展变化

由表 2-34～表 2-36 可知，2001 年，三峡库区重庆段各区县之间的 TP 贡献份额相差很小。其中来自化肥污染 TP 的贡献份额较大，大部分区县 TP 的贡献份额都在 60% 以上，来自农村生活污染 TP 的贡献份额则较少。化肥污染 TP 的贡献份额最多的为石柱、沙坪坝、江北、大渡口 4 个区县，其贡献份额超过 70%，最低的为九龙坡，其贡献份额也高达 48.4882%；养殖业污染 TP 排放较高的为云阳、九龙坡 2 个区县，其贡献份额超过了 40%，其他区县都低于 40%，贡献份额最低的为江北（22.1205%）。三峡库区重庆段养殖业污染 TP 的贡献份额为 33.9729%，三峡库区重庆段化肥污染 TP 的贡献份额为 62.2879%，三峡库区重庆段农村生活污染 TP 的贡献份额为 3.7392%。

2016 年，三峡库区重庆段各区县之间的 TP 贡献份额相差也比较小。其中，养殖业污染 TP 的贡献份额较大，大部分区县养殖业 TP 的贡献份额都在 70%以上，来自农村生活污染 TP 贡献份额依然较小，其中养殖业污染 TP 的贡献份额最多的为开州、巫山、云阳、奉节、万州、丰都、涪陵、巴南、武隆、巫溪、江津、长寿 12 个区县，其贡献份额超过 80%，最低为南岸（贡献份额为 60.2822%）；化肥污染 TP 贡献份额较高的为大渡口、渝北、沙坪坝 3 个区县，其贡献份额超过了 20%，其他区县都低于 20%，贡献份额最低的为丰都（6.1150%）。三峡库区重庆段养殖业污染 TP 的贡献份额为 84.4022%，三峡库区重庆段化肥污染 TP 的贡献份额为 10.3014%，三峡库区重庆段农村生活污染 TP 的贡献份额为 5.2964%。

综上所述，2001～2016 年，三峡库区重庆段各区县农村生活污染的 TP 贡献份额相差很小。其中，2001～2011 年，化肥污染一直都保持很大的 TP 贡献份额；2016 年，养殖业污染 TP 的贡献份额最大；农村生活污染 TP 的贡献份额较小。

表 2-34　三峡库区重庆段农业非点源污染物 TP（化肥）贡献份额（%）

区县	2001 年	2006 年	2011 年	2016 年
巫溪	66.6044	74.8293	88.7560	7.8783
开州	63.2108	68.0902	85.4360	7.7273
巫山	63.4250	66.9460	84.0928	10.2271
云阳	53.2338	54.0455	78.0887	6.4067
奉节	57.0273	63.1081	83.2303	7.0577
万州	62.1946	62.3684	81.6097	11.8829
忠县	67.8997	69.5202	86.4844	14.5920
石柱	72.4845	74.9024	89.0363	19.2269
丰都	58.6472	64.8387	83.9286	6.1150
长寿	61.7098	62.4670	88.4335	9.8827
渝北	55.8768	57.2310	92.0335	24.3228
北碚	59.6150	58.0402	90.7189	11.2503

续表

区县	2001 年	2006 年	2011 年	2016 年
涪陵	67.8932	70.9476	67.9353	14.7136
巴南	58.4841	55.7821	66.9306	10.3054
沙坪坝	74.0916	62.1597	93.3996	20.6401
江北	75.6626	47.4449	81.8968	19.5158
武隆	65.2505	66.5166	10.6192	13.7852
南岸	64.8533	66.7439	67.8423	18.8573
九龙坡	48.4882	43.9801	60.3474	13.0644
大渡口	70.1703	58.9106	67.3124	27.9135
江津	56.9054	64.3075	85.1942	9.1810
三峡库区重庆段	62.2879	64.9233	84.2059	10.3014

表 2-35　三峡库区重庆段农业非点源污染物 TP（农村生活）贡献份额（%）

区县	2001 年	2006 年	2011 年	2016 年
巫溪	2.7747	2.2905	2.1663	4.8134
开州	3.5377	3.3567	3.5257	4.4606
巫山	3.2339	3.4476	3.4632	5.5568
云阳	4.2014	4.6562	4.8140	2.7452
奉节	3.8459	3.6201	3.7512	5.0729
万州	3.9786	3.9533	4.5258	6.1886
忠县	3.4622	3.4450	3.5939	6.0738
石柱	2.9080	2.9135	2.8123	8.7292
丰都	4.1449	3.7787	4.1311	4.1953
长寿	3.8286	4.1212	2.9794	8.3809
渝北	4.9045	4.8671	2.0337	9.4380

续表

区县	2001 年	2006 年	2011 年	2016 年
北碚	4.5870	5.3048	2.4689	9.7260
涪陵	3.2663	3.1105	7.8938	2.9749
巴南	3.7914	4.3532	7.3162	2.8032
沙坪坝	3.2302	5.1493	1.9493	18.6581
江北	2.2169	6.6863	3.6067	8.1442
武隆	2.7393	2.9344	16.2828	0.3246
南岸	4.6442	4.8731	9.4623	20.8605
九龙坡	5.7377	7.5681	10.0887	7.9110
大渡口	3.2880	5.5618	8.7563	1.9504
江津	4.6366	4.0197	3.8707	6.4024
三峡库区重庆段	3.7392	3.7595	3.8123	5.2964

表 2-36　三峡库区重庆段农业非点源污染物 TP（养殖业）贡献份额（%）

区县	2001 年	2006 年	2011 年	2016 年
巫溪	30.6208	22.8803	9.0777	87.3083
开州	33.2515	28.5531	11.0382	87.8121
巫山	33.3411	29.6064	12.4440	84.2161
云阳	42.5649	41.2983	17.0973	90.8481
奉节	39.1268	33.2718	13.0185	87.8694
万州	33.8268	33.6783	13.8645	81.9285
忠县	28.6382	27.0348	9.9218	79.3342
石柱	24.6075	22.1841	8.1514	72.0439
丰都	37.2078	31.3826	11.9403	89.6897

续表

区县	2001 年	2006 年	2011 年	2016 年
长寿	34.4615	33.4119	8.5871	81.7364
渝北	39.2187	37.9019	5.9327	66.2392
北碚	35.7980	36.6550	6.8122	79.0236
涪陵	28.8404	25.9419	24.1709	82.3115
巴南	37.7245	39.8647	25.7531	86.8914
沙坪坝	22.6783	32.6911	4.6511	60.7018
江北	22.1205	45.8688	14.4964	72.3400
武隆	32.0102	30.5490	73.0980	85.8902
南岸	30.5025	28.3831	22.6954	60.2822
九龙坡	45.7741	48.4518	29.5639	79.0245
大渡口	26.5416	35.5276	23.9312	70.1361
江津	38.4581	31.6728	10.9352	84.4167
三峡库区重庆段	33.9729	31.3172	11.9817	84.4022

2.7 三峡库区重庆段农业非点源污染导致的地表水质综合污染

2.7.1 三峡库区重庆段地表水质综合污染指数

　　本小节根据公式（2-10）计算出三峡库区重庆段地表水质综合污染指数，见表 2-37。为了更细致地反映三峡库区重庆段水质综合变化情况，以 3 年为时间间隔。从时间维度可以看出，2001～2016 年，三峡库区重庆段地表水质综合污染指数总体呈下降趋势，但是地表水质仍然处于中度或者轻度污染状态。其中综合污染指数减少最多的为大渡口，由 2001 年的 14.00 下降为 2016 年的 4.20，说明大渡口的地表水质污染经过十几年的整治,农业非点源污染有很大的改善,但是仍然处于严重污染状态。从空间维度看,通过2001～2016年地表水质综合污染指数总值的比较,测得水质污染严重的区县主要为大渡口、巴南、涪陵、沙坪坝等区县,基本位于库尾地区,污染较轻的主要有巫溪、巫山、开州、奉节、石柱等库腹地区的区县,其中只有巫溪和巫山较长时间保持着安全水平。2001～2016年,库腹地区的地表水质综合污染指数呈下降趋势,从2.65下降为1.55,下降了1.10;库尾地区的地表水质综合污染指数也呈下降趋势,由5.74下降为2.21,下降了3.53。从污染改善程度来看,库尾地区受农业非点源污染改善的程度比库腹要高,库尾地区和库腹地区受到的农业非点源污染依然有着很大的改善空间。

表 2-37 三峡库区重庆段地表水质综合污染指数

区县	2001 年	2004 年	2007 年	2010 年	2013 年	2016 年
巫溪	0.29	0.27	0.19	0.32	0.36	0.33
开州	1.49	0.99	0.81	1.86	1.74	1.71
巫山	0.81	0.69	0.46	0.74	0.74	0.64
云阳	2.03	1.21	0.87	1.62	1.76	1.38
奉节	0.83	0.56	0.47	0.85	0.86	0.74
万州	4.52	2.21	1.16	2.08	1.82	1.85
忠县	5.59	1.83	1.62	2.15	1.96	2.38
石柱	1.00	0.55	0.64	0.74	0.79	0.61
丰都	2.47	1.01	0.66	1.67	1.83	1.11
涪陵	4.79	2.65	1.71	3.95	4.17	4.20
武隆	5.29	1.66	1.61	2.43	2.67	2.08
库腹	2.65	1.24	0.93	1.60	1.70	1.55
长寿	6.33	1.90	1.86	2.62	1.98	2.19
渝北	1.94	1.15	0.78	2.25	2.26	1.85
北碚	5.05	1.48	2.72	2.39	2.45	1.73

续表

区县	2001 年	2004 年	2007 年	2010 年	2013 年	2016 年
巴南	6.89	2.14	1.69	4.18	4.14	2.44
沙坪坝	7.07	2.12	1.38	4.27	3.67	1.90
江北	1.29	0.72	5.13	1.06	0.77	0.68
南岸	5.33	1.71	3.07	2.80	2.73	3.27
九龙坡	7.10	1.98	1.60	3.75	2.78	2.11
大渡口	14.00	4.35	22.13	7.66	6.70	4.20
江津	2.39	1.59	2.18	2.71	2.40	1.78
库尾	5.74	1.91	4.25	3.21	2.99	2.21
三峡库区重庆段	4.11	1.56	2.51	2.48	2.31	1.87

2.7.2 三峡库区重庆段地表水质受农业非点源污染程度发展变化

为了更好地呈现三峡库区重庆段的地表水质综合污染指数,本书利用 ArcGIS 地理信息系统软件,利用内梅罗指数综合评价分级标准(表 2-38),根据 2001 年、2006 年、2011 年、2016 年的地表水质综合污染指数结果,分析三峡库区重庆段地表水质受农业非点源污染程度的时空演变(表 2-39)。

表 2-38　内梅罗指数综合评价分级标准

内梅罗指数	[0,0.7)	[0.7,1.0)	[1.0,2.0)	[2.0,3.0)	3.0 及以上
污染程度	安全	警戒线	轻污染	中污染	严重污染

三峡库区农业非点源排放的污染物,对各区县的地表水质产生了不同程度的影响,由于各区县农业非点源污染程度不同,其呈现的结果也不同。2001 年,从三峡库区农业非点源污染对库区各区县造成的影响来看,三峡库区重庆段只有巫溪的农业非点源污染相对较小,排放的污染物对地表水的污染处于安全范围;巫

山、奉节、石柱则处于警戒线范围；武隆、开州、涪陵 3 个区县处于轻污染范围内；江津、丰都、云阳 3 个区县则处于中污染范围内；巴南、大渡口、南岸、沙坪坝、北碚、渝北、长寿、江北、忠县、长寿等 11 个区县都处于严重污染的范围。总体来看，渝东南地表水质受农业非点源污染程度比较低，重庆主城区受农业非点源污染最为严重。此外，中污染和严重污染区域往往连片出现，说明污染存在着空间上的相关性，而且相邻区县的农业生产方式往往一样，也使得容易出现同类污染。

2006 年，三峡库区农业非点源污染导致的各区县地表水质污染程度不同，其中处于安全范围的区县在 2001 年的巫溪的基础上增加了武隆；处于警戒线范围的为巫山、奉节、石柱 3 个区县；属于轻污染的为云阳、丰都、涪陵 3 个区县，其余区域都属于中污染和严重污染。总体来看，渝东北部分地区地表水质受农业非点源污染程度有所缓解，其中云阳、万州、忠县、丰都污染程度降低。2006 年，属于严重污染的区县仍然保持在 11 个；库尾地区较库腹地区受农业非点源污染依然更为严重；重庆主城 9 区受农业非点源污染的情况得到很大改善。南岸、大渡口的污染水平有所上升。

2011 年，三峡库区农业非点源污染导致各区县地表水质受到不同污染，其中处于安全范围的为巫溪、奉节、巫山 3 个区县，较 2001 年增加了 2 个区县；处于警戒线的为开州、云阳、石柱 3 个区县；万州、忠县、丰都、武隆、渝北 5 个区县处于轻污染范围；其余区县在中污染和严重污染范围。可以看到，轻污染以下的范围进一步扩大，忠县、万州等过去属于严重污染区域的污染程度得到遏制。到 2011 年，严重污染的区域主要集中于库尾地区。

2016 年，三峡库区农业非点源污染又出现了一些新的变化。从表 2-35 可知，渝东北地区主要处于污染程度较轻的范围，其中巫溪、巫山保持在安全范围之内，奉节污染程度上升到警戒线水平，石柱县从警戒线回到安全范围以内，但是忠县又恢复到中污染水平。从总体来看，渝东北保持着向好的水平。此外，在库尾地区，巴南、江北等区县虽然以前属于严重污染的范围，但是在 2016 年变为轻度污染水平，相对于过去主城区及周边一直处于重度污染范围的区域来说，可以看出这一情况已经被改善。

综上所述，2016 年，三峡库区重庆段受农业非点源污染较 2001 年出现了一定程度的改善，处于安全范围的区县增加了 3 个；处于警戒线范围的区县数量减少了 2 个；但是处于轻污染范围的区县增加明显，其中部分严重污染区县经过治理，变成轻度污染。其中地表水质受农业非点源污染改善最为明显的为大渡口，其他各区县地表水质受农业非点源污染的改善情况不一，个别区县出现了污染加重的情况。从分段上来比较，库尾地区的农业非点源污染改善最为明显；库腹地区的农业非点源污染也得到很大的改善，其中改善最为明显的区县主要是万州，已由过去的严重污染变为 2016 年的轻度污染；但是无论是 2001 年还是 2016 年，库尾地区地表水质受农业非点源污染的程度整体上要比库腹地区要高，虽然到 2016 年情况有所改善，但总体来说问题依然严峻。

表 2-39　三峡库区重庆段地表水质综合污染指数

区县	2001 年	2006 年	2011 年	2016 年
巫溪	0.2944	0.4059	0.2068	0.3338
开州	1.4947	2.2161	0.9044	1.7078
巫山	0.8067	0.8628	0.5000	0.6444
云阳	2.0328	1.3863	0.8301	1.3807
奉节	0.8286	0.8505	0.5433	0.7435
万州	4.5204	2.0194	1.3083	1.8476
忠县	5.5872	3.0033	1.9769	2.3778
石柱	0.9989	0.7041	0.7623	0.6062
丰都	2.4685	1.2411	1.3031	1.1124
涪陵	4.7881	6.0410	3.6120	4.2037
武隆	5.2866	4.2212	1.4873	2.0806
长寿	6.3275	3.8263	2.8144	2.1869
渝北	1.9445	1.5977	3.0802	1.8522
北碚	5.0461	4.5798	4.8933	1.7318
巴南	6.8899	4.3757	7.3726	2.4351
沙坪坝	7.0748	6.8488	8.3205	1.8967
江北	1.2865	0.5634	1.0788	0.6753
南岸	5.3330	9.2607	4.3604	3.2738

续表

区县	2001 年	2006 年	2011 年	2016 年
九龙坡	7.0954	5.1950	7.2512	2.1058
大渡口	14.0047	9.5095	15.2853	4.2030
江津	2.3941	3.1415	5.8939	1.7755

2.8 本 章 小 结

1998～2016 年，随着农业的快速发展、化肥农药的施用，三峡库区重庆段农业非点源污染呈现出加重的态势，其污染物排放量由 1998 年的 202 502.191 8t 上升为 2016 年的 220 049.582 8t。其中，在 1998～2016 年，1998 年的农业非点源污染物排放量是十几年来最低的，2004 年农业非点源污染物排放量达到最高，最低和最高农业非点源污染物排放量分别为 202 502.191 8t、226 297.920 3t。1998～2016 年库腹地区农业非点源污染物排放量呈上升趋势，从 116 477.021 9t 增加至 136 237.235 4t，其中 1998 年的农业点源污染物排放量是最低的，2015 年排放量最高，最低和最高的农业非点源污染物排放量分别为 116 477.021 9t、137 195.231 1t。库尾地区在 1998～2004 年呈明显的上升趋势，在 2004～2016 年呈明显的下降趋势，并且波动较大。

（1）1998～2016 年，三峡库区 19 年间污染物 NH_3-N、COD、TN、TP 平均排放量分别为 45 544.85t、137 814.93t、31 268.93t、3174.49t，其贡献份额分别为 20.91%、63.27%、14.36%、1.46%，说明 1998～2016 年三峡库区农业非点源污染最主要的污染物为 COD，其次为 NH_3-N、TN，对库区污染最小的为 TP，平均总的污染物排放量为 217 803.20t。1998～2016 年，库腹地区和库尾地区的农业非点源污染物平均排放量分别为 125 075.74t，92 727.45t。库腹地区的 4 种污染物的排放最多的是 COD，最少的是 TP，NH_3-N 的排放量略高于 TN 的排放量，可知库腹地区的主要污染物是 COD。库尾地区农业非点源污染物 NH_3-N 的平均排放量为 19 724.97t，占比为 21.27%；污染物 COD 的平均排放量为 58 147.75t，占比为 62.71%；污染物 TN 的平均排放量为 13 487.01t，占比为 14.54%；污染物 TP 的平均排放量为 1367.72t，占比为 1.48%。从对库尾地区 4 种污染物的平均排放量比较分析来看，污染物 COD 的平均排放量最高，最低的是污染物 TP 的平均排放量，而污染物 NH_3-N 的平均排放量略高于污染物 TN。

（2）1998～2016 年，三峡库区重庆段农业非点源污染物负荷强度呈现出一定的规律性变化，即区域污染物的排放强度趋同。进行 2 分类时，第一类为污染强度高的一类，属于高污染类型，仅有 1 个区县位于库腹地区（巫溪），其余的 7 个区县均位于库尾地区，重庆市主城区除了渝北，其余区县均属于高污染类型，显然第二类为污染强度低的一类，即属于低污染类型，其中有 10 个区县位于库腹地区，仅有 3 个区县（江津、北碚、渝北）位于库尾地区。从 2 分类分聚类结果来看，库腹地区中处于最高污染强度的区县是巫溪，处于最低污染强度的区县是丰都。当把三峡库区重庆段进行 3 分类时，第一类和分成 2 分类时的地区数目和区县名均未发生变化，第一类依旧是污染强度高的 8 个区县，集中在主城区地带，第二类共有 4 个区县（开州、万州、云阳、江津），显然第二类为污染强度较高的区县，即属于较高污染类型，其中有 3 个区县（开州、万州、云阳）位于库腹地区，仅有 1 个区县（江津）位于库尾地区，通过前文的分析可知，万州、江津、开州和云阳 4 个区县的污染物排放量均处于三峡库区重庆段中 21 个区县的前几位。第三类共有 9 个区县（奉节、忠县、巫山、石柱、武隆、涪陵、北碚、丰都、渝北），显然这一类型属于低污染类型，其中共有 7 个区县（奉节、忠县、巫山、石柱、武隆、涪陵、丰都）位于库腹地区，仅有 2 个区县（北碚、渝北）位于库尾地区。从 3 分类分聚类结果来看，库腹地区中处于最高污染强度的区县是巫溪，处于最低污染强度的区县是丰都。

（3）三峡库区重庆段由农业非点源污染导致的地表水质 NH_3-N 浓度总体呈下降的趋势。在 2001 年，巫溪的地表水质 NH_3-N 浓度在 21 个区县中最低，为 0.43mg/L，而大渡口是最高的，地表水质 NH_3-N 浓度为 19.28mg/L；库腹地区与库尾地区相比，库尾地区的区县较多，库尾地区 12 个区县中共有 9 个区县在前 10 位，说明是受到污染物 NH_3-N 影响较为严重的区域。从 NH_3-N 浓度趋势线可以看出，在 2006 年、2011 年和 2016 年，三峡库区重庆段的 21 个区县走势基本一致。从时间维度可以看出，三峡库区重庆段农业非点源污染导致的地表水质 COD 浓度总体呈现出下降的趋势。从空间维度可以看出，2001～2016 年，库尾各区县的地表水质 COD 平均浓度高于库腹地区。从时间维度可以看出，三峡库区重庆段由于农村污染导致的地表水质 TN 浓度总体呈现下降的趋势。2001 年，巫溪的地表水质 TN 浓度在 21 个区县中最低，为 0.70mg/L，而大渡口是最高的，地表水质 TN 浓度为 34.14mg/L；库腹地区与库尾地区相比，库尾地区的区县较多，是受污染物 TN 影响较为严重的区域。库尾地区在 2001 年的地表水质 TN 浓度整体较低。从地表水质 TN 浓度趋势线可以看出，在 2006 年、2011 年和 2016 年，三峡库区重庆段的 21 个区县走势基本一致。从时间维度可以看出，三峡库区重庆段农业非点源污染导致的地表水质 TP 浓度总体呈现出下降的趋势。从空间维度可以看出，2001～2016 年，库尾地区的地表水质 TP 浓度明显高于库腹地区，库腹的巫溪、巫山、奉节、石柱的地表水质 TP 浓度明显低于其他区县，库腹地区的开州、云阳、万州、忠县等区县受 TP 的污染较为严重。

（4）2001～2016 年，三峡库区重庆段农业非点源污染物 NH_3-N 贡献份额主要来自化肥、农村生活，养殖业对 NH_3-N 的贡献份额很小。库腹、库尾地区受污染物 NH_3-N 的贡献份额也呈现一定程度的差异。2001～2016 年，受化肥 NH_3-N 污染的贡献份额由 15.4442% 上升为 18.3267%，受农村生活 NH_3-N 污染的贡献份额由 72.8360% 下降为 69.1877%，受养殖业 NH_3-N 污染的贡献份额由 11.7198% 上升为 12.4856%，进一步可以说明，三峡库区重庆段化肥 NH_3-N 污染在逐步加重，农村生活 NH_3-N 污染在逐步减轻，但表现不明显。2001～2016 年，化肥、农村生活、养殖业的 NH_3-N 贡献份额变化很小，化肥的 NH_3-N 贡献份额相差较小。

（5）2001～2016 年，三峡库区重庆段地表水质综合污染指数总体呈下降趋势，但是在 2016 年仍然处于轻污染状态。各区县中污染指数减少最多的为大渡口，由 14.0047 下降为 4.2030；从空间维度看，2001～2016 年，水质污染严重的区县主要为大渡口、巴南、涪陵、沙坪坝等，基本位于库尾地区，污染较轻的主要为巫溪、巫山、开州、奉节、石柱等库腹地区的区县，其中只有巫溪和巫山，较长时间保持着安全水平。2001～2016 年，库腹地区的地表水质综合污染指数呈下降趋势，从 2.65 下降为 1.55，下降了 1.10；库尾地区的地表水质综合污染指数呈下降趋势，由 5.74 下降为 2.21，下降了 3.53。从污染改善程度来看，库尾地区受农业非点源污染改善的程度比库腹要高，库尾和库腹地区受到的农业非点源污染依然有着很大的改善空间。2001 年，三峡库区重庆段只有巫溪的农业非点源污染相对较小，排放的污染物对地表水的污染处于安全范围；巫山、奉节、石柱则处于警戒线范围；武隆、开州、涪陵 3 个区县处于轻污染范围；江津、丰都、云阳 3 个区县则处于中污染范围；巴南、大渡口、南岸、沙坪坝、北碚、渝北、长寿、江北、忠县、长寿等 11 个区县都处于严重污染的范围。总体来看，渝东南地表水质受农业非点源污染程度比较轻，重庆主城区受农业非点源污染最为严重。此外，中污染和严重污染区域往往连片出现，说明污染存在着空间上的相关性，并且相邻区县的农业生产方式往往一样，也使得容易出现同类污染。

3

三峡库区独特地理单元
工业点源污染发展变化

由于三峡工程的建设，三峡库区的工业经历了一个由衰落走向复兴的过程。受三峡工程建设的影响，三峡库区原有的工业已经逐渐衰退，新的工业中心正在形成，区域产业集群加快布局，加快库区工业建设和发展的正在成为三峡库区社会经济发展的优先方向。以三峡库区重庆段为例，工业生产能力快速提升，工业生产总值由 2007 年的 564 亿元增加到 2017 年的 3000 亿元，10 年间，工业生产总值增长了 4 倍。2007~2017 年，三峡库区工业总产值年均增长率超过 18.19%，高于重庆市和湖北省的年均增长率。2003~2017 年，工业增加值仍然保持着 20% 以上的增长水平，其中库首地区 4 个区县年均增长率为 30%，比湖北省平均水平高出近一倍，库腹地区年均增长率为 25%，库尾地区年均增长率为 20%，库尾地区大部分地区的年均增长率高于重庆市平均水平。但是工业的发展必然伴随着工业污染，对生态环境的破坏以及对居民生活的影响，同时也限制了工业进一步发展的速度。

3.1 三峡库区工业污染发展变化

三峡库区复杂的地理环境特点，造成了三峡库区精确到各区县的各类污染物排放量的数据长期缺乏，给三峡库区的生态环境研究带来了巨大困难。本书对于各类污染物的讨论也主要是围绕三峡库区的库首、库腹、库尾来进行。所有数据主要来自《长江三峡工程生态与环境监测公报》，而《长江三峡工程生态与环境监测公报》的环境指标数据并未精确到每一个区县，只给出了三峡库区整体、湖北库区、重庆库区、重庆主城区整体，以及长寿区、涪陵区、万州区等重点区县数据。由于库尾地区的工业指标数据不含江津区的数据，而库腹地区则附加了江津区的数据，所以本书给出的库腹、库尾地区工业污染数据更确切地说是近似值，与实际值略有偏差，但并不影响整体讨论的结果。

3.1.1 三峡库区工业废水排放量发展变化

由图 3-1 可知，虽然三峡库区工业得到快速发展，体量也逐渐增加，但是工业废水排放量并没有因为工业的快速发展、体量增加而增加，反而呈现大幅下降的趋势。三峡库区工业废水排放量由 2005 年的 5.74 亿 t 下降为 2016 年的 1.36 亿 t，减少了 4.38 亿 t，总量减少了 76%；库首的工业废水排放量起伏波动频繁，总体呈下降趋势，其中 2005 年为 0.25 亿 t，到 2016 年，下降到 0.21 亿 t，减少了 0.04 亿 t；库腹的工业废水排放量呈下降趋势，从 2005 年到 2016 年，由 1.74 亿 t 下降为 0.61 亿 t，下降了 1.13 亿 t；库尾的工业废水排放量由 2005 年的 3.75 亿 t 下降为 2016 年的 0.54 亿 t，下降了 3.21 亿 t，下降总量最大。总体来看，2005~2016年，三峡库区工业废水排放量都呈大幅下降趋势，但是库首下降趋势不明显，从 2012 年开始，库腹、库尾工业废水排放量变化趋缓，有轻微的起伏情况，且有小幅度上升趋势。工业废水排放量大幅减少的主要原因可能是随着三峡库区的蓄水，大量高污染、高能耗、高排放企业被淘汰、搬迁，且政府加强环保投入，严格控制污染源进入三峡库区，同时政府还不断调整产业结构，特别是渝东南、渝东北大力提倡把生态文明建设放在更加突出的地位，把保护好三峡库区的青山绿水作为重任。

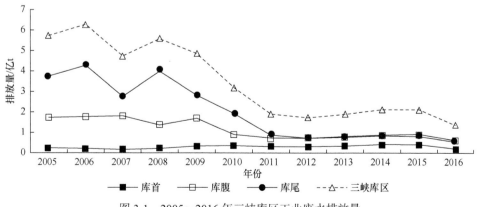

图 3-1　2005~2016 年三峡库区工业废水排放量

资料来源：根据 2006~2017 年《长江三峡工程生态与环境监测公报》整理所得

3.1.2 三峡库区工业废水COD负荷量发展变化

由图 3-2 可知，2005～2016 年，三峡库区工业废水 COD 负荷量总体呈现出先下降后平稳的发展趋势，工业废水 COD 负荷量由 7.71 万 t 下降为 1.08 万 t；从 2011 年开始，三峡库区工业废水 COD 负荷量基本维持在 4 万 t 以下的水平，下降幅度开始变缓；库首工业废水 COD 负荷量一直呈现上升趋势，且维持在较低水平，2011～2015 年，一直维持在 0.5 万 t 以上的水平，由 2005 年的 0.06 万 t 上升为 2015 年的 0.62 万 t，上升了 0.56 万 t，增长了 9.33 倍，直到 2016 年，总体负荷量才显著下降；库腹工业废水 COD 负荷量总体呈现出先上升后下降的趋势，库腹工业废水 COD 负荷量由 2005 年的 2.41 万 t，上升为 2009 年的 2.76 万 t，然后下降为 2016 年的 0.59 万 t。2005～2016 年，库尾工业废水 COD 负荷量呈震荡式下降趋势，由 5.24 万 t 下降为 0.31 万 t，下降了 4.93 万 t。总体来看，2005～2011 年，库腹以及库尾工业废水 COD 负荷量下降速度都很快，从 2011 年开始，工业废水 COD 负荷量变化较为缓慢。2011～2015 年，三峡库区工业废水 COD 负荷量维持在 3 万～3.5 万 t，库腹大体维持在 2.0 万 t，库尾则维持在 0.65 万～0.9 万 t，库首和库尾相差不大。只有库首 2005～2016 年工业废水 COD 负荷量总体呈小幅度上升趋势，这一情况与废水排放量增加有直接关系。2005～2010 年，库尾工业废水 COD 负荷量高于库腹，库腹高于库首；从 2011 年开始，库尾工业废水 COD 负荷量总体要低于库腹，库首与库尾工业废水 COD 负荷量相差不大。

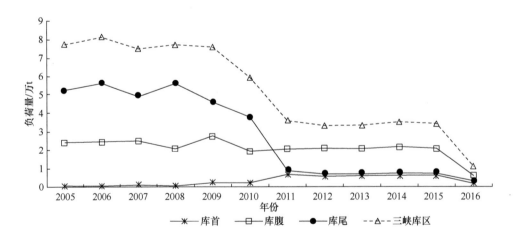

图 3-2　2005～2016 年三峡库区工业废水 COD 负荷量变化

资料来源：根据 2006～2017 年《长江三峡工程生态与环境监测公报》整理所得

3.1.3 三峡库区工业废水 NH₃-N 负荷量发展变化

由图 3-3 可知，2005～2016 年，三峡库区工业废水 NH_3-N 负荷量总体呈下降趋势，且从 2007 年开始大幅度下降，由 2005 年的 0.58 万 t 下降为 2016 年的 0.07 万 t；库首工业废水 NH_3-N 负荷量在 2009～2016 年总体呈现下降趋势，其间略有上升，由 2009 年的 0.03 万 t 下降为 2016 年的 0.01 万 t；库腹工业废水 NH_3-N 负荷量也呈下降趋势，由 2005 年的 0.37 万 t 下降为 2016 年的 0.04 万 t；库尾工业废水 NH_3-N 负荷量总体呈现先上升后下降的趋势，先由 2005 年的 0.21 万 t 上升为 2007 年的 0.38 万 t，然后又下降为 2016 年 0.02 万 t，2005～2016 年下降了 0.19 万 t。总体来看，2005～2011 年，三峡库区、库腹以及库尾工业废水 NH_3-N 负荷量下降速度都很快；2011～2015 年工业废水 NH_3-N 负荷量变化较为缓慢，三峡库区工业废水 NH_3-N 负荷量维持在 0.2 万 t 左右，库腹工业废水 NH_3-N 负荷量维持在 0.12 万～0.14 万 t，变化很小，库尾则维持在 0.04 万～0.06 万 t，此外库首则和库尾相差不大，维持在 0.02 万～0.04 万 t。只有库首 2005～2014 年工业废水 NH_3-N 负荷量整体呈小幅度上升趋势。2007～2010 年，库尾工业废水 NH_3-N 负荷量总体高于库腹，库腹要高于库首；2011～2016 年，库尾工业废水 NH_3-N 负荷量总体要低于库腹。

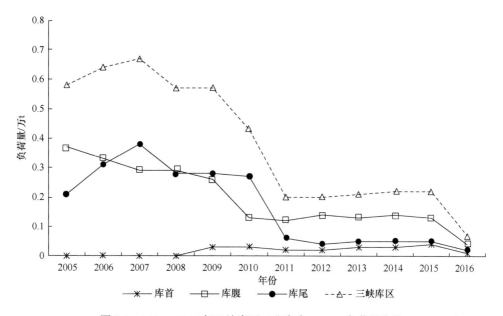

图 3-3　2005～2016 年三峡库区工业废水 NH₃-N 负荷量变化

资料来源：根据 2006～2017 年《长江三峡工程生态与环境监测公报》整理所得

3.2 三峡库区工业污染贡献份额分析

3.2.1 三峡库区工业废水排放量贡献份额

由图 3-4 2005～2016 年三峡库区工业废水占比来看，库首的工业废水占比呈上升趋势，由 4.4%上升为 15.4%，上升了 11.0 个百分点；库腹的工业废水占比总体呈上升趋势，从 30.3%上升为 44.9%，上升了 14.6 个百分点；库尾的工业废水占比呈现出先上升后下降的趋势，由 2005 年的 65.3%上升为 2008 年的 71.5%，然后下降为 2016 年的 39.7%，2005～2016 年下降了大约 26 个百分点。总体来看，2005～2016 年，库首的工业废水占比呈上升趋势，说明库首工业废水对三峡库区的污染在加重；库腹的工业废水占比也呈增加态势，说明库腹工业废水对三峡库区的污染在加重；库尾的工业废水占比则总体呈降低态势，说明库尾工业废水对三峡库区的污染在减缓，其中库尾工业废水占比下降的可能原因是重庆工业由都市功能核心区和都市功能拓展区逐渐向城市发展新区转移，并且下调了工业总产值比例的结果。

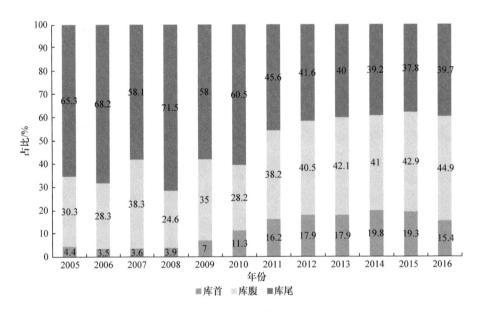

图 3-4 2005～2016 年三峡库区工业废水占比

资料来源：根据 2006～2017 年《长江三峡工程生态与环境监测公报》整理所得

3.2.2 三峡库区工业废水 COD 负荷量贡献份额时空演变

由图 3-5 2005～2016 年三峡库区工业废水 COD 负荷量占比来看，库首工业废水 COD 负荷量占比总体呈上升趋势，由 0.8%上升为 15.7%，上升超过了 14 个百分点；库腹的工业废水 COD 负荷量占比呈上升趋势，由 31.3%上升为 54.6%，上升超过了 23 个百分点；库尾的工业废水 COD 负荷量占比总体呈下降趋势，特别是从 2010 年后，迅速下降，由 2005 年的 68.0%下降为 2016 年的 28.7%，其间有较多起伏，但总体下降了约 39 个百分点。总体来看，2005～2016 年，库首的工业废水 COD 负荷量占比呈增加趋势，说明库首工业废水 COD 排放对三峡库区的污染在加剧；2005～2010 年，库腹工业废水 COD 负荷量占比变化很小，从 2011 年开始，占比则大幅上升且超过库尾地区，说明从 2011 年开始，库腹的工业废水 COD 已经成为污染三峡库区的主要来源，且取代了库尾长期以来的主导地位，进一步说明库腹工业废水 COD 对三峡库区的污染在加重；库尾工业废水 COD 负荷量占比在 2005～2010 年一直占据绝对地位，成为三峡库区工业废水 COD 排放的主要区域，而从 2011 年开始，库尾工业废水 COD 负荷量占比大幅下降，说明库尾工业废水 COD 对三峡库区的污染在减缓。

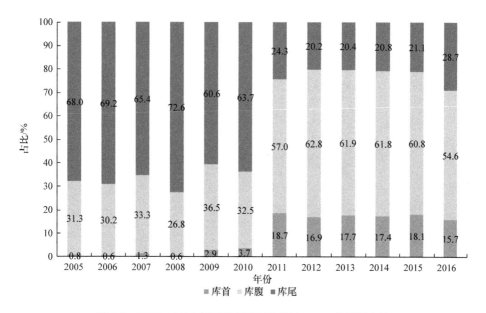

图 3-5　2005～2016 年三峡库区工业废水 COD 负荷量占比

资料来源：根据 2006～2017 年《长江三峡工程生态与环境监测公报》整理所得

3.2.3 三峡库区工业废水 NH₃-N 负荷量贡献份额时空演变

由图 3-6 2005～2016 年三峡库区工业废水 NH₃-N 负荷量占比来看,库首工业废水 NH₃-N 负荷量占比由 0.0%增加到 14.3%,上升幅度较大;库腹工业废水 NH₃-N 负荷量占比总体呈现出先下降后上升再下降的趋势,从 2011 年开始,库腹的 NH₃-N 负荷量占比维持在 57%～70%,相对比较稳定;库尾工业废水 NH₃-N 负荷量占比呈现出先上升后下降的趋势,先由 2005 年的 36.2%上升为 2010 年的 62.8%,然后下降为 2016 年的 28.6%,2010～2016 年下降了大约 34 个百分点,呈现出大幅下降的趋势。总体来看,库首的工业废水 NH₃-N 负荷量占比呈上升趋势,说明库首工业废水 NH₃-N 排放对三峡库区的污染在加剧;库腹的工业废水 NH₃-N 负荷量占比在 2005～2010 年整体呈下降趋势,2011 年开始大幅上升,且占比超过了库尾地区,说明在这期间,库腹工业废水 NH₃-N 的排放对三峡库区的污染是先减小后上升,且从 2011 年开始,库腹的工来废水 NH₃-N 排放量在整个三峡库区占主导地位;库尾则与库腹刚好相反,库尾的工业废水 NH₃-N 负荷量占比 2005～2010 年整体呈上升趋势,2011 年开始大幅下降,且占比低于库腹地区,说明在这期间,库尾工业废水 NH₃-N 排放对三峡库区的污染是先增大后减小,且从 2011 年开始,库尾的工业废水 NH₃-N 排放处于次要地位。

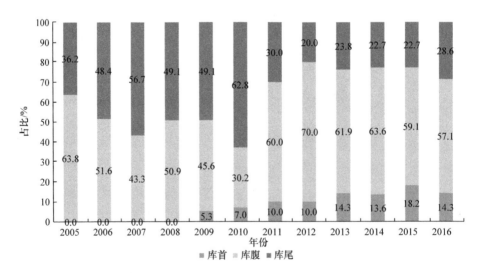

图 3-6　2005～2016 年三峡库区工业废水 NH₃-N 负荷量占比

资料来源:根据 2006～2017 年《长江三峡工程生态与环境监测公报》整理所得

3.3 本 章 小 结

2005～2016 年，三峡库区工业点源污染呈下降的趋势，工业对三峡库区的污染整体减缓。

（1）2005～2016 年，三峡库区工业废水排放量及工业废水 COD、NH$_3$-N 负荷量整体都呈大幅下降的特征，且库首、库腹、库尾对三峡库区的污染相差较大。其中，2005～2016 年，三峡库区、库腹、库尾的工业废水排放量都呈大幅下降趋势，只有库首下降趋势不明显，且 2005～2011 年整个三峡库区以及库腹、库尾工业废水排放量下降速度很快，从 2012 年开始，库腹、库尾工业废水排放量变化很小，且有小幅度上升趋势；库腹以及库尾工业废水 COD 负荷量下降速度都很快，从 2011 年开始，其工业废水 COD 负荷量变化较为缓慢，只有库首 2005～2016 年工业废水 COD 负荷量呈小幅度上升趋势。2005～2010 年，库尾工业废水 COD 负荷量高于库腹，且库腹要高于库首；从 2011 年开始，库尾工业废水 COD 负荷量总体要低于库腹，且库首与库尾工业废水 COD 负荷量相差不大。库腹以及库尾工业废水 NH$_3$-N 负荷量下降速度都很快，从 2011 年开始，其工业废水 NH$_3$-N 负荷量变化较为缓慢，只有库首 2005～2016 年工业废水 NH$_3$-N 的负荷量整体呈小幅度上升趋势。2007～2010 年，库尾工业废水 NH$_3$-N 负荷量总体高于库腹，且库腹高于库首；2011～2016 年，库尾工业废水 NH$_3$-N 负荷量总体要低于库腹。

（2）总体来看，2005～2016 年，库首的工业废水占比一直呈上升趋势，库首工业废水的排放对三峡库区的污染在加重；库腹的工业废水占比也呈增加态势，对三峡库区的污染在加重；库尾的工业废水占比则总体呈降低态势，对三峡库区的污染在减缓。其中，库首的工业废水 COD 负荷量占比呈增加趋势，说明库首工业废水 COD 对三峡库区的污染在加剧；2005～2010 年，库腹工业废水 COD 负荷量占比变化很小，从 2011 年开始，库腹的工业废水 COD 负荷量占比则大幅上升且超过库尾，从 2011 年开始，库腹的工业废水 COD 已经成为污染三峡库区的主要来源，且取代了库尾长期以来的主导地位，库腹工业废水 COD 排放对三峡库区的污染在加重；库尾工业废水 COD 对库区的污染情况则与库腹相反。库首的工业废水 NH$_3$-N 负荷量占比呈上升趋势，说明库首工业废水 NH$_3$-N 排放对三峡库区的污染在加剧；库腹的工业废水 NH$_3$-N 负荷量占比在 2005～2010 年整体呈下降趋势，2011 年开始，大幅上升，且占比超过了库尾，库尾则刚好相反。总而言之，库腹工业废水 NH$_3$-N 排放对库区的污染在加重，库尾工业废水 NH$_3$-N 排放对库区的污染则在减缓。

4

三峡库区独特地理单元
城镇生活污水污染发展变化

三峡库区属于人口密集型区域，自成库以来，其人口依然保持着较快的增长。根据 2006～2017 年《长江三峡工程生态与环境监测公报》统计，三峡库区人口由 2005 年的 1850 万人增长至 2016 年的 2028 万人，年均增长 0.84%，同期国家年均人口增长速度为 0.50%，表明三峡库区整体属于全国人口的集聚区，当然这种集聚效应得益于库尾地区较强的人口集聚功能。城镇生活污水的排放量与城镇人口密切相关。随着经济的发展，城镇化水平也不断提高。农村人口逐渐向城市转移，城镇人口逐渐增多，城市生活污水排放量也随之增加。

4.1　三峡库区城镇生活污水污染发展变化

4.1.1　三峡库区城镇生活污水排放量发展变化

由图 4-1 可知，2005～2016 年，三峡库区城镇生活污水排放量一直呈上升趋势，由 4.09 亿 t 上升为 12.12 亿 t，10 多年间废水排放量增加了 8 亿多 t，增长了 2 倍。同期，库首城镇生活污水排放量总体也呈上升趋势，由 0.14 亿 t 上升为 0.40 亿 t，增加了 0.26 亿 t，增长了 1.86 倍；库腹的城镇生活污水排放量总体也呈上升趋势，由 1.60 亿 t 提高到 4.64 亿 t，增加了 3.04 亿 t，增长了 1.9 倍；库尾的城镇生活污水排放量同样呈现出增加趋势，且由 2.35 亿 t 提高到 7.08 亿 t，增加了 4.73 亿 t，增长了 2 倍。总体来看，2005～2016 年，库首、库腹、库尾城镇生活污水排放量都呈上升趋势，且库尾城镇生活污水排放量一直高于库腹、库首，库腹城镇生活污水排放量则一直高于库首，其中最重要的原因是，库尾的城镇化水平整体要比库腹和库首高。库首城镇生活污水排放量一直较少，主要是因为库首人口较库腹、库尾少，且城镇化率较低。

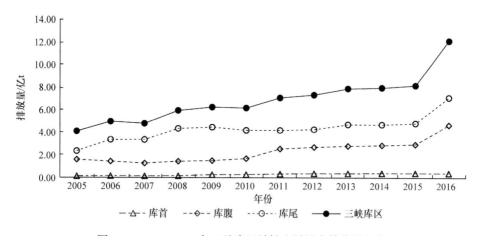

图 4-1   2005～2016 年三峡库区城镇生活污水排放量变化

资料来源：根据 2006～2017 年《长江三峡工程生态与环境监测公报》整理所得

4.1.2   三峡库区城镇生活污水污染物 COD 排放量发展变化

由图 4-2 可知，2005～2016 年，三峡库区城镇生活污水污染物 COD 排放量演变在 2005～2010 年表现出平稳的态势，维持在 8.6 万～10.3 万 t；2011～2014 年，则呈下降趋势，由 14.44 万 t 下降为 12.30 万 t，但是到了 2015 年又开始上升。库首城镇生活污水污染物 COD 排放量总体呈上升趋势，由 2005 年的 0.24 万 t 上升为 2016 年的 0.59 万 t，增加了 0.35 万 t，增长了 1.5 倍；库腹城镇生活污水污染物 COD 排放量在 2005～2010 年表现平稳，变化不大，在 2011 年大幅增加，之后呈现小幅减少趋势，由 2005 年的 3.76 万 t，增加到 2016 年的 7.96 万 t，增加了 4.2 万 t，增长了 1.1 倍；库尾城镇生活污水污染物 COD 排放量总体呈现下降趋势，由 2005 年的 5.26 万 t 下降为 2014 年的 3.94 万 t，下降了 1.32 万 t，但在 2016 年总量上升到 5.49 万 t。总体来看，2005～2016 年，三峡库区城镇生活污水污染物 COD 排放量总体呈上升趋势。库首城镇生活污水污染物 COD 排放量总体呈增加趋势，且一直低于库腹和库尾。2005～2010 年，库尾城镇生活污水污染物 COD 排放量高于库腹；但从 2011 年开始，库尾的城镇生活污水污染物 COD 排放量低于库腹，而库腹城镇生活污水污染物 COD 排放量总体则呈下降趋势。

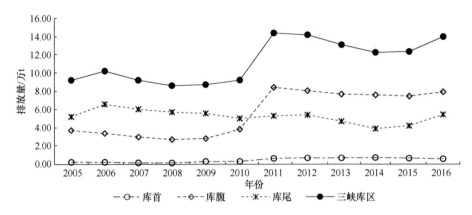

图 4-2　2005～2016 年三峡库区城镇生活污水污染物 COD 排放量变化

资料来源：根据 2006～2017 年《长江三峡工程生态与环境监测公报》整理所得

4.1.3　三峡库区城镇生活污水污染物 NH₃-N 排放量发展变化

由图 4-3 可知，2005～2008 年，三峡库区城镇生活污水污染物 NH₃-N 排放量呈平稳态势，从 2009 年开始，三峡库区城镇生活污水污染物 NH₃-N 排放量开始上升，由 2009 年的 1.30 万 t 上升为 2016 年的 2.18 万 t。库首城镇生活污水污染物 NH₃-N 排放量总体呈上升趋势，由 2005 年的 0.02 万 t 上升为 2016 年的 0.11 万 t；库腹城镇生活污水污染物 NH₃-N 排放量在 2005～2009 年无明显变化，2010 年库腹城镇生活污水污染物 NH₃-N 排放量开始上升，由 2010 年的 0.52 万 t 上升为 2016

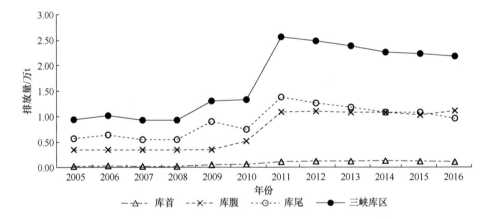

图 4-3　2005～2016 年三峡库区城镇生活污水污染物 NH₃-N 排放量变化

资料来源：根据 2006～2017 年《长江三峡工程生态与环境监测公报》整理所得

年的 1.11 万 t；库尾城镇生活污水污染物 NH₃-N 排放量在 2005～2008 年变化趋势相对平稳，波动不大，在 2009 年开始上升，由 2009 年的 0.90 万 t 上升为 2011 年的 1.38 万 t，到 2016 年下降到 0.96 万 t。2005～2016 年，三峡库区城镇生活污水污染物 NH₃-N 排放量整体呈上升趋势，其中库首城镇生活污水污染物 NH₃-N 排放量在 2014 年之前总体增加，之后下降；库腹、库尾城镇生活污水污染物 NH₃-N 排放量在 2005～2011 年总体增加，2011～2016 年，库腹、库尾城镇生活污水污染物 NH₃-N 排放量则在小幅减少，且库尾城镇生活污水污染物 NH₃-N 排放量总体高于库腹，而库腹的城镇生活污水污染物 NH₃-N 排放量则一直高于库首。

4.2　三峡库区城镇生活污水污染贡献份额发展变化

4.2.1　三峡库区城镇生活污水排放量贡献份额发展变化

由图 4-4 2005～2016 年三峡库区城镇生活污水排放量占比来看，2005～2015 年，库首城镇生活污水排放量占比呈现总体上升趋势，由 3.4% 提高到 5.0%，提高了 1.6 个百分点；库腹的城镇生活污水排放量占比总体呈现出先下降后上升再平稳的趋势；从 2011 年开始维持在 36% 左右；库尾的城镇生活污水排放量占比则呈现出先上升后下降的趋势，由 2005 年的 57.5% 上升为 2009 年的 71.4%，然后又下降为 2016 年的 58.4%。从上面分析可以总结出，2005～2015 年，库首的城镇生活污水排放量占比呈总体上升趋势。2005～2009 年，库腹的城镇生活污水排放量占比出现小幅下降，从 2010 年开始，库腹的城镇生活污水排放量占比则呈小幅上升趋势，呈现这样变化的可能原因在于，2005～2009 年，库腹的城镇化发展较库尾慢，城镇人口增长速度较库尾慢，因此表现出库腹城镇生活污水排放量占比下降的趋势，而城镇生活污水排放量占比从 2010 年开始上升的原因可能是库尾城镇化发展水平已经达到相对较高的水平，因此其城镇化发展速度较库腹开始变得缓慢。库尾则与库腹恰好相反，2005～2009 年，库尾的城镇生活污水排放量占比一直呈上升趋势，从 2010 年开始，库尾的城镇生活污水排放量占比则呈下降趋势，说明 2005～2009 年，三峡库区受库尾的城镇生活污水污染在加重，受库腹的城镇生活污水污染在减轻；2010 年以后，三峡库区受库腹的城镇生活污水污染在加重，受库尾的城镇生活污水污染在减轻。

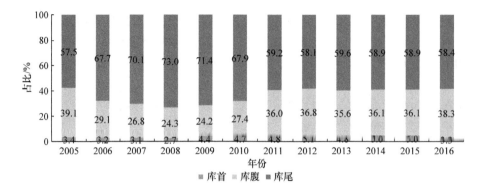

图 4-4　2005～2016 年三峡库区城镇生活污水排放量占比

资料来源：根据 2006～2017 年《长江三峡工程生态与环境监测公报》整理所得

4.2.2　三峡库区城镇生活污水污染物 COD 排放量贡献份额发展变化

由图 4-5 2005～2016 年三峡库区城镇生活污水污染物 COD 排放量占比来看，库首城镇生活污水污染物 COD 排放量占比总体呈上升趋势，由 2005 年的 2.6%上升为 2016 年的 4.2%。库腹的城镇生活污水污染物 COD 排放量占比总体呈现先下降后上升趋势，由 2005 年的 40.6%上升为 2014 年的 62.1%，上升了 21.5 个百分点，2016 年下降为 56.7%；2011 年库腹的城镇生活污水污染物 COD 排放量占比首次超过库尾，之后占比一直比库尾高。库尾的城镇生活污水污染物 COD 排放量占比在 2005～2008 年一直呈上升趋势，由 56.8%上升为 66.6%，从 2009 年开始，库尾的城镇生活污水污染物 COD 排放量占比开始下降,且下降幅度较大，由 2009 年的 64.1%下降为 2014 年的 32.0%，下降了 32.1 个百分点，但是 2016 年又上升到 39.1%。总

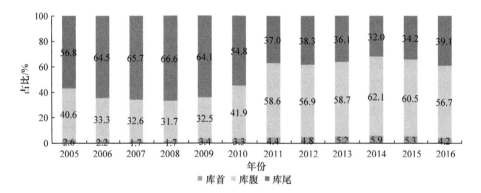

图 4-5　2005～2016 年三峡库区城镇生活污水污染物 COD 排放量占比

资料来源：根据 2006～2017 年《长江三峡工程生态与环境监测公报》整理所得

体来看，2005～2016 年，库首城镇生活污水污染物 COD 排放量占比呈上升趋势，说明三峡库区受库首城镇生活污水的 COD 污染在加重；库腹城镇生活污水污染物 COD 排放量占比呈现先下降后上升的趋势，且自 2011 年开始，库腹的城镇生活污水污染物 COD 排放量占比超过库尾，说明库腹城镇生活污水 COD 对三峡库区的污染在加重，且从 2011 年开始，取代了库尾城镇生活污水 COD 对三峡库区污染的主导地位；库尾则与库腹刚好相反，库尾城镇生活污水污染物 COD 排放量占比呈先上升后下降的趋势，且自 2011 年开始，库尾的城镇生活污水污染物 COD 排放量占比低于库腹，说明从 2011 年开始，库尾城镇生活污水 COD 对三峡库区的污染在逐渐减轻。

4.2.3 三峡库区城镇生活污水污染物 NH_3-N 排放量贡献份额发展变化

由图 4-6 可知，2005～2016 年，从城镇生活污水污染物 NH_3-N 排放量占比来看，库首的城镇生活污水污染物 NH_3-N 排放量占比总体呈上升趋势，2005 年为 2.1%，但是在 2013 年之后，一直维持在 5%以上，最多上升了 3.7 个百分点；库腹的城镇生活污水污染物 NH_3-N 排放量占比总体呈现出上升趋势，由 37.3%上升为 51.0%，上升了 13.7 个百分点；库尾的城镇生活污水污染物 NH_3-N 排放量占比总体则呈现出下降趋势，由 60.6%下降为 44.0%，下降了 16.6 个百分点。综上所述，2005～2016 年，库首的城镇生活污水污染物 NH_3-N 排放量占比总体呈上升趋势，说明库首城镇生活污水 NH_3-N 对三峡库区的污染在加剧；库腹城镇生活污水污染物 NH_3-N 排放量占比整体呈上升趋势，且在 2016 年超过库尾，说明库腹城镇生活污水 NH_3-N 对三峡库区的污染在加重；库尾城镇生活污水 NH_3-N 排放量整体呈现出下降的趋势，特别是从 2009 年开始，库尾城镇生活污水污染物 NH_3-N 排放量占比总体呈下降趋势，说明从 2009 年开始，库尾城镇生活污水 NH_3-N 对三峡库区的污染在减缓，且主导地位逐渐被库腹所替代。

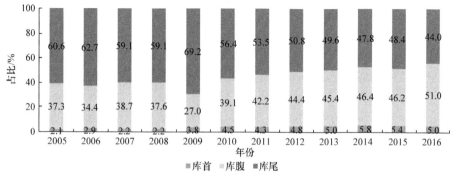

图 4-6　2005～2016 年三峡库区城镇生活污水污染物 NH_3-N 排放量占比

资料来源：根据 2006～2017 年《长江三峡工程生态与环境监测公报》整理所得

4.3 本章小结

由于城镇化进程的加快，农村人口不断向城市转移，三峡库区受城镇生活污水的污染程度在加剧。

（1）2005～2016年，三峡库区城镇生活污水排放量及城镇生活污水污染物COD、NH₃-N排放量整体呈上升的趋势。2005～2016年，库首、库腹、库尾城镇生活污水排放量都呈上升趋势，且库尾城镇生活污水排放量一直要高于库腹、库首，库腹城镇生活污水排放量则一直要高于库首。2005～2016年，三峡库区城镇生活污水污染物COD排放量总体呈上升趋势。库首城镇生活污水污染物COD排放量总体呈增加趋势，且其排放量一直低于库腹和库尾。2005～2010年，库尾的城镇生活污水污染物COD排放量高于库腹；但从2011年开始，库尾的城镇生活污水污染物COD排放量低于库腹，而库腹污染物COD排放量总体则呈下降趋势。2005～2016年，三峡库区城镇生活污水污染物NH₃-N排放量整体呈上升趋势，其中库首城镇生活污水污染物NH₃-N排放量总体在增加，库腹、库尾城镇生活污水污染物NH₃-N排放量在2005～2011年总体在增加，2011年之后，库腹、库尾城镇生活污水污染物NH₃-N排放量则在小幅减少，且库尾的城镇生活污水污染物NH₃-N排放量一直高于库腹，而库腹的城镇生活污水污染物NH₃-N排放量则一直高于库首。

（2）2005～2016年，库首的城镇生活污水排放量占比总体呈上升趋势，说明库首城镇生活污水对库区的污染在加重；2005～2008年，三峡库区受库尾的城镇生活污水污染在加重，受库腹的城镇生活污水污染在减轻；2009～2016年，三峡库区受库腹的城镇生活污水的污染在加重，受库尾的城镇生活污水污染在减轻。2005～2016年，库首城镇生活污水污染物COD排放量占比总体在上升，说明三峡库区受库首的城镇生活污水的COD污染在加重；库腹地区城镇生活污水污染物COD排放量占比呈先下降后上升趋势，库尾则相反。自2011年开始，库腹城镇生活污水污染物COD排放量占比超过库尾，成为污染三峡库区的主要来源；库首的城镇生活污水污染物NH₃-N排放量占比总体呈上升趋势，说明库首城镇生活污水NH₃-N对三峡库区的污染在加重；库腹地区城镇生活污水污染物NH₃-N排放量占比整体上呈上升趋势，说明库腹地区城镇生活污水NH₃-N对三峡库区的污染在加重，而库尾则总体呈下降趋势，且在2016年库腹对三峡库区的污染超过了库尾。

5

三峡库区水质发展变化

随着三峡工程的建设，三峡库区的经济和社会水平也在发生着日新月异的变化。生态受到的影响则更明显和更直接地逐渐反映在水环境质量的变化上。作为一项超大型水利水电工程，三峡工程将湍急的长江水截留下来，在很大程度上改变了江水的流态和水文泥沙的特性。此外，长江上游地区经济的无序发展和乱序开发，导致大量污染物排入库区。由于三峡库区水体的湖泊化，其江水自净能力降低，造成三峡库区局部季节性的水质恶化。三峡工程对三峡库区水环境的作用不容忽视，因此，考察三峡库区水质发展变化对三峡库区水环境的保护、预防和治理具有重要的实践意义。

5.1 三峡库区水资源分布概况

三峡库区年径流量十分丰富。径流量主要都集中在汛期，历年以来寸滩和宜昌站径流量平均值达到 3500 亿 m^3 和 4510 亿 m^3，79%的径流量主要集中在汛期的 5~10 月份（黄真理，2006）。往年以来，寸滩和宜昌站实际监测到的最大流量分别为 85 700m^3/s（1981 年 7 月 16 日）和 70 800m^3/s（1981 年 7 月 18 日），其最小流量分别为 2270m^3/s（1978 年 3 月 24 日）和 2770m^3/s（1979 年 3 月 8 日）。近 100 年来，宜昌洪峰流量超过 60 000m^3/s，总计达 21 次之多，洪峰流量大而频繁。宜昌站多年平均年输沙量达到 5.23 亿 t，平均含沙量为 1.19kg/m^3，其最大值为 10.5kg/m^3（黄真理等，2006）。

三峡库区水位每年变化幅度比较大。各个河段因河道形态等特征不相同，年内水位涨幅达 30~50m。三峡库区河道洪峰陡涨陡落。汛期水位日上涨可达 10m 左右，日降落可达 5~7m。三峡库区河道水面比降大、水流湍急，平均水面比降约为 2%。急流滩处水面比降达 1%以上。峡谷段水流表面流速在洪水期可达 4~

5m/s，最大达 6～7m/s，枯水期为 3～4m/s。其中，三峡库区长江沿岸主要的一级
支流概况见表 5-1，其中嘉陵江和乌江是库区最大的两条支流（黄真理等，2006）。

表 5-1 三峡库区长江沿岸主要的一级支流概况

区县	河流名称	流域面积/km²	境内长度/km	年均流量/（m³/s）	入长江口位置	距三斗坪距离/km
江津	綦江	4 394.0	153.0	122.0	顺江	654.0
九龙坡	大溪河	195.6	35.8	2.3	铜罐驿	641.5
	一品河	363.9	45.7	5.7	渔洞	632.0
巴南	花溪河	271.8	57.0	3.6	李家沱	620.0
	木洞河	858.2	80.8	1.6	木洞	604.0
渝中	嘉陵江	157 900.0	153.8	2 120.0	朝天门	590.8
江北	朝阳河	135.1	30.4	1.8	双河	584.0
南岸	长塘河	131.2	34.6	12.4	木洞	573.5
渝北	御临河	908.0	58.4	50.7	洛渍新华	556.5
长寿	桃花溪	363.8	65.1	4.8	长寿河街	528.0
	龙溪河	3 248.0	218.0	54.0	羊角堡	526.2
涪陵	梨香溪	850.6	13.6	13.6	蔺市	506.2
	乌江	87 920.0	65.0	1 650.0	麻柳嘴	484.0
	珍溪河	—	—	—	珍溪	460.8
丰都	渠溪河	923.4	93.0	14.8	渠溪	459.0
	碧溪河	196.5	45.8	2.2	百汇	450.0
	龙河	2 810.0	114.0	58.0	乌杨	429.0
	池溪河	90.6	20.6	1.3	池溪	420.0
忠县	东溪河	139.9	32.1	2.3	三台	366.5
	黄金河	958.0	71.2	14.3	红星	361.0
	汝溪河	720.0	11.9	11.9	石宝镇	337.5

续表

区县	河流名称	流域面积/km²	境内长度/km	年均流量/（m³/s）	入长江口位置	距三斗坪距离/km
万州	瀼渡河	269.0	37.8	4.8	瀼渡	303.2
	苎溪河	228.0	30.6	4.4	万州城区	277.0
云阳	小江	5 172.5	117.5	116.0	双江	247.0
	汤溪河	1 810.0	108.0	56.2	云阳	222.0
	磨刀溪	3 197.0	170.0	60.3	兴和	218.8
	长滩河	1 767.0	93.6	27.6	故陵	206.8
奉节	梅溪河	1 972.0	112.8	32.4	奉节	158.0
	草堂河	394.8	31.2	8.0	白帝城	153.5
巫山	大溪河	158.9	85.7	30.2	大溪	146.0
	大宁河	4 200.0	142.7	98.0	巫山	123.0
	官渡河	315.0	31.9	6.2	青石	110.0
	抱龙河	325.0	22.3	6.6	埠头	106.5
巴东	神龙溪	350.0	60.0	20.0	官渡口	74.0
秭归	青干河	523.0	54.0	19.6	沙镇溪	48.0
	童庄河	248.0	36.6	6.4	邓家坝	42.0
	咤溪河	193.7	52.4	8.3	归州	34.0
	香溪	3 095.0	110.1	47.4	香溪	32.0
	九畹溪	514.0	42.1	17.5	九畹溪	20.0
	茅坪溪	113.0	24.0	2.5	茅坪	1.0

资料来源：黄真理等，2006

根据《嘉陵江流域规划报告》和《乌江（重庆段）水体达标整治方案（2016—2020 年）》嘉陵江发源于陕西省秦岭南麓，流经陕西、甘肃、四川 3 个省，在重庆市合川区古楼镇进入重庆市，入境水量为 275.5 亿 m³，在重庆渝中区朝天门处汇入长江，流域面积为 15.79 万 km²，全长 1120km，河口年均流量为 2120m³/s；在重庆市境内的河长 153.8km，流域面积为 9262km²，落差 43.1m（黄真理等，2006）。

乌江发源于贵州省威宁县的乌蒙山麓,沿酉阳边界流过,经彭水、武隆,在涪陵区注入长江,河流全长 1020km,流域面积为 8.792 万 km²,年均流量为 1650.0m³/s,重庆入境水量为 396.7 亿 m³,境内流域面积为 2.85 万 km²,河长 235km(黄真理等,2006)。

次级河流多发源于山地,是重庆多数乡镇和农村的主要水源,也是长江、嘉陵江水量的补给源,河流平均坡降在 10‰以上,长江干流两侧支流极不对称,北支河流多且长,主要有壁南河、临江河、御临河、桃花溪、壁北河、碧溪河、渠溪河、龙溪河、汝溪河、瀼渡河、小江、梅溪河、汤溪河、黄金河、大宁河等。南支河流少且短,主要有花溪河、木洞河、龙河、綦江、磨刀溪、大溪河、神女溪、长滩河、抱龙河等。

根据《嘉陵江流域规划报告》和《乌江(重庆段)水体达标整治方案(2016—2020 年)》三峡库区水资源由当地地表水、地下水和过境水 3 种组成。重庆市多年以来,平均水资源总量为 4624 亿 m³,其中地表水为 511 亿 m³,占 11%;地下水为 132 亿 m³,占 3%;过境水为 3981 亿 m³,占 86%。可见,重庆库区水资源并不是十分丰富的,以过境水为主,当地地表水资源可基本满足农业灌溉之需,地下水亦可满足农村人畜用水,但地理分布不均衡。湖北库区包括宜昌市所辖的秭归县、夷陵区和兴山县,以及恩施土家族苗族自治州所辖的巴东县,总面积为 12 649km²,总人口为 157.16 万人。三峡库区降水量十分充沛,水系相当发达,在三峡库区内注入长江的大小河流就高达 124 条,其中属于湖北库区的河流主要有香溪河、九畹溪、青干河。香溪河全长为 97.3km,是流经湖北兴山与秭归的最大河流,流域面积为 2971km²,年径流量为 19.56 亿 m³/s;九畹溪位于秭归县东南部,有 4 条支流,流域面积为 590km²,年均流量为 5.41 亿 m³/s;青干河发源于秭归县西南部,河段长 36km,沿途汇纳梅家河、锣鼓河、归平河 3 条支流,流域面积为 755km²(黄真理等,2006)。

5.2　三峡库区水环境保护工作概况

5.2.1　水域功能区划及保护目标

水是重要的自然资源。随着社会和国民经济的迅速发展,人们对水资源的需求越来越多,对水资源的质量要求也越来越高。根据水资源开发利用现状,结合社会需求,科学合理地划分水域功能区,是水资源保护规划的基础和水资源保护管理的依据。同时，水域功能区划也是制定水污染控制规划、实行污染物总量控制的基础工作。

长江干流是一条黄金水道，具有多种功能，它既是沿江城镇和地区工农业生产、生活用水的水源，又兼有渔业、旅游、灌溉、航运等功能，还可向缺水的北方地区引水。随着国民经济的迅速发展，长江沿岸对水资源的需求越来越多，对水资源的质量要求也越来越高。自1986年以来，国家有关部门、流域机构和地方政府在长江水资源保护方面，先后提出了相应的具体规划要求及水质保护目标。

1986年，长江水利委员会在制定《长江流域综合利用规划要点修订补充报告》中的长江干流水资源保护规划章节时，提出了长江干流功能区规划及水质保护目标，其中三峡库区江段区划及水质目标见表5-2。

表 5-2　长江干流三峡库区江段区划及水质目标

江段名称	区间距离/km	水域功能	水质目标/级		
			1990 年	2000 年	2030 年
重庆主城区	120	工业、生活	Ⅲ	Ⅱ	Ⅱ
涪陵区	22	工业、生活、渔业	Ⅲ	Ⅱ	Ⅱ
涪陵区—万州区	185	渔业、旅游	Ⅱ	Ⅱ	Ⅰ
万州区	15	工业、生活	Ⅲ	Ⅱ	Ⅱ
万州区—宜昌市	310	渔业、旅游	Ⅱ	Ⅱ	Ⅰ

资料来源：《长江流域综合利用规划要点修订补充报告》

1991年，国家环境保护总局在对《长江三峡水利枢纽环境影响报告书》的批复意见中规定：长江干流三峡库区段总体水质保持Ⅱ类。

1998年，重庆市政府颁布的《重庆市地表水域适用功能类别划分》，对三峡重庆库区水环境功能区的划分，坚持既满足国家对长江三峡库区总体水质执行《地表水环境质量标准》（GB 3828—2002）Ⅱ类的要求，又有利于区域经济发展的原则，按水系和使用功能进行功能区划分。

重庆库区长江干流水域，按集中式生活饮用水水源地一级保护区管理，其总体水质适用地表水环境质量标准Ⅱ类。重庆主城区、沿江区县政府所在地城镇及市规划的工业区所在地水域，按集中式生活饮用水水源地二级保护区管理，其水质适用《地面水环境质量标准》（GB 3838—88）Ⅲ类。对长江干流重庆段的水域功能区划分见表5-3。

表 5-3　长江干流重庆段水域功能区划分

区（县、市）	水域范围	适用功能类别	区间距离/km
重庆	江津羊石镇—巫山碚石镇	Ⅱ	673.0
江津	兰家沱—黄谦	Ⅲ	15.0
重庆主城区	珞璜镇—鱼嘴镇	Ⅲ	72.5
长寿	川江驳船厂—瓦罐窑趸船	Ⅲ	13.5
涪陵	李渡—清溪场	Ⅲ	22.0
丰都	湛谱镇—镇江镇	Ⅲ	16.5
忠县	邓家沱—陈家河	Ⅲ	14.0
万州	中梁—大舟溪	Ⅲ	31.0
云阳	三坝溪—塘皇沟	Ⅲ	14.0
奉节	光武镇—天梯	Ⅲ	15.5
巫山	将军滩—电站	Ⅲ	15.0

资料来源：黄真理等，2006

　　这一区划基本符合国家环境保护总局对《长江三峡水利枢纽环境影响报告书》的批复意见（长江干流三峡库区段总体水质保持Ⅱ类）。对于城镇江段来说，由于没有污染混合区概念，考虑到排污的影响，将城市江段水环境功能放宽到Ⅲ类。

　　1998 年，由国家计划委员会牵头组织编制的《长江上游水污染整治规划》提出，到 2010 年前后，长江干流出境断面和三峡库区总体水质达到国家地表水环境质量Ⅱ类标准；长江干流重庆主城区、万州、涪陵等城市岸边江段和嘉陵江、乌江水质要保持在国家地表水环境质量Ⅲ类标准。

　　2001 年 11 月，国务院批准的由国家环境保护总局牵头编制的《三峡库区及其上游水污染防治规划（2001—2010 年）》中的规划目标为：到 2005 年，三峡库区及其上游主要控制断面水质基本达到国家地表水环境质量Ⅲ类标准；人为破坏生态环境的行为基本得到遏制；到 2010 年，三峡库区及其上游主要控制断面水质整体上基本达到国家地表水环境质量Ⅱ类标准，库区生态环境得到明显改善。其水质保护目标为，到 2005 年，库区水质达到Ⅲ类标准，影响区长江干流水质达到Ⅲ类标准，金沙江水质达到Ⅲ类标准，乌江、岷江入长江干流水质稳定达到Ⅲ类标准，沱江、嘉陵江、赤水河入长江干流水质达到Ⅲ类标准；到2010年，库区水质基本达到Ⅱ类标准（滞水区达到Ⅲ类），影响区长江干流水质达到Ⅱ类标准，金沙江水质达到Ⅱ类标准，乌江、岷江、嘉陵江入长江干流水质达到Ⅱ类标准，沱江、赤水河入长江干流水质基本达到Ⅲ类标准，次级入库河流水质达到Ⅲ类标准，桃花溪等21条污染较重的次级河流实现河流水质功能要求。

2000年6月，由水利部委托长江流域水资源保护局编制的《长江片水功能区划报告》，对长江干流上游进行了功能区划，其中三峡水库木洞至三峡坝址划为保留区，水质管理目标为《地面水环境质量标准》（GB 3838—88）Ⅱ类标准。江津、重庆主城区、长寿、涪陵、万州和小江开州城区段划为开发利用区，水质管理目标按二级区划执行，二级区划包括饮用水源区、工业用水区、农业用水区、渔业用水区、景观娱乐用水区、过渡区和排污控制区。

三峡库区沿岸有20多个城镇，这些城镇的污水不论是直接排入长江，还是经过污水处理厂处理后排入长江，都必然形成一定范围的污染混合区。目前，尚没有任何法规或法规性文件对污染混合区做出明确的规定和技术要求。

从对三峡库区水质总要求来看，三峡库区总体水质保持Ⅱ类标准是库区水质的基本要求，三峡库区水环境保护目标应该以保护库区人民身体健康和生态环境，促进社会经济和生态的可持续发展为主要目的，保证三峡工程建成并投入使用后，三峡库区水质仍保持建库前的良好状况。

5.2.2 三峡库区水环境保护存在的主要问题

三峡工程蓄水后，重庆库区长江干流水质总体保持稳定，但由于水文、河道等发生变化，其水流速度减缓，自净能力下降，部分支流水环境质量有下降趋势，富营养化现象频发。以万州区为例：2014年，虽然长江干流水质满足Ⅰ类水质标准，但次级河流五桥河未达到水域功能要求，苎溪河回水区呈现中度富营养化；2013年3月，苎溪河回水区"水藻疯长"事件更是被新闻媒体广泛关注。这都为三峡库区水环境保护敲响了警钟。随着蓄水后出现新情况，三峡库区的水环境保护面临诸多的不确定因素，三峡库区水环境保护方面的压力极大。

三峡库区以山地为主，人口密度大、人均耕地面积小、土地垦殖系数高，传统上属于生态脆弱地区，加上三峡工程的巨大移民压力，使三峡库区的生态环境问题尤为突出。受自然条件及历史条件的影响，三峡库区的城镇、工矿企业多沿江河布局。长江及其支流既是生活、生产的取水源，又是城市和工业企业的纳污水体。环境和生态保护，特别是水污染治理多年来一直滞后于全国平均水平。

三峡库区产业发展与环境保护的矛盾十分突出。三峡库区多数县（市、区）财政困难，自我发展能力弱，经济社会发展长期落后于全国平均水平，经济发展落后的状况和环境保护的矛盾十分突出。

（1）工业废水污染严重。以万州区为例：根据重庆市万州区环境统计报表，2014 年，万州区工业废水排放量为 1241 万 t，外排废水中的主要污染物 COD、NH_4-N 年排放量分别为 3910t、594t，大量的污染物排入水体，给水环境质量带来了极大危害。

（2）水土流失、农业非点源污染严重。据水利部长江水利委员会有关监测数据：2013 年三峡库区土地侵蚀区面积占总辖区面积约 88%，水土流失面积达到总辖区面积约 82.9%。三峡库区年入江泥沙总量为 3826 万 t，平均输沙模数为 713t/（$km^2 \cdot a$）。水土流失又导致了土壤退化，三峡库区中度以上退化土壤占总辖区面积的 70.1%，无明显退化的仅占 6.3%。水土流失严重，致使三峡库区化肥、农药、农膜利用率低，流失量大。化肥及农药中的氮、磷通过地表径流进入水体，成为水体富营养化的重要因素。

（3）小城镇污水垃圾处理能力不足。2014 年，三峡库区小城镇污水处理设施普遍存在"建不起，更用不起"的现象。以万州区为例：截止到 2014 年，万州城区有人口 83 万人，只有 3 个污水处理厂、1 个垃圾填埋场。污水处理厂常年处于超负荷运转的状态，垃圾填埋场也即将达到设计使用年限。除万州城区外，万州所辖 41 个乡镇中，只有 10 个乡镇建有污水处理厂，3 个乡镇建有垃圾填埋场；未建设污水处理厂和垃圾填埋场的乡镇及广大农村污水直接排放，垃圾自然裸露堆放，对环境，特别是对水体造成的污染日益严重。

（4）水库消落区水生态环境问题突出。三峡工程建成运行后，在 145~175m 水位形成一个落差达 30m 的季节消落区，该消落面积达 348.93km^2。消落区易出现泥沙淤积和污染物、水面漂浮物等滞留地及腐败型沼泽地带，导致蚊蝇大量滋生、水源性流行性疾病发病率增高以至暴发，危害人群健康等，造成生态环境问题的发生。

5.2.3　长江三峡工程生态与环境监测系统

根据《长江三峡水利枢纽环境影响报告书》及其批复意见的要求，在国务院三峡工程建设委员会办公室的组织协调和有关部委的大力支持下，1996 年，长江流域水资源保护局编制完成了《长江三峡工程生态与环境监测系统实施规划》，由国家气候中心、农业部环境保护能源司、重庆市环境监测中心站、长江渔业资源管理委员会办公室等多个有关部门和单位共同组建的长江三峡工程生态与环境监测系统正式启动。该系统围绕三峡工程建设和今后的运行，对三峡工程可能引起的生态环境问题进行全过程的跟踪监测，及时预警预报，为长江三峡工程建设过程中环境与资源管理以及政府部门决策提供科学依据，为三峡工程建成后进行环境影响回顾性评价积累完整数据。

长江三峡工程生态与环境监测系统，以三峡库区为重点，延及长江中下游与河口相关地区。其主要内容是监测因兴建三峡工程而引起生态环境各种因子的变化与发展趋势，了解掌握三峡建坝前后长江流域相关地区生态环境变化的时空规律；同时，充分发挥三峡工程的有利影响，使受三峡工程影响的地区及相关地区生态系统呈良性循环；针对三峡工程在生态与环境中引起的主要不利影响，在监测系统中将监测工作与减免对策应用结合起来，开展以经济、环境协调发展为目标的实验和示范研究，以期推广应用，达到为改善生态环境服务的目的；对某些还认识不清的问题，积极开展科学实验与应用研究，提出三峡工程及长江相关区域生态建设对策体系和对策优化的具体措施，以期为长江生态环境建设和经济同步发展做出贡献。

长江三峡工程生态与环境监测系统由 11 个监测子系统（15 个监测重点站、4个监测实验站或其他专项监测站）组成。监测系统按照国家或行业部门有关专业的规范规程，结合三峡工程实际情况，对重要的生态环境因子进行定期与不定期的监测、观测和调查。

从 1997 年开始，中国环境监测总站在各重点站（实验站）提供的监测年报基础上，编制《长江三峡工程生态与环境监测公报》，并由国家环境保护总局（生态环境部）在每年的世界环境日（6 月 5 日）向国内外发布。

自 1996 年以来，监测系统总体上运行正常，该系统在污染源、水文水质、局地气候陆生动植物、水生生物、生态环境实验站建设、农业生态环境、生态农业实验、地质环境、诱发地震、社会经济、人群健康和施工区环境等各项监测或专题研究工作中均完成了大量生态与环境监测任务，取得了良好的社会、经济和环境效益。各重点站（实验站）、基层站的机构逐步稳定，人员结构趋于优化，监测方式和内容基本完善，积累了大量的监测数据和资料，已基本形成了三峡水库蓄水前的生态环境本底资料。

5.3　三峡库区水质变化

1993 年，三峡工程正式开工建设。经过 10 年的建设，2003 年 6 月三峡工程正式开始蓄水，水位达到 135m，三峡库区正式由河流转变为湖库。在接下来的分期蓄水中，2006 年水位达到 156m，2009 年水位达到 175m，实现最高水位。三峡工程不断地蓄水会使水体流量、流速和流态产生一定的变化，加上三峡库区经济社会的发展，对三峡库区的水环境产生了较为显著的影响。

5.3.1 三峡库区总体水质

三峡库区的总体水质从蓄水前到一期蓄水、二期蓄水、三期蓄水，水质呈现出不规律的变化，以Ⅱ类水质和Ⅲ类水质为主。其主要超标物为石油类。三峡库区达到Ⅰ类水质的比例十分小，在1996～2016年的11年时间中，只有1998年、1999年、2002年、2009年、2010年出现了Ⅰ类水质，但Ⅰ类水质的比例在上升，特别是2009年达到最高蓄水位175m后，Ⅰ类水质的比例明显上升，且未到达Ⅲ类水质的比例明显下降，说明三峡工程蓄水对库区水质产生了积极的影响。从表5-4和图5-1可以直观地发现，在三峡库区蓄水前（2003年以前），三峡库区主要是Ⅱ类水质；一期蓄水到二期蓄水期间（2003～2005年），Ⅲ类水质占主导地位；二期蓄水到三期蓄水期间（2006～2008年），未到达Ⅲ类水质的比例猛增；三期蓄水后（2009年后），三峡库区以Ⅱ类和Ⅲ类水质为主，水质得到明显改善。三峡库区总体水质从蓄水前到蓄水后经历了波动式的变化，蓄水前的良好水质在一期蓄水和二期蓄水期间水质有所下降，在完成三期蓄水后水质恢复，与蓄水前相比水质有所提高。三峡库区水质经历这样的变化不仅与三峡工程的蓄水有关，也与三峡库区内社会经济发展、人民活动和政府采取的政策有关。

表 5-4　1996～2016 年三峡库区总体水质变化情况（%）

年份	Ⅰ类	Ⅱ类	Ⅲ类	未到达Ⅲ类
1996	0.0	26.1	41.3	32.6
1997	0.0	57.9	23.7	18.4
1998	7.5	50.0	20.0	22.5
1999	5.0	62.5	15.0	17.5
2000	0.0	75.0	10.0	15.0
2001	0.0	72.5	20.0	7.5
2002	9.4	18.7	31.3	40.6
2003	0.0	33.3	63.0	3.7
2004	0.0	29.2	70.8	0.0

续表

年份	I 类	II 类	III 类	未到达III类
2005	0.0	1.3	60.3	38.4
2006	0.0	6.4	52.6	41.0
2007	0.0	20.5	39.1	40.4
2008	0.0	12.2	40.4	47.4
2009	17.3	52.8	25.7	4.2
2010	25.0	52.1	22.2	0.7
2011	0.0	30.0	49.2	20.8
2012	0.0	30.0	48.3	21.7
2013	0.0	21.7	60.8	17.5
2014	0.0	25.8	49.2	25.0
2015	0.0	35.4	56.9	7.6
2016	0.0	60.9	37.2	1.9

资料来源：根据 1997～2017 年《长江三峡工程生态与环境监测公报》整理所得

注：1996～2002 年结果按照监测断面的季节性水质情况计算所得，2003～2004 年结果按照监测断面不同水期的水质情况计算所得，2005～2016 年结果按照监测断面不同月份水质情况计算所得

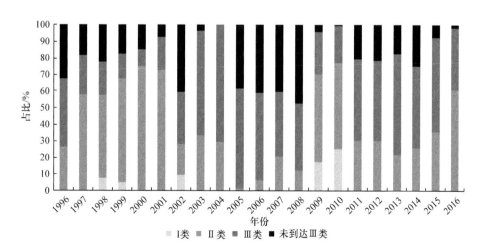

图 5-1　1996～2016 年三峡库区水质占比变化

资料来源：根据 1997～2011 年《长江三峡工程生态与环境监测公报》整理所得

注：1996～2002 年结果按照监测断面的季节性水质情况计算所得，2003～2004 年结果按照监测断面不同水期的水质情况计算所得，2005～2016 年结果按照监测断面不同月份水质情况计算所得

5.3.2 三峡库区长江干流水质

三峡工程 2003 年 6 月至 2010 年 10 月完成三期蓄水至 175m 水位。蓄水完成后，三峡库区原有河道水面加宽，流速减缓，这对三峡库区污染物的扩散和稀释造成了不利影响。同时，整个三峡库区流域范围内沿岸分布众多的城镇和企业，为三峡库区内整体水环境的变化增添了更多未知的影响因素。

1996～2003 年，根据三峡库区长江干流监测断面历年监测数据，三峡库区水质主要为 Ⅱ～Ⅳ 类，总体水质良好；2003 年三峡库区蓄水后，长江干流总体水质和蓄水前相比，没有出现很大的变化，主要为 Ⅰ～Ⅳ 类；2011～2015 年，三峡库区长江干流监测断面总体水质均为 Ⅲ 类，水质变化比较平稳，并没有随着经济的发展呈现出恶化的趋势（表 5-5）。

表 5-5 1996～2016 年三峡库区长江干流监测断面水质情况

年份	朱沱	铜罐驿	寸滩	清溪场	沱口	官渡口	晒网坝	碚石
1996	—	—	Ⅳ	Ⅱ	Ⅱ	—	—	—
1997	—	—	Ⅲ	Ⅲ	Ⅱ	Ⅱ	—	—
1998	Ⅲ	—	Ⅲ	Ⅱ	Ⅱ	Ⅱ	Ⅲ	—
1999	Ⅱ	—	Ⅱ	Ⅱ	Ⅲ	Ⅱ	—	—
2000	Ⅱ	—	Ⅲ	Ⅱ	Ⅴ	Ⅱ	—	—
2001	Ⅱ	—	Ⅱ	Ⅱ	Ⅱ	Ⅱ	—	—
2002	Ⅱ	—	Ⅱ	Ⅱ	—	Ⅳ	Ⅳ	Ⅱ
2003	Ⅱ	Ⅲ	Ⅱ	Ⅱ	—	—	Ⅲ	Ⅲ
2004	Ⅲ	Ⅲ	Ⅲ	Ⅲ	Ⅲ	—	Ⅲ	Ⅲ
2005	Ⅲ	Ⅲ	Ⅲ	Ⅲ	Ⅲ	Ⅲ	Ⅲ	Ⅱ
2006	Ⅳ	Ⅲ	Ⅳ	Ⅲ	Ⅲ	Ⅱ	Ⅱ	Ⅰ
2007	Ⅲ	Ⅲ	Ⅲ	Ⅱ	Ⅱ	Ⅱ	Ⅰ	Ⅱ
2008	Ⅳ	Ⅳ	Ⅳ	Ⅲ	Ⅲ	Ⅱ	—	—

年份	朱沱	铜罐驿	寸滩	清溪场	沱口	官渡口	晒网坝	碚石
2009	—	III	II	II	III	II	II	II
2010	—	III	I	II	III	II	II	I
2011	III	—	—	III	—	—	III	III
2012	III	—	—	III	—	—	III	III
2013	III	—	—	III	—	—	III	III
2014	III	—	III	III	—	III	III	III
2015	III	III	III	III	III	III	III	—
2016	III	II	II	III	II	II	III	—

资料来源：根据 1997～2017 年《长江三峡工程生态与环境监测公报》整理所得

注：2001 年后，测控网点进行了调整

5.3.3 三峡库区长江支流水质

三峡库区长江支流众多，自净能力较干流差，而且库区许多高污染企业及城镇都邻近支流，因此三峡工程的库区的蓄水及建设对库区长江支流水质的影响比干流更为明显。

1. 蓄水前三峡库区长江支流水质

根据 2003 年《三峡库区容量及富营养化研究报告》监测数据（表 5-6），在三峡库区蓄水前（1996～2002 年），三峡库区 13 条主要河流一级支流中，草堂河水质为IV类，大溪河水质为劣V类，汝溪河水质为IV～V类，其他水质基本为II～III类，水质状态较差。

表 5-6　1996～2002 年三峡库区长江支流水质综合评价结果

河流	断面	枯水期	平水期	丰水期	全年
大溪河	万寿桥	V	劣V	劣V	劣V
龙河	金竹滩	III	III	III	III

续表

河流	断面	枯水期	平水期	丰水期	全年
汝溪河	高洞梁	V	IV	IV	IV
汤溪河	乌洋溪大桥	III	III	III	III
磨刀溪	新津大桥	III	III	III	III
长滩河	故陵渡口	III	III	III	III
朱衣河	入长江前	IV	III	—	III
梅溪河	梅溪河大桥	III	III	III	III
草堂河	入长江前	IV	IV	—	IV
神女溪	神女溪	III	II	II	II
大宁河	龙门	III	III	III	III
小江	小江大桥	III	II	II	II
抱龙河	抱龙河	III	II	II	II

资料来源：根据 2003 年《三峡库区容量及富营养化研究报告》整理所得

2. 蓄水后三峡库区长江支流水质

工业生产废水和生活污水未经处理（或处理不达标）而直接排放，导致部分次级河流水质恶化，不能满足其功能区要求。据表 5-7，2003～2016 年，嘉陵江的水质主要为Ⅲ类、Ⅱ类；水质基本达标，水质总体情况好于乌江。2005～2008 年，大宁河监测断面香溪河的水质均为Ⅳ类，未达到合格标准，水污染情况较为严重。2011～2013年，乌江监测断面的水质主要是劣Ⅴ类、Ⅴ类，污染情况较为严重；2014 年，乌江监测断面水质为Ⅴ类、Ⅲ类，污染情况有所缓解。2015 年，三峡库区长江干流总体水质为良，嘉陵江总体水质为优，乌江总磷超标。2016 年，三峡库区长江干流总体水质为良，嘉陵江总体水质为优，乌江总体水质为良，较上一年有所提升。

表 5-7　2003～2016 年三峡库区长江支流断面所测水质变化情况

年份	金子（嘉陵江）	北温泉（嘉陵江）	万木（乌江）	锣鹰（乌江）	北碚（嘉陵江）	临江门（嘉陵江）	大溪沟（嘉陵江）	麻柳嘴（乌江）	武隆（乌江）	大宁河（大宁河）	香溪河（大宁河）
2003	—	—	—	—	III	—	III	—	—	—	—

续表

年份	金子（嘉陵江）	北温泉（嘉陵江）	万木（乌江）	锣鹰（乌江）	北碚（嘉陵江）	临江门（嘉陵江）	大溪沟（嘉陵江）	麻柳嘴（乌江）	武隆（乌江）	大宁河（大宁河）	香溪河（大宁河）
2004	—	—	—	—	—	—	劣V	V	—	—	—
2005	—	—	—	—	III	III	—	—	II	IV	IV
2006	—	—	—	—	IV	III	—	—	III	IV	IV
2007	—	—	—	—	II	III	—	—	III	IV	IV
2008	—	—	—	—	II	III	—	—	III	IV	IV
2009	—	—	—	—	II	IV	II	III	III	—	—
2010	—	—	—	—	I	II	II	I	I	—	—
2011	II	II	劣V	劣V	—	—	—	—	—	—	—
2012	II	II	劣V	劣V	—	—	—	—	—	—	—
2013	II	II	劣V	劣V	—	—	—	—	—	—	—
2014	II	II	V	III	—	—	—	—	—	—	—
2015	II	II	III	IV	—	—	—	—	—	—	—
2016	II	II	III	III	—	—	—	—	—	—	—

资料来源：根据 2004～2017 年《长江三峡工程生态与环境监测公报》整理所得

5.4 三峡库区水华及营养化

5.4.1 水华

水华指淡水水体中藻类大量繁殖的一种自然生态现象，是水体富营养化的一种现象，主要由于生活及工农业生产中含有大量氮、磷的废污水进入水体后，蓝藻（又叫蓝细菌，包括颤藻、念珠藻、蓝球藻、发菜等）、绿藻、硅藻等大量繁殖，使水体呈现蓝色或绿色。也有部分的水华现象是由浮游动物——腰鞭毛虫引起的。

2004～2016年，三峡库区水华现象逐年增多。由于流速变缓、工程蓄水，三峡库区由河流转换为湖库，水中氮磷含量有增加趋势，从而造成了库湾回水区、支流的富营养化以及水华发生频率的上升；发生的时间呈现出不规律性，但主要暴发在春季和秋季（表5-8）。

三峡库区水华暴发区主要在长江一级支流。三峡库区一级支流共31条，其中流域面积大于1000km²的有13条，不同支流的气候条件、河口流量、河道地理地质条件等相差很大。2006～2016年，水华在时间和地点上都呈现出不规律性特征。水华发生较为频繁的主要是香溪河、大宁河、梅溪河、苎溪河、汝溪河、抱龙河、童庄河等支流；2014年，三峡库区长江支流水华暴发河流减少为青干河、神农溪、大宁河、磨刀河、梅溪河、苎溪河、汝溪河、东溪河、池溪河、龙河、香溪河这11条主要支流；2015年，三峡库区咤溪河、青干河、童庄河等19条主要支流存在水华现象。水华主要发生在春季和秋季。其中，春季水华优势种主要为硅藻门的小环藻、隐藻门的隐藻；秋季水华优势种主要为硅藻门的小环藻、直链藻，隐藻门的隐藻，绿藻门的衣藻，蓝藻门的微囊藻、束丝藻。2016年，三峡库区长江支流水华情况得到稍微缓解，但是仍有17条主要支流发生水华现象，下降趋势不太明显，大多数支流重复暴发水华现象，支流水环境恶化情况未得到根本上的遏制。

其中，优势藻类主要为硅藻门的小环藻、绿藻门的空球藻、隐藻门的隐藻、甲藻门的多甲藻以及蓝藻门的微囊藻等。其中，大坝干流江段为小环藻和多甲藻，坝区凤凰山库湾的多星杆藻和多甲藻为优势藻，肉眼可见藻团颗粒，三峡库区部分支流水华藻类优势种总体上呈现出由河流型（硅藻、甲藻等）向湖泊型（绿藻、隐藻、蓝藻等）演变的趋势。

表5-8　2004～2016年三峡库区水华发生情况统计

年份	首次水华时间	发生河流	优势藻类	发生总次数/次
2004	2～6月	—	小环藻、星杆藻、多甲藻、实球藻、微囊藻	13
2005	3～7月	—	颤藻、拟多甲藻	22
2006	2～4月	香溪河、青干河、大宁河、抱龙河、神女溪、澎溪河、汤溪河、磨刀溪、长滩河、草堂河、梅溪河、朱衣河、苎溪河、黄金河、汝溪河这15条支流	小环藻、多甲藻、衣藻、隐藻、微囊藻	—

续表

年份	首次水华时间	发生河流	优势藻类	发生总次数/次
2007	3～10 月	汝溪河、黄金河、澎溪河、磨刀溪、梅溪河、大宁河和香溪河这 7 条支流	小环藻、多甲藻、空球藻、隐藻、微囊藻	—
2008	6～7 月	香溪河、神农溪、大宁河、梅溪河、磨刀溪、澎溪河、苎溪河、瀼渡河、汝溪河、黄金河和渠溪河这 11 条支流	小环藻、多甲藻、衣藻、实球藻、微囊藻	13
2009	3～10 月	龙河、瀼渡河、苎溪河、小江、磨刀溪、汤溪河、大溪河、朱衣河、梅溪河、草堂河、神女溪、抱龙河、大宁河、三溪河、神农溪、青干河和香溪河这 17 条支流	小环藻、多甲藻、空球藻、实球藻、隐藻、束丝藻、微囊藻	—
2010	3～10 月	香溪河、童庄河、大宁河、梅溪河、磨刀溪、汤溪河、小江、龙河、黄金河、东溪河和池溪河这 11 条支流	小环藻、多甲藻、衣藻、束丝藻、微囊藻	24
2011	3～10 月	香溪河、咤溪河、童庄河、草堂河、梅溪河、长滩河、磨刀溪、小江、汝溪河、龙河、黄金河、东溪河、珍溪河、渠溪河和池溪河这 15 条支流	小环藻、多甲藻、丝藻、隐藻	—
2012	3～10 月	瀼渡河、抱龙河、香溪河、咤溪河、童庄河、草堂河、梅溪河、御临河、苎溪河、龙溪河、小江、大宁河、神农溪、汝溪河、龙河、黄金河、东溪河、珍溪河、黎香溪、青干河、渠溪河和池溪河这 22 条支流	小环藻、多甲藻、衣藻、束丝藻、隐藻、微囊藻	—
2013	3～10 月	抱龙河、香溪河、咤溪河、童庄河、草堂河、梅溪河、御临河、苎溪河、澎溪河、汤溪河、磨刀溪、长滩河、神农河、汝溪河、黄金河、东溪河、珍溪河、黎香溪、青干河、渠溪河和池溪河这 21 条主要支流	小环藻、多甲藻、隐藻、硅藻	—
2014	3～10 月	青干河、神农溪、大宁河、磨刀河、梅溪河、苎溪河、汝溪河、东溪河、池溪河、龙河、香溪河这 11 条主要支流	小球藻、真杆藻、直链藻、隐藻、角甲藻、多甲藻、衣藻、微囊藻、鱼腥藻、空球藻、小环藻	—
2015	3～10 月	咤溪河、青干河、童庄河、香溪河、神农溪、大宁河、大溪河、草塘河、梅溪河、磨刀溪、长滩河、汤溪河、东溪河、黄金河、澎溪河、龙河、珍溪河、渠溪河和汝溪河这 19 条主要支流	小环藻、隐藻、直链藻、衣藻、微囊藻、束丝藻	—

年份	首次水华时间	发生河流	优势藻类	发生总次数/次
2016	3~10月	咤溪河、抱龙河、童庄河、神农溪、草堂河、梅溪河、磨刀溪、长滩河、汤溪河、东溪河、黄金河、澎溪河、珍溪河、苎溪河、瀼渡河、池溪河和汝溪河这17条主要支流	小环藻、隐藻、针杆藻、直链藻、舟形藻、多甲藻、微囊藻、束丝藻、平裂藻、颤藻	—

资料来源：根据2005~2017年《长江三峡工程生态与环境监测公报》整理所得

2003年6月，三峡工程开始蓄水；2003年9月，巫山大宁河回水区首次发生水华。截至2017年底，三峡库区重庆段支流共发生水华100余次，覆盖巫山、奉节、云阳、万州、丰都、涪陵6个区县；发生水华的河流有大宁河、抱龙河、神女溪、草堂河、梅溪河、大溪河、澎溪河、朱衣河、三溪河、长滩河、龙河、苎溪河、汤溪河、瀼渡河、墨溪河、磨刀溪、朗溪河、黎香溪、渠溪河这19条。水华暴发时间主要集中在3~5月，共有82次；水华暴发次数最多的年份是2006年，达28次；水华暴发次数最多的河流是巫山的大宁河，达22次，其次是澎溪河，为15次。从2004~2017年水华暴发频次看，2013年后水华发生次数总体较少，2014~2017年均仅在云阳澎溪河发生1次。2004~2017年三峡库区长江支流水华发生情况详见表5-9。

表5-9 2004~2017年三峡库区长江支流水华发生情况

年份	发生区县	发生河流	发生月份	发生总次数/次
2004	巫山（8次）	大宁河（3次）、神女溪（3次）、抱龙河（2次）、	3月（1次）、4月（1次）、5月（3次）、6~7月（2次）、9月（1次）	8
2005	云阳（6次）、巫山（7次）、万州（2次）、奉节（3次）	抱龙河（3次）、大溪河（2次）、长滩河（2次）、大宁河（1次）、神女溪（1次）、磨刀溪（1次）、汤溪河（1次）、澎溪河（2次）、瀼渡河（1次）、苎溪河（1次）、梅溪河（1次）、草堂河（1次）、朱衣河（1次）	3月（13次）、4月（4次）、5月（1次）	18

年份	发生区县	发生河流	发生月份	发生总次数/次
2006	云阳（4次）、巫山（16次）、奉节（8次）	大宁河（7次）、神女溪（4次）、草堂河（3次）、朱衣河（2次）、抱龙河（2次）、三溪河（2次）、澎溪河（2次）、梅溪河（2次）、三溪河（1次）、墨溪河（1次）、大溪河（1次）、长滩河（1次）	2月（3次）、3月（12次）、4月（6次）、5月（2次）、6月（3次）、10月（1次）、11月（1次）	28
2007	云阳（1次）、巫山（8次）、奉节（2次）、丰都（1次）	大宁河（6次）、澎溪河（1次）、梅溪河（1次）、朗溪河（1次）、大溪河（1次）、草堂河（1次）、抱龙河（1次）	3月（6次）、4月（1次）、5月（3次）、12月（2次）	12
2008	巫山（2次）、丰都（1次）	大宁河（2次）、龙河（1次）	4月（1次）、5月（1次）、11月（1次）	3
2009	云阳（3次）、巫山（6次）、奉节（4次）	草堂河（2次）、大宁河（2次）、朱衣河（1次）、神女溪（1次）、三溪河（1次）、澎溪河（3次）、梅溪河（1次）、大溪河（1次）、抱龙河（1次）	5月（5次）、6月（8次）	13
2010	巫山（1次）、丰都（1次）、云阳（1次）	大宁河（1次）、龙河（1次）、澎溪河（1次）	3月（1次）、4月（1次）、5月（1次）	3
2012	云阳（1次）	澎溪河（1次）	4月（1次）	1
2013	巫山（2次）、奉节（5次）、涪陵（3次）、云阳（1次）	抱龙河（1次）、大溪河（3次）、朱衣河（1次）、梅溪河（2次）、黎香溪（2次）、渠溪河（1次）、澎溪河（1次）	3月（5次）、4月（2次）、5月（4次）	11
2014	云阳（1次）	澎溪河（1次）	5月（1次）	1
2015	云阳（1次）	澎溪河（1次）	4~5月（1次）	1
2016	云阳（1次）	澎溪河（1次）	4~5月（1次）	1
2017	云阳（1次）	澎溪河（1次）	4~5月（1次）	1

年份	发生区县	发生河流	发生月份	发生总次数/次
合计	巫山（50次）、奉节（22次）、云阳（21次）、万州（2次）、丰都（3次）、涪陵（3次）	大宁河（22次）、抱龙河（10次）、神女溪（9次）、草堂河（7次）、梅溪河（7次）、大溪河（8次）、澎溪河（15次）、朱衣河（5次）、三溪河（4次）、长滩河（3次）、龙河（2次）、苎溪河（1次）、汤溪河（1次）、瀼渡河（1次）、墨溪河（1次）、磨刀溪（1次）、朗溪河（1次）、黎香溪（2次）、渠溪河（1次）	2月（3次）、3月（38次）、4月（17次）、4~5月（3次）、5月（21次）、6月（11次）、6~7月（2次）、9月（1次）、10月（1次）、11月（2次）、12月（2次）	101

资料来源：李礼等，2019
注：2011年未发生水华

因此，三峡工程蓄水，使三峡库区河流转变为湖库，从客观上造成了三峡库区水体流态的变化，使流速变缓，导致水体自净能力下降，对三峡库区水质影响较大。而且人为因素所造成的三峡库区环境污染问题，进一步加剧了三峡库区水环境质量的恶化趋势。

5.4.2 富营养化

水体富营养化是指水体中氮、磷等植物营养物质含量过高所引起的水质污染现象。其本质是水中营养物质含量过高引起水中自养生物（如藻类及植物）迅速生长和大量繁殖，造成水体中的溶解氧含量下降，使大量动物死亡，而藻类本身也迅速死亡和腐烂，产生甲烷、硫化氢、硫醇等有毒恶臭物，使水质恶化甚至发生水华，最终导致湖泊生态系统老化和衰亡。从2003年开始蓄水以后，三峡库区水流运动速度迅速减缓，加上天然状况下三峡库区江段总磷、总氮浓度一直偏高，故三峡库区水域极易发生水体富营养化。

1. 干流富营养化

重庆市环境科学研究院对三峡水库成库后的7次监测结果显示，成库后营养盐浓度、总氮、总磷在各断面均有所增高。从长江三峡库区江段及主要支流水质现状来看，三峡库区长江干流断面平均总磷浓度达0.15~0.25mg/L，总氮浓度达1.5~2.8mg/L，已经远远超过目前国际上公认的当水体中总磷和总氮的浓度分别达到0.02mg/L和0.2mg/L时，从营养盐单因子考虑，有可能发生藻类疯长的水华现象的水体富营养化初始浓度的限制。

截至 2017 年，三峡库区长江干流之所以没有出现明显的水体富营养化现象，主要是其仍然存在的天然河道特性，水体的对流扩散和自净能力仍在一定程度上发挥了作用；此外，长江的泥沙含量大，水体透明度较低，泥沙对污染物质的吸附也是河流的自净能力之一。因此，长江干流在天然情况下，总磷、总氮超标只会影响到局部水域，如两岸消落带的水域功能，而干流一般不会发生富营养化。

2. 支流富营养化

三峡工程建成蓄水后，水体流速变缓，在支流部分河段形成大面积的静水区域，导致出现富营养化。

由表 5-10 可知，芷溪河所统计的时间里，富营养化每年都会发生，出现富营养化年数占统计年数的比例达到 100%；其次是汝溪河、御临河、黄金河、瀼渡河、珍溪河、池溪河、东溪河、黎香溪以及龙溪河，出现富营养化年数占统计年数的比例大于等于 50%；最后是梅溪河、磨刀溪、小江等 14 条支流，出现富营养化年数占统计年数的比例在 50%以下。

表 5-10　支流富营养化出现年数及所占比例

支流	统计年数/年	出现富营养化年数/年	所占比例/%
芷溪河	8	8	100.0
汝溪河	10	9	90.0
御临河	8	7	87.5
黄金河	6	5	83.3
瀼渡河	6	4	66.7
珍溪河	6	4	66.7
池溪河	7	4	57.1
东溪河	8	4	50.0
黎香溪	2	1	50.0
龙溪河	2	1	50.0
梅溪河	11	5	45.5

续表

支流	统计年数/年	出现富营养化年数/年	所占比例/%
磨刀溪	11	5	45.5
小江	11	4	36.4
童庄河	9	3	33.3
抱龙河	6	2	33.3
草塘河	6	2	33.3
渠溪河	6	2	33.3
香溪河	11	3	27.3
咤溪河	5	1	20.0
神龙溪	10	2	20.0
龙河	11	2	18.2
神女溪	6	1	16.7
青干河	8	1	12.5
汤溪河	11	1	9.1

资料来源：裴中平等，2018

　　三峡库区各级水体断面综合营养状态比例如表 5-11 和表 5-12 所示。其中，由表 5-11 可知，从完成一期 135m 蓄水后的 2005～2010 年，三峡库区长江一级支流断面水质富营养化状态占比合计从 7.69%增长到 34.00%，说明在这段时间，三峡库区长江支流水体富营养化程度在加重。由表 5-12 可知，2011～2014 年，三峡库区 77 个断面中处于富营养化状态的断面比例由 20.8%～39.0%下降为 0.0%～6.5%，处于中营养化状态的断面由 58.4%～77.9%下降为 57.1%～75.3%；2011～2016 年，处于贫营养状态的断面比例由 0.0%～5.2%上升为 20.8%～37.7%，再下降到 0.0%～6.5%。总体来看，三峡库区的支流富营养化还没有得到有效的遏制。

表 5-11　2005～2010 年 3～10 月三峡库区长江一级支流断面综合营养状态比例（%）

年份	贫营养	中营养	轻度富营养	中度富营养	重度富营养	富营养合计
2005	19.23	73.08	7.69	0.00	0.00	7.69
2006	9.10	64.90	16.40	7.10	2.50	26.00
2007	6.50	77.60	11.70	3.20	1.00	15.90
2008	2.60	77.30	15.70	2.70	1.70	20.10
2009	2.30	70.80	22.80	2.90	1.20	29.90
2010	2.10	63.90	27.60	5.90	0.50	34.00

资料来源：根据 2006～2011 年《长江三峡工程生态与环境监测公报》整理所得

表 5-12　2011～2016 年 3～10 月三峡库区长江支流回水区水体断面综合营养状态比例（%）

年份	贫营养	中营养	富营养
2011	0.0～5.2	58.4～77.9	20.8～39.0
2012	1.3～10.4	58.4～85.7	7.8～37.7
2013	15.6～39.0	58.4～80.5	1.3～6.5
2014	20.8～37.7	57.1～75.3	0.0～6.5
2015	0.0～6.5	57.1～75.3	18.2～40.3
2016	0.0～6.5	53.2～93.5	3.9～46.8

资料来源：根据 2012～2017 年《长江三峡工程生态与环境监测公报》整理所得

三峡水库蓄水后部分次级支流富营养化问题的研究从三峡库区成立以来，受到各界人士的关注。多年来，政府和相关研究单位都在密切地关注着三峡库区的污染情况，现将三峡库区主要支流藻类暴发的现状、原因及预测的相关研究总结如下。

（1）李崇明等（2007）根据三峡库区江段 16 条一级支流及重庆市 35 座大中型水库的调查资料，分析认为三峡库区江段大部分支流已经出现富营养化状况，局部水域暴发水华的可能性很大。

（2）张晟等（2007）于 2002～2003 年分别对三峡库区 15 条次级河流进行采样分析，结果显示：次级河流受到不同程度的污染，水体中氮含量丰富，部分次级河流富营养化的限制因子为磷。

（3）张晟等（2003）对乌江进行连续监测，认为水温较低月份（如2月）也能导致富营养化的发生，且水流流态可能是影响三峡库区水体富营养化的条件之一。

（4）郭平等（2005）于2004年3月对三峡库区蓄水后3条典型次级河流回水河段进行富营养化监测与评价，认为次级河流回水河段越长、末端来水量越大，对藻类生长聚集越不利，反之亦然。

（5）蒙万轮等（2005）于2004年4月分别对三峡库区3条一级支流回水段水体进行了富营养化调查和监测，并运用综合营养状态指数法（trophic state index method，TSIM）对监测结果进行了评价和分析，认为三峡库区长江支流回水段的营养盐浓度并不比长江干流高，但三峡库区长江支流回水段的中下游区域已经发生了富营养化现象。藻类的大量繁殖是水文条件改变等因素的综合影响而导致的。

（6）邓春光和龚玲（2007）于2004年通过对三峡库区3条典型支流富营养化进行预测，建立了富营养化类比分析预测模型，并用此模型在2010年对其他32条次级支流在三峡水库蓄水运行期间的富营养化的潜势进行了预测。结果发现，部分次级河流发生藻类水华暴发的可能性肯定是存在的；发生时间主要集中在4～9月春夏之交、夏季及夏秋之交；并且越靠近坝首，富营养化越重。

（7）周广杰等（2006）于2005年比较了三峡库区4条支流春、秋两季浮游藻类优势种、细胞密度和生物量等指标，对支流水华成因进行了初步分析，认为三峡库区的水华属于季节性水华，可通过控制外源污染和增加水体流速来控制。

（8）蔡庆华和胡征宇（2006）对三峡水库22条入库支流库湾的营养状态进行了综合评价，结果表明中营养支流库湾有5条（占22.7%），富营养支流库湾有17条（占77.3%），其中重度富营养化支流库湾有10条（占45.5%）；但三峡水库干流水质尚好，仍保持中营养状态。

（9）王敏等（2008）于2006年3月对暴发大规模水华的三峡库区一级支流神女溪进行现场监测和调查，并结合当地水文、气象、污染源调查等资料进行综合分析，认为神女溪该次水华是由水文和气象等条件综合导致的。

（10）周贤杰等（2008）于2006年4月从三峡库区典型次级河流梅溪河中采集水样，在室内选用L9（34）正交表进行藻类培养实验，以叶绿素a最大浓度作为指标选择适合藻类生长的适宜条件，结果得到各因素对藻类生长影响重要程度顺序为水温>活性磷酸盐浓度>光照强度>溶解无机氮浓度。

（11）幸治国等（2006）通过对三峡库区11条受三峡库区影响的次级河流回水段的富营养化监测数据进行相关分析，认为三峡库区次级河流回水段富营养化的实质仍是一个水污染问题，除与水流变缓、水色变清等自然环境变化有关外，河流沿岸的排污、自然生态的破坏、农田水土流失等是其重要原因。由于次级河流的富营养化是由多因素共同作用的结果，因此防御起来相对较难。

（12）黄钰玲（2007）在2006～2007年对三峡水库支流香溪河库湾环境现状

进行调查及富营养化评价，认为其整体水质已达到重富营养化状态；香溪河库湾蓄水前后环境条件如气温、光照等变化不大；库湾暴发水华，除水体水质达重富营养化条件外，另一主要因素应是库湾水动力条件（如流速）的改变。

通过综合 2002～2007 年对三峡库区 32 条主要入库河流营养状态的研究可以得出三峡库区次级河流水体综合营养状态评价（表 5-13）。库首段有 6 条河流，水体富营养化程度为重度的有 4 条，占全部统计河流的 12.5%；中-重度富营养化河流有 2 条，占全部统计河流的 6.25%。库腹段有 20 条河流，水体富营养化程度为重度的有 4 条，占全部统计河流的 12.5%；中-重度富营养化河流有 6 条，占全部统计河流的 18.75%；中度富营养化河流有 8 条，占全部统计河流的 25%；轻-中度富营养化河流有 2 条，占全部统计河流的 6.25%。库尾段有 6 条河流，均为中度富营养化河流，占全部统计河流的 18.75%。

表 5-13　三峡库区次级河流水体综合营养状态评价

编号	河流名称	流域面积/km²	入长江口位置	距三峡大坝距离/km	综合营养状态级别
1	綦江	4 394.0	顺江	654.0	中度富营养
2	龙滩河	195.0	巴南城区	633.0	中度富营养
3	花溪河	271.8	李家沱	620.0	中度富营养
4	嘉陵江	157 900.0	朝天门	604.0	中度富营养
5	桃花溪	363.8	长寿河街	528.5	中度富营养
6	梨香溪	850.6	羊角堡	519.0	中度富营养
7	龙塘河	433.5	蔺市镇	506.2	中度富营养
8	乌江	87 920.0	麻柳咀	484.0	中度富营养
9	渠溪河	1 458.0	珍溪镇	453.5	中度富营养
10	龙河	2 810.0	乌杨	429.0	中度富营养
11	东溪河	426.0	忠县城区	385.0	重度富营养
12	黄金河	958.0	红星	361.0	重度富营养
13	汝溪河	720.0	石宝镇	337.5	中度富营养
14	瀼渡河	269.0	瀼渡	303.2	中度富营养

续表

编号	河流名称	流域面积 /km²	入长江口位置	距三峡大坝距离 /km	综合营养状态级别
15	苎溪河	228.6	万州城区	227.0	重度富营养
16	澎溪河	5 172.5	双江	247.0	中-重度富营养
17	汤溪河	1 810.0	云阳县	222.0	中-重度富营养
18	磨刀河	3 197.0	兴和	218.8	中-重度富营养
19	长滩溪	1 767.0	故陵	206.8	中-重度富营养
20	朱衣河	153.6	朱衣镇	186.0	轻-中度富营养
21	梅溪河	1 972.0	奉节	158.0	中度富营养
22	草堂河	394.8	白帝城	153.5	轻-中度富营养
23	大溪河	158.9	大溪	146.0	中-重度富营养
24	大宁河	4 200.0	巫山	123.0	中-重度富营养
25	神女溪	315.0	官渡口	118.0	重度富营养
26	抱龙河	325.0	埠头	106.5	中度富营养
27	沿渡河	1 031.5	西瀼口	73.5	重度富营养
28	青干河	523.0	沙镇溪	48.0	中-重度富营养
29	袁水河	711.0	茅坪镇	45.5	重度富营养
30	童庄河	248.0	邓家坝	42.0	重度富营养
31	香溪河	3 095.0	归州镇	32.0	重度富营养
32	九畹溪	514.0	九畹溪	20.0	中-重度富营养

资料来源：胡正峰等，2009

  综上所述，库首和库腹段的河流富营养化程度相对比较高。三峡水库二期蓄水前后，尽管成库河段的主要次级河流的常规水质整体维持稳定，但富营养化专项监测的结果表明，几条典型的次级河流的部分河段自成库后藻类活动旺盛，营养状态异常，说明由于支流库湾区流速减缓，蓄水已经对水体富营养化产生了明显影响。三峡库区长江支流水华属于季节性水华，各次级河流总体营养级别有逐年加重的趋势。因此，三峡水库蓄水175m后，将进一步增加部分区域水体，特别是三峡水库支流库湾区发生富营养化的风险。

5.5 本章小结

三峡水库蓄水后，库区江段由天然河道变成水库，使得境内长江干流及诸多支流的水文特征发生重大变化，三峡库区水环境逐步由急流环境的河流生态系统向静水环境湖泊生态系统演变，氮、磷等营养盐的迁移转化途径和停留时间发生明显改变，支流水体富营养化程度逐渐提高，部分支流回水区藻华频发。同时，随着三峡库区上游经济的快速发展，入库污染负荷不断加大，三峡库区水环境恶化趋势仍未得到遏制。

三峡工程的建设及其蓄水，使三峡库区河流转变为湖库，水体流态发生变化，对三峡库区水环境产生了一定的影响，主要变化在以下几方面。

（1）三峡库区的总体水质从蓄水前到一期蓄水、二期蓄水、三期蓄水呈现出不规律的变化，总体以Ⅱ类水质和Ⅲ类水质为主。三峡库区达到Ⅰ类水质的比例十分小，在1996～2016年的时间中，只有1998年、1999年、2002年、2009年、2010年出现了Ⅰ类水质，且Ⅰ类水质的比例在上升，特别是2009年达到最高蓄水位175m后，Ⅰ类水质的比例明显上升，且未到达Ⅲ类水质的比例明显下降，说明三峡工程蓄水对库区水质产生了积极的影响。

（2）1996～2003年，根据三峡库区长江干流监测断面历年监测数据的显示，三峡库区水质主要为Ⅱ～Ⅳ类，总体水质良好；2003年三峡库区蓄水后，长江干流总体水质和蓄水前相比，没有出现很大的差异，主要为Ⅰ～Ⅳ；2011～2015年，三峡库区长江干流监测断面总体水质均为Ⅲ类，水质变化比较平稳，并没有随着经济的发展呈现出恶化的趋势。

（3）三峡库区蓄水前，1996～2002年，三峡库区13条主要河流一级支流中，大溪河年度水质为劣Ⅴ类，汝溪河水质为Ⅳ～Ⅴ类，草堂河水质为Ⅳ类，其他水质基本为Ⅱ～Ⅲ类，水质状态较差。三峡库区蓄水后，从整体来看2003～2016年，嘉陵江的水质主要为Ⅲ类、Ⅱ类；水质基本达标，水质总体情况好于乌江。2005～2008年，大宁河监测断面香溪河的水质均为Ⅳ类，未达到合格标准，水污染情况较为严重。2011～2013年，乌江监测断面的水质主要是劣Ⅴ类、Ⅴ类，污染情况较为严重；2014年，乌江监测断面水质总体为Ⅴ类、Ⅲ类，污染程度有所缓解。

（4）2004～2016 年，三峡库区水华现象逐年增多，主要是因为工程蓄水、流速变缓，三峡库区正由河流转换为湖库，水中氮磷含量有所提高，从而造成了支流、库湾回水区的富营养化和水华发生频率的上升；发生的时间呈现出不规律性，主要暴发在春季和秋季。2006～2016 年，水华在时间和地点上都呈现出不规律性特征。其中，2006 年，三峡库区长江支流水华暴发数目最多，水华发生较为频繁的支流主要是大宁河、抱龙河、神女溪、草堂河、梅溪河、澎溪河、大溪河等支流。

（5）三峡工程建成蓄水后，水体流速变缓，在支流部分河段形成大面积的静水区域，导致出现富营养化，其中从完成一期 135m 蓄水后的 2005～2010 年，三峡库区长江一级支流断面水质富营养合计从 7.69%增长到 34.00%，三峡库区长江支流水体富营养化程度在加重。2011～2014 年，三峡库区 77 个断面中处于富营养化状态的断面比例由 20.8%～39.0%下降到 0%～6.5%，处于中营养化状态的断面由58.4%～77.9%下降到 57.1%～75.3%；2011～2016 年，处于贫营养状态的断面比例由 0.0%～5.2%上升到 20.8%～37.7%，再下降到 0.0%～6.5%。总体来看，三峡库区的支流营养化还没有得到有效的遏制。

6

三峡库区水生态安全动态评价

三峡库区是我国重要的战略性淡水资源库，也是长江流域主要的生态脆弱区之一，其水生态安全状况不仅直接影响整个长江流域的生态安全，而且关系到长江经济带的可持续发展。因此，本书通过 DPSIR 模型，构建了三峡库区水生态安全评价指标体系，计算出水生态安全综合指标，对三峡库区水生态安全进行评价，探究三峡库区水生态安全的动态变化，以期为提高三峡库区水生态安全水平提供相应的对策建议。

6.1 研究范围、数据来源及模型分析

由于三峡库区湖北段的数据缺失，本书着重对重庆库区水生态安全进行评价。研究数据来源于 2002～2017 年的《长江三峡工程生态与环境监测公报》《重庆统计年鉴》《湖北统计年鉴》《重庆环境统计公报》《湖北环境统计公报》《重庆水资源公报》《湖北水资源公报》，以及各地区国民经济和社会发展统计公报等。

DPSIR 模型由经济合作与发展组织提出的 P-S-R（压力-状态-响应）模型和联合国可持续发展委员会提出的 D-P-R（驱动力-压力-响应）模型演化而来，最先被欧洲环境署用于环境管理与政策评估，现被广泛用于提供决策支持的研究项目。从系统分析的视角看，社会经济发展等驱动力（D）对环境施加压力（P），结果造成环境状态（S）变化，进而对人类健康与生态系统产生影响（I），随之人类社会作出响应（R），通过适应或治疗措施，这些响应直接反馈给驱动力、压力、状态和影响。该模型全面涵盖经济、社会、环境、政策四大要素，将报告环境问题的指标结构化，展示了人类活动与环境影响的因果联系及反馈机制，因而被广泛用于环境评估与管理。

具体而言，驱动力指标反映了推动碳排放增长的城市人类活动。已有研究表

明，社会经济因素、空间形态因素、气候/区位因素是影响碳排放的主要因素。压力指标反映了城市人类经济活动对环境施加的压力，如城市各部门（交通、建筑、工业、土地利用、农业、林业与废弃物）的温室气体排放。状态指标反映了环境的物理、生物与化学状况，如因温室气体排放引起的空气、水、生态系统质量问题。影响指标反映了因环境状态变化而对生态系统、人类健康与建成区等造成的影响，如气候变化。响应指标反映了环境问题的社会响应，如减少温室气体的政策与战略等。

6.2　基于 DPSIR 模型的三峡库区水生态安全评价指标体系

6.2.1　水生态安全评价指标体系

为评价三峡库区水生态安全，采用 DPSIR 模型的层次结构选取评价指标。指标的选取涉及诸多要素，除遵循科学性、完备性、针对性、可比性和可操作性的一些共性原则外，还要体现城镇化、水生态安全等。但是水生态安全的概念太宽泛，依据 DPSIR 模型的层次结构，从水环境安全状况出发，首先，建立目标层，即总的水生态安全指数；其次，建立五项准则层，包括能反映城镇化的驱动力子系统和压力子系统、能反映水生态安全状况的状态子系统、影响子系统和响应子系统；最后，建立指标层，在各子系统中，结合选取评价指标的几项特征，咨询相关专家选取能够反映子系统状态的评价指标，共计 21 项指标（表 6-1），指标类型及含义如下。

（1）驱动力子系统：由于本书主要考虑人类活动对目标区域水生态安全的影响，因而指标选取主要从外部驱动力入手，涉及经济发展驱动力、社会发展驱动力两方面。本书共选取了 5 个相关指标，分别是城镇人口比率，全社会零售总额，人均 GDP，第二、第三产业生产总值构成，万人拥有卫生机构床位数。

（2）压力子系统：压力是由人为活动造成的，是驱动力指标的表现形式。目前，影响水生态安全性的主要压力包括水资源需求压力和环境压力。针对这两种压力表现形式，本书采用万元 GDP 用水量、万元工业增加值用水量、居民生活人均日用水量、城镇居民生活污水排放量、工业废水排放量这 5 个指标来表示。

（3）状态子系统：状态是在驱动力和压力共同作用下区域水资源表现出的物理或化学可测特征。本书选取工业废水 COD、生活污水 COD、工业 TN、生活 TP 和地表水资源量 5 个指标来反映三峡库区水资源状态。

（4）影响子系统：影响应该包括生态环境、地质环境、社会 3 个方面。本书共选取森林覆盖率、洪涝损失、旱灾损失 3 个指标来表示。

（5）响应子系统：响应描述了人类应对流域水生态安全变化的一系列积极措施，包括社会经济响应、生态恢复与污染控制等。本书运用环境保护投资、工业废水达标排放率、生活污水集中处理率 3 个指标来表示。

表 6-1 指标评价体系及权重

目标层	一级指标（符号，指标权重）	二级指标	符号	指标属性	指标权重
三峡库区水生态安全评价指标体系	驱动力（A1，0.243）	城镇人口比率/%	A11	负	0.026
		全社会零售总额/亿元	A12	正	0.047
		人均 GDP/元	A13	正	0.070
		第二、第三产业生产总值构成/%	A14	正	0.017
		万人拥有卫生机构床位数/个	A15	正	0.083
	压力（B1，0.245）	万元 GDP 用水量/m³	B11	负	0.043
		万元工业增加值用水量/m³	B12	负	0.048
		居民生活人均日用水量/（人/m³）	B13	负	0.068
		城镇居民生活污水排放量/万 t	B14	负	0.051
		工业废水排放量/万 t	B15	负	0.035
	状态（C1，0.250）	工业废水 COD/万 t	C11	正	0.061
		生活污水 COD/t	C12	负	0.040
		工业 TN/万 t	C13	负	0.049
		生活 TP/万 t	C14	负	0.027
		地表水资源量/亿 m³	C15	正	0.073
	影响（D1，0.094）	森林覆盖率/%	D11	正	0.053
		洪涝损失/亿元	D12	负	0.020
		旱灾损失/亿元	D13	负	0.021
	响应（E1，0.168）	环境保护投资/亿元	E11	正	0.070
		工业废水达标排放率/%	E12	正	0.063
		生活污水集中处理率/%	E13	正	0.035

6.2.2 指标权重的确定

6.2.1 建构了三峡库区水生态安全评价指标体系，其中各项指标权重的计算方法如下。

指标权重是反映指标真实价值，确保评价结果符合实际的重要因素。权重确定的方法主要分为两类，一类是主观赋权法，主要包括层次分析法和德尔菲法；另一类是客观赋权法，主要包括熵值法和主成分分析法。主观赋权法主要是决策者根据其对指标价值的经验判断从而主观地对指标赋予一定的权重，使得最终的评价结果可能更加符合决策者的预期和实际情况。客观赋权法则是依据指标的原始数据，通过分析各个指标间数据的关联度及各指标自身的变化特征来确定指标权重，赋权过程不受决策者主观价值判断影响。两种赋权方法各有优缺点，主观赋权法考虑了指标的现实意义，根据指标的实际价值赋予相应权重，使得评价结果可能更贴合实际，但是决策过程过于主观，指标权重确定因人而异，使得评价结果同时缺乏可信度。客观赋权法则仅根据指标数据间的关联度和自身变化情况，只从数据本身出发，虽然决策过程不涉及决策者的主观价值判断，但是这也使得评价结果可能脱离实际，与实际偏差较大，依然存在评价结果不可信的风险。经过综合考虑上述优缺点，本书用客观赋权法，以期尽量客观而准确地确定指标权重，确保评价结果的真实性。

本书选用客观赋权法——熵值法确定各子系统指标权重。在信息论中，"熵"是对系统不确定性的一种度量，信息量大小影响确定性大小，进而对熵值大小产生影响。信息量越大，则不确定性越大，熵值越小；信息量越小，则不确定性越小，熵值越大。根据熵的特性，可以通过计算熵值来判断某一时间的随机性及无序程度，也可以用熵值判断某一指标的离散程度。指标的离散程度越大，则对应熵值越小；该指标蕴含的信息量越大，对综合评价的影响也就越大。熵值法确定权重主要有以下五大步骤。

（1）数据无量纲正向化处理。在上一节可以看到，指标体系中的各指标单位差异甚大，无统一的量纲，无法对各指标数据进行直接利用。为消除指标的度量单位差异，须对数据进行无量纲化的标准化处理，采用标准化的数据进行计算。另一方面，由于各指标的性质不同，不能直接进行计算，须将所有指标作正向化处理，使得最终标准化指标数据值大小与指标状态呈正向关系，指标值越大，则状态越优。具体过程如下：

正向指标： $P'_{ij} = \dfrac{P_{ij} - \min\{P_j\}}{\max\{P_j\} - \min\{P_j\}}$

$$P'^+_{ij} = P'_{ij} + 0.001$$

$$（6\text{-}1）$$

负向指标： $P'_{ij} = \dfrac{\max\{P_j\} - P_{ij}}{\max\{P_j\} - \min\{P_j\}}$

$$P'^+_{ij} = P'_{ij} + 0.001$$

（2）计算第 i 个评价单元第 j 项指标值的比例：

$$Q_{ij} = \frac{P'^+_{ij}}{\sum\limits_{i=1}^{m} P'^+_{ij}} \tag{6-2}$$

（3）计算第 j 项指标的信息熵：

$$e_j = -k \sum_{i=1}^{m} (Q_{ij} \times \ln Q_{ij}) \tag{6-3}$$

（4）计算信息熵的冗余度：

$$d_j = 1 - e_j \tag{6-4}$$

（5）计算第 j 项指标权重：

$$W_j = \frac{d_j}{\sum\limits_{i=1}^{n} d_i} \tag{6-5}$$

其中， P_{ij} 表示第 i 个评价单元第 j 项指标值， $\max\{P_j\}$、 $\min\{P_j\}$ 分别表示所有评价单元第 j 项指标的最大值和最小值， $k = 1/\ln m$， m 为评价单元个数， n 为指标个数。特别注意的是，本书的熵值法是经过修正的熵值法，因为熵值法需要对数据做对数化处理，而如果对原始指标数据做简单的无量纲正向化处理，正向指标最小值和负向指标最大值均会转为 0 值，而 0 值是无法做对数化处理的，所以笔者力求保留原始数据信息，将所有无量纲正向化处理后的数据整体向上平移 0.001 个单位，以尽可能多地保留有效数据和原始数据特征。

6.2.3　水生态安全指数

根据熵值赋权法，确定一级指标及二级指标的权重。根据权重，运用如下方法计算水生态安全指数。

$$T_\text{D} = W_A \sum_{i=1}^{n} w_{Ai} z_{Ai} \tag{6-6}$$

$$T_\text{P} = W_B \sum_{i=1}^{n} w_{Bi} z_{Bi} \tag{6-7}$$

$$T_\text{S} = W_C \sum_{i=1}^{n} w_{Ci} z_{Ci} \tag{6-8}$$

$$T_\text{I} = W_D \sum_{i=1}^{n} w_{Di} z_{Di} \tag{6-9}$$

$$T_\text{R} = W_E \sum_{i=1}^{n} w_{Ei} z_{Ei} \tag{6-10}$$

式中，z_{Ai}、z_{Bi}、z_{Ci}、z_{Di}、z_{Ei} 分别为驱动力、压力、状态、影响、响应的各二级指标的标准化值，W_A、W_B、W_C、W_D、W_E 为驱动力、压力、状态、影响、响应的各一级指标权重，w_{Ai}、w_{Bi}、w_{Ci}、w_{Di}、w_{Ei} 为驱动力、压力、状态、影响、响应的各二级指标权重。计算驱动力指数 T_D、压力指数 T_P、状态指数 T_S、影响指数 T_I、响应指数 T_R，则流域水生态安全综合指数（T）的公式如下：

$$T = T_\text{D} + T_\text{P} + T_\text{S} + T_\text{I} + T_\text{R} \tag{6-11}$$

根据熵值赋权法得到三峡库区水生态安全评价指标体系各一级指标和二级指标的权重，再利用得到的各一级指标、二级指标权重，通过式（6-6）～式（6-11）计算出三峡库区水生态安全指数，见表6-2。

表 6-2 三峡库区水生态安全指数

年份	驱动力指数	压力指数	状态指数	影响指数	响应指数	水生态安全综合指数
2001	0.009	0.124	0.140	0.000	0.043	0.316
2002	0.018	0.108	0.103	0.010	0.032	0.271
2003	0.034	0.110	0.167	0.013	0.089	0.413
2004	0.048	0.110	0.141	0.027	0.071	0.397
2005	0.058	0.070	0.098	0.040	0.068	0.334

年份	驱动力指数	压力指数	状态指数	影响指数	响应指数	水生态安全综合指数
2006	0.070	0.070	0.072	0.066	0.057	0.335
2007	0.088	0.083	0.117	0.095	0.090	0.473
2008	0.113	0.068	0.115	0.115	0.089	0.500
2009	0.108	0.158	0.073	0.139	0.043	0.521
2010	0.114	0.176	0.081	0.156	0.037	0.564
2011	0.140	0.224	0.122	0.160	0.059	0.705
2012	0.184	0.125	0.093	0.160	0.060	0.622
2013	0.214	0.120	0.102	0.175	0.071	0.682
2014	0.243	0.127	0.123	0.185	0.072	0.750
2015	0.227	0.129	0.125	0.201	0.071	0.753
2016	0.235	0.132	0.117	0.195	0.092	0.771

6.3 三峡库区水生生态安全分析

为了更加直观地展示水生态指数的变化趋势，本书根据表 6-2，将三峡库区水生态安全指数绘制成曲线图，得到驱动力指数、压力指数、状态指数、影响指数、响应指数以及水生态安全综合指数曲线图，见图 6-1～图 6-5。

6.3.1 驱动力指数

从图 6-1 可以看出，2001～2016 年，三峡库区驱动力指数总体呈上升趋势，从 0.009 上升为 0.235。其中，2001～2008 年，驱动力指数上升较为缓慢；从 2010 年后，驱动力指数上升速度加快。驱动力指数上升主要得益于 2001～2016 年三峡库区经济发展水平的不断提高。在这期间，人均 GDP 由 7565.95 元增加到 51 850.85

元，城镇化率由 33.14%提高到 68.26%，并且社会零售总额不断增加、社会事业不断改善。各种因素促进驱动力指数不断提升。

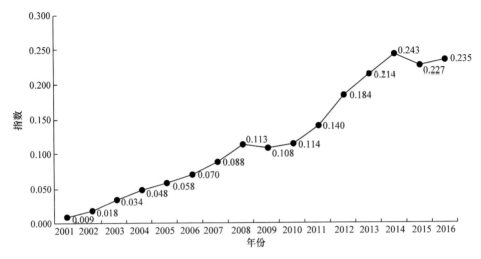

图 6-1　2001～2016 年三峡库区驱动力指数

6.3.2　压力指数

压力指数是一个负向指标，数值越小表明水资源安全压力相对越大。2001～2014 年，压力指数波动较大。由图 6-2 可知，2001～2008 年，压力指数整体有减

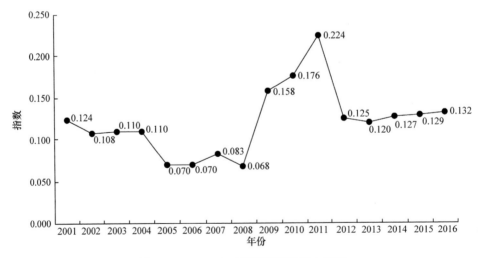

图 6-2　2001～2016 年三峡库区压力指数

小的趋势，由 0.124 下降为 0.068，说明在这期间，三峡库区水资源安全压力在变大；从 2008 年后，压力指数又开始上升，由 2008 年的 0.068 上升为 2011 年的 0.224，说明在这期间，三峡库区水资源安全压力在变小；压力指数降为 2012 年的 0.125，说明在这期间，三峡库区水资源压力又开始变大；从 2012 年开始，压力指数趋于平稳，2012～2016 年压力指数在 0.120 和 0.132 之间波动，说明在这期间三峡库区水资源压力较为平稳。总体来看，2001～2016 年，三峡库区压力指数起伏波动较大，三峡库区水资源压力呈不规律变化，在驱动力不断增强的情况下，压力指数并没有提高，这主要是因为工业排放的废水、城镇生活废水等不断增加，给环境造成了巨大的压力。

6.3.3　状态指数

状态指数是指环境在压力下所处的状况。状态指数越大，表明水资源环境越好。由图 6-3 可知，2001～2016 年，水资源状态指数呈现不规律变化，跌宕起伏不定。2001～2002 年状态指数下降，说明水资源安全所处的状况在变差。2003 年的状态指数较 2002 年上升，从 2003 年开始，直到 2006 年状态指数又持续下降，由 0.167 下降为 0.072，下降幅度较大，说明在这期间，水资源所处的状态在恶化，且恶化得较为严重。从 2006 年开始，状态指数又整体开始呈现上升趋势，由 2006 年的 0.072 上升为 2016 年的 0.117，说明在这期间，三峡库区水环境所处的状态在好转。

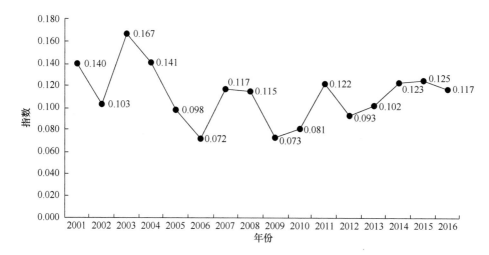

图 6-3　2001～2016 年三峡库区状态指数

6.3.4 影响指数

影响指数是指系统所处的状态对生态环境的影响。影响指数增大，表明随着驱动指数的上升，各因素并没有给环境造成很大的破坏，环境向良好的状态发展变化。由图 6-4 可知，2001～2016 年，三峡库区的影响指数一直呈上升趋势，由 0.000 上升为 0.195。这说明在这期间，虽然经济快速发展、工业总产值不断攀升、城镇化进程不断推进，三峡库区的生态环境并没有随之恶化。

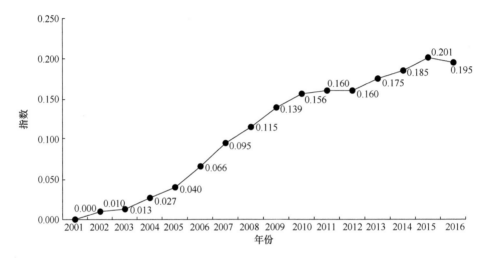

图 6-4　2001～2016 年三峡库区影响指数

6.3.5 响应指数

响应指数是一个正向指标，指数越大，表明人类在促进可持续发展进程中所采取的对策和制定的积极政策对水资源环境的保护效果越显著。由图 6-5 可知，2001～2016 年，响应指数呈不规律波动；2001～2008 年，响应指数整体上升，由 0.043 上升为 0.089，表明在这期间采取的保护水资源环境的对策发挥了积极作用。2008 年之后，响应指数开始下降，2011 年又开始小幅度上升，但是与 2008 年相比，还是略有下降。响应指数由 2008 年的 0.089 下降为 2010 年的 0.037，表明在这期间采取的保护水资源环境的积极政策对环境发挥的积极作用较 2008 年有所下降；2011～2016 年，响应指数从 0.059 上升到 0.092，表明在这期间采取的保护水资源环境的积极政策对环境发挥的作用有所上升。

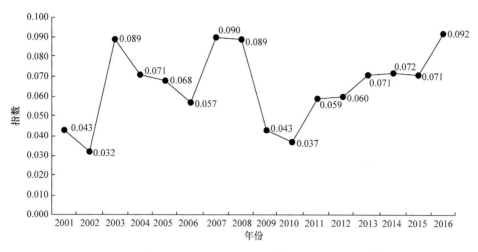

图 6-5　2001～2016 年三峡库区响应指数

6.3.6　水生态安全综合指数

在上述 5 个指数综合叠加下，三峡库区水生态安全综合指数具有明显的波动上升特征（图 6-6）。2001～2016 年，三峡库区水生态安全综合指数波动较小，整体呈上升趋势，且上升较为明显，由 0.316 上升为 0.771。水生态安全综合指数上升的主要原因在于随着经济发展水平的不断提高、财政资金不断充裕，人们注重流域经济持续发展的同时，认识到流域生态环境重要性，不断加强生态环境保护建设，加大对工业污染、城镇生活污水的处理和水土流失治理，促使流域水生态安全水平不断提高。

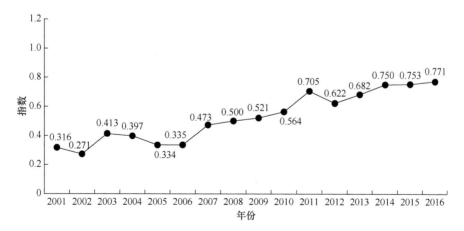

图 6-6　2001～2016 年三峡库区水生态安全综合指数

6.4 水生态安全综合指数等级划分

对流域水生态的安全评价在我国尚处于探索阶段，没有统一的评价标准与体系，因此阈值获取在此参照周丰等（2007）、周安康等（2011）相应指标的标准，把流域水生态安全划分为6类，见表6-3。

表6-3 水生态安全综合指数分级标准

项目	很不安全（Ⅰ）	风险级（Ⅱ）	敏感级（Ⅲ）	一般安全（Ⅳ）	比较安全（Ⅴ）	安全（Ⅵ）
水生态安全综合指数	（0,0.26]	（0.26,0.36]	（0.36,0.46]	（0.46,0.56]	（0.56,0.66]	（0.66,1]

根据表6-3，得到2001～2016年三峡库区水生态安全综合指数分级结果，见表6-4。

由表6-4可知，2001～2002年，三峡库区水生态安全处于风险级，说明在这期间，三峡库区水环境承载压力加大，库区经济的发展给环境带来一定的压力。2003～2004年，水生态安全有好转的趋势，由风险级转好为敏感级，说明在这期间，库区经济的发展给环境带来了一定的压力，但是相对较小。2005～2006年，三峡库区水生态安全较2004年有一定程度的恶化，由敏感级转变为风险级。2007～2009年，三峡库区水生态安全一直处于一般安全等级，说明在这期间，库区经济的发展没有给环境造成很大的压力，在流域水环境可承受的范围之内。2010～2016年，库区水生态安全由比较安全转好为安全，水生态安全一直向好的方向发展。

表6-4 2001～2016年三峡库区水生态安全综合指数分级结果

年份	水生态安全综合指数	等级
2001	0.316	风险级
2002	0.271	风险级
2003	0.413	敏感级
2004	0.397	敏感级

年份	水生态安全综合指数	等级
2005	0.334	风险级
2006	0.335	风险级
2007	0.473	一般安全
2008	0.500	一般安全
2009	0.521	一般安全
2010	0.564	比较安全
2011	0.705	安全
2012	0.622	比较安全
2013	0.682	安全
2014	0.750	安全
2015	0.753	安全
2016	0.771	安全

6.5 本 章 小 结

本章基于 DPSIR 模型，参考已有的研究成果，构建了三峡库区水生态安全评价指标体系，运用熵值法，得出了各一级指标以及二级指标的权重，然后根据水生态安全公式，计算出驱动力指数、压力指数、状态指数、影响指数、响应指数以及水生态安全综合指数。结果显示，2001~2016 年，三峡库区水生态安全综合指数整体呈上升趋势，且 2001~2002 年，三峡库区水生态安全处于风险级，在这期间，三峡库区水环境承载压力加大，库区经济的发展给环境带来一定的压力。2003~2004 年，水生态安全有好转的趋势，由风险级转好为敏感级，说明在这期间，库区经济的发展给环境带来了一定的压力，但是相对较小。2005~2006 年，三峡库区水生态安全较 2004 年有一定程度的恶化，由敏感级转变为风险级。2007~2009 年，三峡库区水生态安全一直处于一般安全等级，说明在这期间，库区经济的发展没有给环境造成很大的压力，在流域水环境可承受的范围之内。2010~2016 年，库区水生态安全由比较安全转好为安全，水生态安全一直向好的方向发展。

7

三峡库区独特地理单元
战略环境影响评价

7.1 评价背景及范围

7.1.1 背景

三峡工程建成后,形成了水域面积 1084km²、长 700 余 km、蓄水量 393 亿 m³ 的特大河道型水库。三峡水库作为全国淡水资源的战略储备基地,库区的水环境保护涉及数亿人的饮水安全,同时与整个国家的水生态安全、长江流域的可持续发展乃至中华民族的长远发展息息相关。三峡工程蓄水后,库区的水环境保护出现很多复杂的不确定性因素。虽然三峡库区长江干流水质总体保持稳定,但由于河道、水文等发生变化,水流速度减缓,导致其自净能力下降,部分支流下游回水区水环境质量有下降趋势,加上江面漂浮物打捞工作任务繁重,水产养殖、畜禽、船舶污染以及农业非点源污染等影响,三峡库区水环境保护压力极大。

作为独特的地理单元,从历史传承上看,三峡库区产业发展较为落后,产业发展空心化严重,且产业布局不够均衡。随着我国经济发展进入新常态,产能过剩化解、产业结构优化升级、创新驱动发展实现都需要一定的时间和空间,经济下行压力明显。在此背景下,积极适应新形势,保持经济社会较快发展的同时,调整优化产业结构是三峡库区可持续发展面临的重要课题,这也为三峡库区水环境保护增加了复杂性和紧迫性。

2016 年伊始,在重庆召开的推动长江经济带发展座谈会上,习近平为长江发展定调:当前和今后相当长一个时期,要把修复长江生态环境摆在压倒性位置,共抓大保护，不搞大开发①。这是在即将到来的中长期发展阶段，中央领导集体对三峡库区生态环境保护提出的总体要求和全局安排。

随着"十三五"规划（2016～2020年）的全面实施，中国经济发展进入新常态，经济增长由高速阶段过渡到中高速阶段，产业结构调整和升级将取得重大进展，生态环境保护也面临调整与转换的新常态。从中长期发展目标上看，党中央提出在中国共产党成立一百年时全面建成小康社会，在中华人民共和国成立一百年时建成富强民主文明和谐的社会主义现代化国家的"两个一百年"奋斗目标。在实现中国梦的伟大背景下，三峡库区经济社会发展与环境保护备受关注，举世瞩目。

本书基于课题组 2016 年研究数据，按照近期（2016～2020年）（时段末期对应第一个一百年）、中期（2021～2030年）和远期（2030～2050年）（时段末期对应第二个一百年）3 个时段对规划目标年的三峡库区重庆段水环境影响进行预测，在中长期发展视角下，以人类活动作为主要影响因素，采用战略环境影响评价（strategic environmental assessment, SEA，简称战略环评）的技术与方法作为主要的研究手段，考察预测三峡库区水环境质量演进。

7.1.2 评价概况

面对环境污染严重、资源约束趋紧、生态系统退化的严峻形势，必须树立尊重自然、顺应自然、保护自然的生态文明理念，走可持续发展道路。2012 年 11 月，党的十八大提出"大力推进生态文明建设"的战略决策。三峡工程是一项改善长江生态环境的工程，一方面，对三峡库区以及全国的经济发展发挥着举足轻重的作用；另一方面，也将对三峡库区以及长江流域的生态环境产生重要的影响。为了真正实现三峡库区经济社会与资源环境的协调发展，确保能够完成三峡库区环境保护的历史任务，中央及三峡库区相关各级地方政府出台了一系列中长期规划，为未来发展勾绘出宏伟蓝图。

规划环境影响评价主要内容是研究环境质量现状、确定规划涉及的各环境要素的容量以及预测开发活动的环境影响。它是一项综合性、规划性、预测性、科学性以及实用性很强的工作，是坚持经济建设与环境建设的同步规划、同步发展、同步实施，实现社会效益、环境效益以及经济效益的协调发展，促进环境-经济-社会持续协调的重要办法。

本章以预测三峡库区水环境质量中长期演进为目标，考察了近年来中央和地方制定通过的各种经济社会发展及环境保护规划，将规划内容作为未来人类活动的蓝本，在此基础上用战略环境影响评价的方法与技术展开项目研究。本章中纳

---

① 习近平在推动长江经济带发展座谈会上强调 走生态优先绿色发展之路 让中华民族母亲河永葆生机活力. http://www.gov.cn/xinwen/2016-01/07/content_5031289.htm[2021-12-20].

入考察的规划主要有：《中共中央关于制定国民经济和社会发展第十三个五年规划的建议》《中华人民共和国国民经济和社会发展第十三个五年规划纲要》《重庆市城乡总体规划（2007—2020 年）》《重庆市国民经济和社会发展第十三个五年规划纲要》《重庆市生态文明建设"十三五"规划》《重庆市重点生态功能区保护和建设规划（2011—2030 年）》《三峡后续工作规划》。

7.2 技术路线与评价方法

7.2.1 评价标准、规范与技术路线

本章采用战略环境影响评价的主要技术手段，以水环境容量分析、情景分析、定量的环境影响预测等作为主要的评价方法。

本次评价执行现行的国家标准与技术规范，包括：《规划环评技术导则 总纲》（HJ 130—2014）、《环境影响评价技术导则 总纲》（HJ 2.1—2011）、《环境影响评价技术导则 地面水环境》（HJ/T 2.3—93）、《地表水环境质量标准》（GB 3838—2002）、《污水综合排放标准》（GB 8978—1996）、《城镇污水处理厂污染物排放标准》（GB 18918—2002）。

本次评价采用的技术路线见图 7-1。

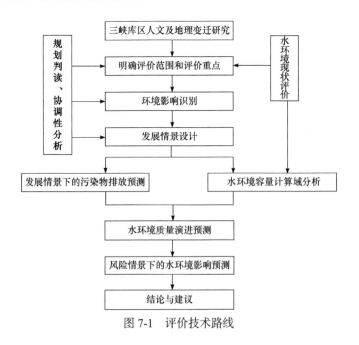

图 7-1 评价技术路线

多年污染情况显示，三峡库区江段主要污染物为 NH₃-N 和 CODCr。三峡库区污染源主要是工业污染源、城市生活污染源以及农田径流。根据三峡库区水环境质量现状和库区环境污染的主要污染物，此次水环境影响评价中水质控制指标确定为 CODCr 和 NH₃-N，用来反映三峡库区的主要环境污染问题即有机污染和营养物质污染。污染物排放主要考察生活污染排放、工业污染排放和农业非点源污染排放。

7.2.2 评价方法

水环境质量现状评价采用单因子指数法。根据监测数据采用单因子实测浓度值与标准限值对比的直观评价法和反映水体综合污染水平的综合污染指数评价法，并通过污染分担率，确定各河流主要污染断面和主要污染因子。一般单项水质因子 i 的标准指数为

$$S_i = C_i \,/\, C_{si} \tag{7-1}$$

其中，S_i 为单项水质因子 i 的标准指数；C_i 为单项水质因子 i 在预测点的实测浓度值，mg/L；C_{si} 为水质评价因子 i 的地表水质标准，mg/L。

pH 的标准指数为

$$S_{\mathrm{pH},j} = \frac{7.0 - \mathrm{pH}_j}{7.0 - \mathrm{pH}_{\mathrm{sd}}} \qquad \mathrm{pH}_j \leqslant 7.0 \tag{7-2}$$

$$S_{\mathrm{pH},j} = \frac{\mathrm{pH}_j - 7.0}{\mathrm{pH}_{\mathrm{su}} - 7.0} \qquad \mathrm{pH}_j > 7.0 \tag{7-3}$$

其中，$S_{\mathrm{pH},j}$ 为 pH 的标准指数；pH_j 为 pH 的实测值；$\mathrm{pH}_{\mathrm{sd}}$ 为 pH 的质量标准下限值；$\mathrm{pH}_{\mathrm{su}}$ 为 pH 的质量标准上限值。

如果水质评价因子的标准指数大于 1，表明该评价因子超过了规定的水质标准，不能满足使用功能要求。

水环境质量现状评价标准依据《地表水环境质量标准》（GB 3838—2002），采用 2017 年环境保护部发布的《长江三峡工程生态与环境监测公报》中的监测数据，其中对三峡库区水环境质量监测内容包括长江干支流水文水质和主要支流水体综合营养状况及水华情况。在三峡库区长江干流共布设 6 个水质监测断面，分别为永川朱沱、重庆寸滩、江津大桥、涪陵清溪场、万州晒网坝和宜昌南津关；在嘉陵江布设金子和北温泉 2 个水质监测断面；在乌江布设万木和锣鹰 2 个水质监

测断面；在受到长江干流回水顶托作用影响的 38 条长江主要支流以及水文条件与其相似的坝前库湾水域布设 77 个水体营养监测断面。

三峡库区事关长江中下游的生态和用水安全，具有重要的战略地位。2020 年以来，三峡库区沿江经济发展布局了为数众多的工业园区和大型建设项目。一旦发生排放相关事故，将对三峡库区带来不可预测的水环境风险，必须给予足够的重视和科学的看待。

环境风险评价的目的是分析和预测建设项目存在的有害因素、潜在危险，以及项目运行和建设期间可能发生的突发性环境事件或事故（一般不包括人为破坏及自然灾害），引起易燃易爆和有毒有害等物质泄漏，造成不同程度损害，因此提出合理可行的减缓、应急、防范的措施，促使建设项目的损失、事故率和环境影响达到标准范围以内。本书针对风险情景下的三峡库区水环境影响预测，选取 COD_{Cr}、NH_3-N 作为污水处理厂事故排放时的评价因子，对特定重大风险建设项目采用其特征风险物质作为评价因子。

风险情景下的水环境影响评价根据《环境影响评价技术导则 地面水环境》（HJ/T 2.3—93），采用完全混合法进行预测：

$$c_0 = \frac{c_p Q_p + c_h Q_h}{Q_p + Q_h} \qquad (7\text{-}4)$$

其中，c_0 为完全混合的水质浓度，mg/L，Q_p 为废水排放量，m³/s；Q_h 为河水流量，m³/s；c_p 为废水中某污染物浓度，mg/L；c_h 为河水中某污染物背景浓度，mg/L。

水环境容量研究是进行三峡库区水环境影响预测的前提和依据。水环境容量特指在满足水环境质量的要求下，水体容纳污染物的最大负荷量，因此又称作水体负荷量或纳污能力。水环境容量的计算方法包括完全混合法、污染带长度控制法等。根据三峡库区污染排放和水文条件的情况，本书在计算水环境容量时，采用完全混合法。在完全混合法中，假设下游控制断面的污染物由两部分组成，一部分是上游来水中的污染物，另一部分是排入水体的污染物。两部分污染物在流向控制断面的过程中发生衰减，同时不断混合。当下游控制断面的污染物浓度为水环境质量目标浓度值时，该段河流容纳的污染物质量的最大允许值，即该段河流的水环境容量值。

控制断面的污染物浓度可表示为

$$\rho = \frac{Q \cdot (\rho_B \cdot e^{-kt_1}) + W \cdot e^{-kt_2}}{Q + q} \leqslant \rho_s \qquad (7\text{-}5)$$

其中，Q 为河流的流量，m³/s；ρ_B 为上游来水中污染物的背景质量浓度，mg/L；

q 为污水排放速度, m³/s; W 为污水中污染物排放速度, g/s; k 为衰减常数, d⁻¹; $t_i(i=1,2)$ 为水体中计算上游来水或排入水体污染物流行时间, d; ρ_s 为污染物质量最大允许值。

7.3 三峡库区水环境质量现状评价

三峡工程蓄水后, 库区长江干流水质总体以Ⅱ、Ⅲ类为主, 水质状况良好, 但局部存在总磷、总氮、铅、石油类等指标超标现象, 部分支流、支流回水区和库湾水质下降, 局部水域水华频发, 部分干支流饮用水水源地面临污染威胁。

2016 年, 三峡工程生态与环境监测机构在三峡库区长江干流共布设 9 个水质监测断面, 分别为永川朱沱、铜罐驿、江津大桥、重庆寸滩、涪陵清溪场、万州沱口、巴东官渡口、晒网坝和夷陵南津关; 在嘉陵江布设金子和北温泉 2 个水质监测断面; 在乌江布设万木和锣鹰 2 个水质监测断面。

监测结果(表 7-1, 表 7-2)显示, 2016 年, 三峡库区长江干流总体水质为良, 嘉陵江总体水质为优, 乌江总体水质为良。长江干流和嘉陵江总体水质与 2015 年持平, 乌江总体水质较 2015 年有所提升(2015 年乌江总磷超标)。长江干流 9 个断面年度总体水质均达到或优于Ⅲ类, 从各月情况看, 全年各月水质均达到或优于Ⅲ类。嘉陵江金子和北温泉断面年度总体水质均为Ⅱ类; 乌江万木和锣鹰断面年度总体水质均为Ⅲ类, 嘉陵江金子、北温泉断面年度总体水质和乌江万木、锣鹰断面年度总体水质均与 2015 年持平。从各月情况看, 金子、北温泉和锣鹰断面水质均达到或优于Ⅲ类; 万木断面 11 月水质为Ⅳ类, 主要污染物为总磷, 其余各月水质均达到或优于Ⅲ类。

在受到长江干流回水顶托作用影响的 38 条长江主要支流以及水文条件与其相似的坝前库湾水域共布设 77 个营养监测断面。其中, 42 个断面处于回水区, 35 个断面处于非回水区。采用叶绿素 a、总磷、总氮、高锰酸盐指数和透明度这 5 项指标计算水体综合营养状态指数, 评价水体综合营养状态。结果显示: 2016 年 1~12 月, 三峡库区 38 条长江主要支流水体处于富营养状态断面比例为 3.9%~46.8%, 处于中营养状态的断面比例为 53.2%~93.5%, 处于贫营养状态的断面比例为 0.0%~6.5%。其中, 回水区水体处于富营养状态的断面比例为 2.4%~47.6%, 非回水区为 5.7%~45.7%。三峡库区长江主要支流水华敏感期(3~10 月)总体富营养化程度与上年基本持平。其中, 贫营养和富营养断面比例分别降低了 0.8 个百分点和 1.1 个百分点, 中营养断面比例升高了 1.9 个百分点。回水区总体富营养化程度比上年略有下降, 其中 4 月、7 月、9 月和 10 月富营养断面比例比上年同期分别下降了 6.5 个百分点、2.3 个百分点、18.7 个百分点和 13.3 个百分点，3 月和 5 月比上年同期分别上升了 2.1 个百分点和 13.3 个百分点，6 月和 8 月与上年同期持平。非回水区总体富营养化程度比上年略有上升，其中 3 月、4 月、9 月和 10 月富营养断面比例比上年同期分别下降了 4.9 个百分点、1.6 个百分点、4.3 个百分点和 9.7 个百分点，5~8 月每个月比上年同期分别上升了 4.2 个百分点、13.3 个百分点、10.0 个百分点和 15.4 个百分点。

2016 年，在三峡库区咜溪河、抱龙河、童庄河、神农溪、草堂河、梅溪河、磨刀溪、长滩河、汤溪河、东溪河、黄金河、澎溪河、珍溪河、苎溪河、瀼渡河、池溪河和汝溪河存在水华现象。水华主要发生在春季和秋季。其中，春季水华优势种主要为硅藻门的小环藻、隐藻门的隐藻；秋季水华的优势种主要为硅藻门的小环藻、针杆藻、直链藻和舟形藻，隐藻门的隐藻，甲藻门的多甲藻，以及蓝藻门的微囊藻、束丝藻、平裂藻和颤藻。

表 7-1　2016 年三峡库区长江干流断面水质类别

断面名称	1 月	2 月	3 月	4 月	5 月	6 月	7 月	8 月	9 月	10 月	11 月	12 月	全年
永川朱沱	Ⅲ	Ⅲ	Ⅲ	Ⅲ	Ⅱ	Ⅱ	Ⅱ	Ⅱ	Ⅲ	Ⅱ	Ⅱ	Ⅱ	Ⅲ
铜罐驿	Ⅱ	Ⅲ	Ⅲ	Ⅲ	Ⅲ	Ⅲ	Ⅱ	Ⅱ	Ⅱ	Ⅱ	Ⅱ	Ⅱ	Ⅱ
江津大桥	Ⅱ	Ⅲ	Ⅲ	Ⅱ	Ⅱ	Ⅱ	Ⅱ	Ⅱ	Ⅱ	Ⅱ	Ⅱ	Ⅱ	Ⅱ
重庆寸滩	Ⅱ	Ⅱ	Ⅱ	Ⅱ	Ⅱ	Ⅱ	Ⅱ	Ⅱ	Ⅲ	Ⅲ	Ⅲ	Ⅱ	Ⅱ
涪陵清溪场	Ⅱ	Ⅱ	Ⅱ	Ⅱ	Ⅱ	Ⅱ	Ⅱ	Ⅱ	Ⅱ	Ⅱ	Ⅱ	Ⅱ	Ⅱ
万州沱口	Ⅲ	Ⅱ	Ⅱ	Ⅲ	Ⅱ	Ⅲ	Ⅱ	Ⅱ	Ⅱ	Ⅱ	Ⅱ	Ⅱ	Ⅱ
巴东官渡口	Ⅱ	Ⅱ	Ⅱ	Ⅱ	Ⅱ	Ⅱ	Ⅱ	Ⅱ	Ⅱ	Ⅱ	Ⅱ	Ⅱ	Ⅱ
晒网坝	Ⅲ	Ⅲ	Ⅱ	Ⅲ	Ⅱ	Ⅲ	Ⅱ	Ⅱ	Ⅲ	Ⅲ	Ⅲ	Ⅲ	Ⅲ
夷陵南津关	Ⅱ	Ⅲ	Ⅲ	Ⅱ	Ⅱ	Ⅱ	Ⅱ	Ⅲ	Ⅱ	Ⅱ	Ⅱ	Ⅱ	Ⅱ

资料来源：根据 2017 年《长江三峡工程生态与环境监测公报》整理所得

表 7-2　2016 年三峡库区嘉陵江及乌江断面水质类别

断面名称	所属河流	1月	2月	3月	4月	5月	6月	7月	8月	9月	10月	11月	12月	全年
金子	嘉陵江	Ⅱ	Ⅲ	Ⅲ	Ⅱ	Ⅱ	Ⅲ	Ⅱ	Ⅱ	Ⅱ	Ⅱ	Ⅱ	Ⅱ	Ⅱ
北温泉	嘉陵江	Ⅱ	Ⅲ	Ⅱ	Ⅱ	Ⅱ	Ⅱ	Ⅱ	Ⅱ	Ⅱ	Ⅱ	Ⅲ	Ⅱ	Ⅱ
万木	乌江	Ⅲ	Ⅲ	Ⅱ	Ⅱ	Ⅱ	Ⅱ	Ⅱ	Ⅱ	Ⅱ	Ⅳ	Ⅲ	Ⅲ	Ⅲ
锣鹰	乌江	Ⅲ	Ⅲ	Ⅲ	Ⅱ	Ⅱ	Ⅲ	Ⅱ	Ⅱ	Ⅲ	Ⅲ	Ⅲ	Ⅲ	Ⅲ

资料来源：根据 2017 年《长江三峡工程生态与环境监测公报》整理所得

监测结果表明，2016 年，三峡库区水环境质量总体保持良好，但水环境保护形势仍然不容乐观，部分断面水环境质量达不到水环境功能规划目标，主要表现为营养物质超标、水体富营养化压力较大、生物污染指标超标。部分支流污染较重，水质状况堪忧。

7.4　三峡库区水环境容量研究

根据重庆市主要水污染物的平均情况，本书选取关键污染物 COD_{Cr} 和 NH_3-N 作为水环境容量研究的污染控制指标，采用式（7-5）进行三峡库区水环境容量计算。

计算公式中涉及衰减系数的取值。COD_{Cr} 和 NH_3-N 衰减常数的研究结果报道较少。通过文献调研（赵杨，2018），本章在计算中选取 COD_{Cr} 和 NH_3-N 的衰减常数 k 均为 $0.1d^{-1}$。根据重庆市水文条件和污染物排放现状以及数据获取情况，依据科学性与可行性原则，在计算中做如下假设。①根据最不利原则，按枯水期水量进行计算，且假设所有污水均在上游与下游控制断面直接混合，在河流输送过程中的陆源污染物衰减不考虑，即计算最不利条件下的水环境容量。②各计算河段的流量和流速保持均匀一致，即稳态条件。在污染流动过程中，忽略浓度不均匀以及断面流速造成的纵向离散作用，假设所有上游来水中的污染物仅通过一级衰减反应到达控制断面。根据《重庆市地面水域适用功能类别划分规定》，长江干流重庆段水域按集中式生活饮用水水源地一级保护区管理，其总体水质适用《地面水环境质量标准》（GB 3838—88）Ⅱ类。重庆主城区、沿江区县政府所在地城镇及市规划的工业区所在地水域，按集中式生活饮用水水源地二级保护区管理，其水质适用《地面水环境质量标准》（GB 3838—88）Ⅲ类，具体功能类别适用见表 7-3。

表 7-3　评价范围内长江干流适用的水域功能区划

市、区县	水域范围	适用功能类别	市、区县	水域范围	适用功能类别
重庆	长江干流重庆段	Ⅱ	忠县	邓家沱-陈家河	Ⅲ
江津	兰家沱-黄谦	Ⅲ	万州	中梁-大舟溪	Ⅲ
重庆主城区（含巴南区）	珞璜镇-鱼嘴镇	Ⅲ	云阳	三坝溪-塘皇沟	Ⅲ
长寿	川江驳船厂-瓦罐窑屯船	Ⅲ	奉节	光武镇-天梯	Ⅲ
涪陵	李渡口-清溪场	Ⅲ	巫山	将军滩-电站	Ⅲ
丰都	湛谱镇-镇江镇	Ⅲ			

嘉陵江、乌江干流重庆段及其一级支流和特殊河流水域，按集中式生活饮用水水源地二级保护区管理（个别河流除外），其水质适用《地面水环境质量标准》（GB 3838—88）Ⅲ类，其功能类别适用见表 7-4、表 7-5。

表 7-4　嘉陵江干流重庆段水域功能类别划分

河流名称	区域	适用功能类别
嘉陵江	入市境处	Ⅲ
	市境内全水域	Ⅲ

注：嘉陵江干流入市境处为古楼镇

表 7-5　乌江干流重庆段水域功能类别划分

河流名称	区域	适用功能类别
乌江	入市境处	Ⅱ
	市境内全水域	Ⅲ

注：乌江干流入市境处为水田村

根据水域功能区划，各类水域功能区中的污染物浓度限值见表 7-6。

表 7-6　污染物浓度限值　　（单位：mg/L）

水域功能	COD_Cr	NH₃-N
Ⅱ类	15	0.5
Ⅲ类	20	1.0

资料来源：《地表水环境质量标准》（GB 3838—2002）

根据国内外水质规划计算规范，结合三峡库区江段水文水质特性，从偏重安全考虑，采用 90%保证率连续 7d 最小流量作为水环境容量计算的设计水文条件，简称 7Q10。

用三峡库区长江干流朱沱断面、嘉陵江北碚断面和乌江的武隆断面作为三峡水库上游入库控制断面，上游来水水质采用 2016 年监测浓度范围的中值作为入库水质条件，见表 7-7。在上游来水水质与 2016 年保持不变的假定前提下，采用前述完全混合模型计算得出三峡库区的水环境容量，见表 7-8。

表 7-7　上游来水水质条件　　（单位：万 t/a）

断面	COD_Cr	NH₃-N
朱沱	2.1	0.32
武隆	1.4	0.37
北碚	2.2	0.16

表 7-8　三峡库区水环境容量　　（单位：万 t/a）

江段	COD_Cr	NH₃-N
库区长江干流	21.04	1.76
嘉陵江	1.60	0.14
乌江	1.78	0.16
合计	24.42	2.06

根据计算结果，对比 2015 年重庆市水污染物排放情况，COD_{Cr} 和 NH_3-N 排放量已超过三峡库区水环境容量，导致三峡库区部分断面水质不能满足规划功能要求。在中长期规划中必须将水环境保护作为优先目标，进一步推动污染治理，削减污染物排放量。

7.5　基于规划环评的三峡库区水环境影响预测

7.5.1　发展情景设置

本书按照近期（2016～2020 年）、中期（2021～2030 年）和远期（2031～2050年）3 个时段设置 4 种情景对规划目标年的三峡库区重庆段水环境影响进行预测。

为了代表不同情景下重庆市的经济社会发展状况，设置以下 4 种情景，对其进行分析预测。

情景一（低速增长情景）：在规划目标和政策取向上，优先考虑环境、资源等因素的制约，以环境改善和经济结构的优化作为首要目标，使区域经济发展维持在低速阶段。

情景二（中速增长情景）：在具有现实可操作性的前提条件下，进行较大的政策调整，突出环境、经济、能源等政策的影响力，目标导向为经济发展与环境保护并重，使重庆市经济社会发展处于中速发展的阶段。

情景三（高速增长情景）：对重庆市的社会及经济发展采取政策刺激和增长点培育，不考虑资源和环境的制约因素，以经济增长为第一目标，大力推进经济发展，使重庆市处于经济社会高速发展的阶段。

情景四（交叉发展情景）：随着经济总量增加，经济增长速度将逐渐放缓，社会和公众更加重视环境保护。考虑到经济社会发展的特征，在不同阶段，应采用不同的增长速度，即近期（2016～2020 年）处于高速发展模式，中期（2021～2030年）处于中速发展模式，远期（2031～2050 年）处于低速发展模式。

各种增长情景下的经济社会和环境发展指标的设置是规划环境影响评价的重要内容，决定了规划目标年的发展水平，也直接决定了规划目标年各类污染物的产生和排放情况。本书在发展指标的设置上，主要考虑重庆市所处的发展阶段、历史数据以及规划愿景三个方面的因素。

根据重庆市统计局公布的数据，"十二五"期间，重庆市全市地区生产总值年均增长 12.8%，总量突破 1.5 万亿元；人均地区生产总值突破 5 万元，超过全国平均水平；工业生产总值年均增长 18.8%。不论是从纵向还是横向上来看，"十二五"期间重庆市经济社会均处于高速发展阶段，这在一定程度上是因为从全市来看，重庆市工业经济基础较为薄弱，"十二五"期间恰逢工业经济起飞的高速增长阶段，同时也得益于持续强劲的投资拉动。但随着人均地区生产总值超过全国平均水平，GDP 年均增长率将不可避免地下降至合理区间。《重庆市国民经济和社会发展第十三个五年规划纲要》将"十三五"期间的地区生产总值年均增长率设定在 9%，正是基于这样的科学判断。此外，随着经济总量的增长和产业结构的持续优化调整，工业经济增速将有所回落，而第三产业产值和比例将持续增长。基于上述认识，本书将 GDP 年均增长率的低中高速值分别设置在 7%、9% 和 11%，将工业总产值年均增长率的低中高速值分别设置在 6%、8% 和 10%。

重庆市"大城市、大农村"的发展格局决定了在今后相当长的一段时期内重庆市仍将处于高速城镇化的阶段。"十二五"期间，重庆市常住人口城镇化率 5 年提高 7.9 个百分点至 60.9%，年均增加 1.6 个百分点。本书将城镇化年均增长率的低中高速值分别设置在 1%、1.5% 和 2%。

近年来，我国人口自然增长率逐渐落入 3‰～5‰。2017 年，重庆市人口自然增长率为 3.91‰。尽管经济发展水平进一步提高，但是居民生育意愿不强，人口自然增长率将长期保持在较低水平。本书将重庆市人口自然增长率的低中高速值分别设置在 3‰、4‰ 和 5‰。

综上所述，重庆市低速增长、中速增长和高速增长情景下的主要经济社会和环境发展指标增长情景见表 7-9。

表 7-9 重庆市各种增长情景下的主要经济社会和环境发展指标增长情景

增长情景	低速增长	中速增长	高速增长
GDP 年均增长率/%	7	9	11
人口自然增长率/‰	3	4	5
城镇化年均增长率/%	1	1.5	2
工业总产值年均增长率/%	6	8	10

7.5.2 预测基准年

以"十二五"末期的 2015 年作为预测基准年，根据相关年鉴和统计资料，预测基准年重庆市经济社会和环境发展指标及污染排放量，见表 7-10 和表 7-11。

表 7-10　预测基准年重庆市经济社会和环境发展指标

指标	预测基准年指标值
地区生产总值/亿元	15 720
常住人口/万人	3 004
工业总产值/亿元	24 400
常住人口城镇化率/%	60.9
城镇人口/万人	1 838.40

表 7-11　预测基准年污染排放量

项目	工业污染	城镇生活污染	农业非点源污染	合计
污（废）水排放量/万 t	2.12	7.94	—	10.06
COD_{Cr} 排放量/t	3.51	12.3	11.75	27.56
NH_3-N 排放量/t	0.22	2.26	1.2	3.68

污染治理方面，根据《重庆统计年鉴 2016》，2015 年，重庆市全市污水处理规模达到 378 万 t/d，城市、乡镇生活污水处理率分别达到 91%、78%。

7.5.3　发展情景下经济环境系统预测

根据发展情景设置，4 种发展情景下的规划目标年重庆市经济社会和环境发展指标计算结果见表 7-12。

表 7-12　规划目标年重庆市经济社会和环境发展指标

指标	情景类别	2020 年	2030 年	2050 年
地区生产总值/亿元	低速增长情景	22 048	43 372	167 836
	中速增长情景	24 187	57 260	320 908
	高速增长情景	26 489	75 214	606 397
	交叉发展情景	26 489.11	62 709.37	242 665.5

续表

指标	情景类别	2020 年	2030 年	2050 年
常住人口/万人	低速增长情景	3 049.33	3 142.06	3 336.05
	中速增长情景	3 064.56	3 189.38	3 454.46
	高速增长情景	3 079.86	3 237.36	3 576.94
	交叉发展情景	3 079.86	3 205.29	3 403.19
常住人口城镇化率 /%	低速增长情景	65.9	75.9	85
	中速增长情景	68.4	83.4	85
	高速增长情景	70.9	85	85
	交叉发展情景	70.9	85	85
城镇人口 /万人	低速增长情景	2 009.51	2 384.82	2 835.64
	中速增长情景	2 096.16	2 659.94	2 936.28
	高速增长情景	2 183.61	2 751.75	3 040.40
	交叉发展情景	2 183.61	2 724.49	2 892.71
工业总产值 /亿元	低速增长情景	43 001.14	133 555.0	1 288 310
	中速增长情景	49 077.12	198 544.3	3 249 483
	高速增长情景	55 821.29	292 159.4	8 003 134
	交叉发展情景	55 821.29	225 828.2	2 178 405

7.5.4 生活污染物产生量和排放量预测

根据相关技术原则，生活污水排放量为用水量的 80%，生活污水排放量按如下公式预测：

$$Q = 0.8 \times 365 \times 0.01 \times A \times L \tag{7-6}$$

其中，Q 为生活污水排放量，万 t；A 为预测年份人口数，万人；L 为人均用水定额，L/（人·d）。

参考生活污水的平均污染指标，取生活污水中 COD_{cr} 平均质量浓度为 350g/t，NH_3-N 平均质量浓度为 25g/t。

根据《重庆市水资源公报（2017 年）》，重庆市居民人均日生活用水量为 136L。考虑到经济发展和生活水平提高，将 2020 年、2030 年和 2050 年居民人均用水定额设定为 160L/（人·d）、180L/（人·d）和 200L/（人·d）。据此预测规划目标年重庆市生活污水和污染物的产生量，见表 7-13。

表 7-13 规划目标年重庆市生活污水和污染物的产生量

项目	情景类别	2020 年			2030 年			2050 年		
		城镇	农村	合计	城镇	农村	合计	城镇	农村	合计
生活污水产生量/万 t	低速增长情景	93 884.27	48 580.48	142 464.75	111 418.80	35 378.04	146 796.84	132 481.20	23 379.04	155 860.24
	中速增长情景	97 932.65	45 243.74	143 176.39	124 272.30	24 735.26	149 007.56	137 183.40	24 208.84	161 392.24
	高速增长情景	102 018.60	41 872.23	143 890.83	128 562.00	22 687.41	151 249.41	142 047.60	25 067.22	167 114.82
	交叉发展情景	102 018.60	41 872.23	143 890.83	127 288.50	22 462.67	149 751.17	135 147.40	23 849.55	158 996.95
COD_{cr} 产生量/t	低速增长情景	328 594.90	170 031.70	498 626.60	389 965.80	123 823.10	513 788.90	463 684.30	81 826.64	545 510.94
	中速增长情景	342 764.30	158 353.10	501 117.40	434 953.20	86 573.42	521 526.62	480 142.00	84 730.95	564 873.00
	高速增长情景	357 065.10	146 552.80	503 617.90	449 967.00	79 405.94	529 372.94	497 166.60	87 735.28	584 901.88
	交叉发展情景	357 065.10	146 552.80	503 617.90	445 509.70	78 619.35	524 129.05	473 016.00	83 473.42	556 489.42

续表

项目	情景类别	2020 年			2030 年			2050 年		
		城镇	农村	合计	城镇	农村	合计	城镇	农村	合计
NH₃-N产生量/t	低速增长情景	82 148.73	42 507.92	124 656.65	97 491.46	30 955.79	128 447.25	115 921.10	20 456.66	136 377.76
	中速增长情景	85 691.07	39 588.27	125 279.34	108 738.30	21 643.35	130 381.65	120 035.50	21 182.74	141 218.24
	高速增长情景	89 266.27	36 638.20	125 904.47	112 491.80	19 851.49	132 343.29	124 291.70	21 933.82	146 225.52
	交叉发展情景	89 266.27	36 638.20	125 904.47	111 377.40	19 654.84	131 032.24	118 254.00	20 868.35	139 122.35

2017 年，重庆市城市生活污水处理率和乡镇生活污水处理率分别为 90% 和 80%。根据《重庆市生态文明建设"十三五"规划》，到 2020 年，重庆市城市生活污水处理率和乡镇生活污水处理率分别为 95% 和 85%，设定规划目标年 2030 年城市生活污水处理率和乡镇生活污水处理率分别为 100% 和 90%，2050 年城市生活污水处理率和乡镇生活污水处理率分别为 100% 和 95%。参考国内外城市污水深度处理后的出水浓度，选取 COD_{Cr} 出水浓度为 30mg/L，NH_3-N 出水浓度为 4mg/L〔均严于现行《城镇污水处理厂污染物排放标准》（GB 18918—2002）中的一级 A 标准〕，进行生活污水污染物排放量预测（表 7-14）。

表 7-14　规划目标年重庆市生活污水和污染物排放量表　　（单位：t）

项目	情景类别	2020 年			2030 年			2050 年		
		城镇	农村	合计	城镇	农村	合计	城镇	农村	合计
COD_{Cr}排放量	低速增长情景	43 186.76	37 892.77	81 079.53	33 425.64	21 934.38	55 360.02	39 744.36	10 754.36	50 498.72
	中速增长情景	45 049.02	35 290.12	80 339.14	37 281.69	15 335.86	52 617.55	41 155.02	11 136.07	52 291.09
	高速增长情景	46 928.56	32 660.34	79 588.90	38 568.60	14 066.19	52 634.79	42 614.28	11 530.92	54 145.20

续表

项目	情景类别	2020 年			2030 年			2050 年		
		城镇	农村	合计	城镇	农村	合计	城镇	农村	合计
COD$_{Cr}$排放量	交叉发展情景	46 928.56	32 660.34	79 588.90	38 186.55	13 926.86	52 113.41	40 544.22	10 970.79	51 515.01
NH$_3$-N排放量	低速增长情景	4 741.16	3 473.50	8 214.66	4 456.75	2 158.06	6 614.81	5 299.25	1 180.64	6 479.89
	中速增长情景	4 945.60	3 234.93	8 180.53	4 970.89	1 508.85	6 479.74	5 487.34	1 222.55	6 709.89
	高速增长情景	5 151.94	2 993.86	8 145.80	5 142.48	1 383.93	6 526.41	5 681.90	1 265.89	6 947.79
	交叉发展情景	5 151.94	2 993.86	8 145.80	5 091.54	1 370.22	6 461.76	5 405.90	1 204.40	6 610.30

7.5.5 工业废水和污染物排放量预测

根据近年来重庆市环境监测和环境统计资料，以预测基准年（2016 年）作为基础，考虑工业废水排放未来变化趋势，进行工业废水污染物排放量的预测，参考国家和地方有关工业污染排放强度，预测工业废水中污染物的产生量。

《重庆市国民经济和社会发展第十三个五年规划纲要》指出，加快技术进步、传统产业结构调整和企业重组，拓展产业链条、调整优化产品结构、创新商业模式，提高企业生产技术水平和效益，全面提升重庆制造整体竞争力和影响力。紧紧围绕"6+1"优势产业，支持汽车、电子信息、装备产业做大做强，拓展发展空间和领域；促进化工、材料等产业调整结构，提档升级；促进食品、纺织等消费品产业和能源产业提质增效。加快实施技术改造、智能制造、质量品牌、工业强基、绿色制造、服务型制造六大工程，促进新一代信息技术与制造技术融合发展，推动生产过程智能化，加强企业技术改造，提升工业"四基"能力，推进绿色制造，推广先进节能环保技术、工艺和装备，加强质量品牌建设，提升重庆制造的品牌价值。随着产业结构的优化升级，高能耗、高资源消耗行业在工业经济中的比例下降，单位工业产值的污染排放量将逐年下降。

《重庆市国民经济和社会发展第十三个五年规划纲要》同时提出，实行最严格的水资源管理制度，以水定产、以水定城，建设节水型社会。加强需水管理，严格用水定额，建立梯度水价制度。大力推进农业节水灌溉，建设一批高效节水灌溉示范区。加强公共建筑和住宅小区节水配套设施建设，推广城市节水产品和器具应用。在煤炭、钢铁、纺织、建材、造纸等重点用水行业加快节水技术改造，到 2020 年，单位工业增加值用水量和单位地区生产总值用水量分别比 2015 年下降 30% 和 29%。推进重点企业、工业园区、污水处理厂等中水回用，加强再生水、矿井水和雨水等非常规水利用。完善清洁生产体系，提升清洁生产技术开发能力和推广应用水平，开展重大关键共性清洁生产技术产业化应用示范。加强清洁生产技术标准体系、审核技术指南等清洁生产技术支撑体系建设。强化清洁生产审核，2020 年规模以上企业清洁生产审核比例达到 90% 以上。加大对企业实施清洁生产的财政支持力度。以清洁生产技术为代表的集约发展模式将带来工业经济废物产生和排放量的下降。

考虑到工业废水和污染物的排放在不同地区、行业之间存在很大差异，如果采用传统的排污系数法进行污染物排放预测，不能反映重庆市工业废水和污染物的实际情况。基于此，本书提出了以预测基准年工业排放数据作为排放参考值，考虑工业经济发展、结构调整和技术进步等因素，进行工业废水和污染物排放预测模型的构建。即

$$Q = q \times p \times \prod_1^m (1-i)^n \times (1-j)^n \qquad (7\text{-}7)$$

其中，Q 为工业污染物排放量，万 t；q 为预测基准年万元工业产值污染物排放量，t/亿元；p 为规划目标年工业总产值，亿元；n 为预测基准年与规划目标年时间间隔，年；i 为经济结构优化的污染物排放量削减系数，近期年份取 0.05，中期年份取 0.04，远期年份取 0.02；j 为技术进步的污染物排放量削减系数，近期年份取 0.03，中期年份取 0.02，远期年份取 0.01；m 为规划目标年与预测基准年之间的年数。

上述模型预测的规划目标年主要工业污染物排放量见表 7-15。

表 7-15 规划目标年主要工业污染物排放量预测

项目	情景类别	2020 年	2030 年	2050 年
工业总产值/亿元	低速增长情景	32 652.70	58 476.02	187 540.52
	中速增长情景	35 851.61	77 400.93	360 762.40
	高速增长情景	39 296.44	101 924.86	685 699.46
	交叉发展情景	39 296.44	84 838.08	272 087.20

续表

项目	情景类别	2020 年	2030 年	2050 年
工业废水 COD_{Cr} 排放量/万 t	低速增长情景	3.12	3.04	4.31
	中速增长情景	3.43	4.02	8.29
	高速增长情景	3.76	5.29	15.76
	交叉发展情景	3.76	4.41	6.25
工业废水 NH_3-N 排放量/万 t	低速增长情景	0.20	0.19	0.27
	中速增长情景	0.21	0.25	0.52
	高速增长情景	0.24	0.33	0.99
	交叉发展情景	0.24	0.28	0.39

7.5.6 农业非点源污染物产生量和排放量预测

从农业发展上看，为确保粮食安全，我国提出 18 亿亩耕地的红色警戒线。未来我国耕地总面积变化不会很大。《重庆市国民经济和社会发展第十三个五年规划纲要》确定耕地指标在规划期内基本保持不变，因此可以预见，未来在中长期尺度上，重庆市农业生产的规模基本保持稳定，未来重庆市农业生产和农业环境保护的变革主要体现在转变农业发展方式，推动农业经济转型升级，走产出高效、产品安全、资源节约、环境友好的现代农业发展道路。

为贯彻落实生态环境部、农业农村部印发的《农业农村污染治理攻坚战行动计划》，推进乡村振兴战略的实施，打好农业农村污染治理攻坚战，加快解决重庆市农业农村的突出环境问题，重庆市 2019 年印发《重庆市农业农村污染治理攻坚战行动计划实施方案》（简称《实施方案》），力争通过 3 年努力，到 2020 年，实现"一保两治三减四提升"："一保"，即保护农村饮用水源，使农村饮水安全更有保障；"两治"，即治理农村生活垃圾和污水，实现村庄环境干净整洁有序；"三减"，即减少化肥、农药使用量和农业用水总量；"四提升"，即提升主要由农业非点源污染造成的超标水体水质、农业废弃物综合利用率、环境监管能力和农村居民参与度。《实施方案》明确提出，将从加强农村饮用水水源保护、加快推进农村生活垃圾治理、加快推进农村生活污水治理、着力解决养殖业污染、有效防控种植业污染、提升农业农村环境监管能力六个方面开展农业农村污染治理攻坚[1]。

《重庆市生态文明建设"十三五"规划》明确提出控制农业非点源污染。编制全市农业非点源污染防治规划。加快推广低残留农药、低毒使用补助试点经验,把太阳能杀虫灯、黏虫板带、捕食螨、性诱剂等纳入病虫害防控补贴范围,把多年生豆科三叶草纳入有机质提升和控草补贴范围,开展农作物病虫害绿色防控和统防统治。实行测土配方施肥,推进营养诊断配方施肥技术向蔬菜、水果等特色经济作物种植拓展,推广精准施肥技术和机具。到 2020 年,化肥利用率提高到 40%以上,测土配方施肥技术推广覆盖率达到 90%以上,农作物病虫害统防统治覆盖率达到 40%以上。

根据"沿三峡库区坡耕地农业非点源污染综合治理技术研究与示范"项目的研究,预计示范区氮磷肥投入量降低 10%~15%,化肥利用率提高 5%~7%,农业非点源径流氮磷损失量减少 30%。肖新成等(2014)研究了三峡库区的农业非点源污染负荷预测,结合三峡库区的预期目标,设定了高排放与低排放两种情景,采用灰色预测模型对三峡库区农业非点源污染的总体排放量进行了预测,结果表明高排放情况下的各类污染物排放量下降幅度并不明显。2011~2016 年,COD、NH_3-N、TN 和 TP 各减少 1%、3%、3%、3%,2025 年比 2011 年各减少 4%、9%、7%、19%。除了在 2025 年 TP 下降幅度较大外,其他年份各污染物下降幅度都比较小。在低排放情况下,2016 年,各污染物下降幅度不到 10%,2025 年各污染物排放的下降幅度超过了 20%,下降幅度显著。根据模型得到的预测值与 3 个样本预测值的误差都不超过 0.01%,模型预测效果较佳,结果精确度高。

农业非点源污染排放无法采用精确的理论模型进行预测。本书参照肖新成等的研究成果,设定农业非点源低排放、中排放、高排放三种情景,对应规划评价中的低速增长、中速增长和高速增长三种发展情景,并参考肖新成等的预测结果,设定三种情景下的主要污染物排放量 5 年下降幅度,见表 7-16。

表 7-16　主要农业非点源污染物排放量 5 年下降幅度(%)

情景类别	COD	NH_3-N
低速增长情景	7	7
中速增长情景	4	5
高速增长情景	1	3

---

[1] 参见《〈重庆市农业农村污染治理攻坚战行动计划实施方案〉印发 从六方面解决我市农业农村突出环境问题》,http://cq.gov.cn/zwgk/zfxxgkml/zdlyxxgk/shgysy/hjbh/201903/t20190308_8807565.html。

根据表 7-16 中的下降幅度，选择 2015 年作为预测基准年，预测规划目标年的农业非点源污染物排放量，结果见表 7-17。

表 7-17　规划目标年农业非点源污染物排放量预测　（单位：万 t）

项目	情景类别	2020 年	2030 年	2050 年
COD 排放量	低速增长情景	10.93	9.45	7.07
	中速增长情景	11.28	10.40	8.83
	高速增长情景	11.63	11.40	10.95
	交叉发展情景	11.63	10.72	8.02
NH₃-N 排放量	低速增长情景	1.12	0.97	0.72
	中速增长情景	1.14	1.03	0.84
	高速增长情景	1.16	1.10	0.97
	交叉发展情景	1.16	1.05	0.79

7.6　规划目标年三峡库区水环境质量

根据上述计算结果，汇总计算各发展情景下重庆市污染物排放量，并对比三峡库区环境容量，据此进行三峡库区水环境质量预测。

7.6.1　低速发展情景

表 7-18 和表 7-19 低速发展情景下的计算结果表明，近期、中期和远期的 COD 总排放量均不超过环境容量；随着社会经济发展的深入，生活污染源和工业污染源的 COD 排放均得到有效治理，农业非点源污染 COD 排放成为主要的污染来源。NH₃-N 总排放量在 2020 年超过环境容量，会导致三峡库区水域功能区水体恶化为Ⅲ类和Ⅳ类水质；中期和远期 NH₃-N 排放量均低于环境容量。

表 7-18　低速发展情景下 COD 排放量　（单位：万 t）

项目	2020 年	2030 年	2050 年
生活污染排放量	8.11	5.54	5.05
工业污染排放量	3.12	3.04	4.31
农业非点源污染排放量	10.93	9.45	7.07
合计	22.16	18.03	16.43

注：COD 环境容量为 24.42 万 t

表 7-19　低速发展情景下 NH_3-N 排放量　（单位：万 t）

项目	2020 年	2030 年	2050 年
生活污染排放量	0.82	0.66	0.65
工业污染排放量	0.20	0.19	0.27
农业非点源污染排放量	1.12	0.97	0.72
合计	2.14	1.82	1.64

注：NH_3-N 环境容量为 2.06 万 t

7.6.2　中速发展情景

表 7-20 和表 7-21 中速发展情景下的计算结果表明，近期、中期和远期的 COD 总排放量均不超过环境容量，但已与环境容量十分接近，水体未来进一步纳污的弹性减小；随着社会经济发展的深入，生活污染源和工业污染源的 COD 排放均得到有效治理，农业非点源污染 COD 排放成为主要的污染来源。NH_3-N 总排放量在 2020 年超过环境容量，会导致三峡库区水域功能区水体恶化为Ⅲ类或Ⅳ类水质；中期和远期 NH_3-N 排放量均低于环境容量。

表 7-20　中速发展情景下 COD 排放量　（单位：万 t）

项目	2020 年	2030 年	2050 年
生活污染排放量	8.03	5.26	5.23
工业污染排放量	3.43	4.02	8.29
农业非点源污染排放量	11.28	10.4	8.83
合计	22.74	19.68	22.35

注：COD 环境容量为 24.42 万 t

表 7-21　中速发展情景下 NH₃-N 排放量　（单位：万 t）

项目	2020 年	2030 年	2050 年
生活污染排放量	0.82	0.65	0.67
工业污染排放量	0.21	0.25	0.52
农业非点源污染排放量	1.14	1.03	0.84
合计	2.17	1.93	2.03

注：NH₃-N 环境容量为 2.06 万 t

7.6.3　高速发展情景

表 7-22 和表 7-23 高速发展情景下的计算结果表明，近期、中期的 COD 总排放量不超过环境容量，但远期总排放量超过环境容量 31.5%，表明高速发展不可持续。NH₃-N 总排放量在近期、中期和远期均超出环境容量，将会导致三峡库区水域功能区水体恶化为Ⅲ类或Ⅳ类水质。

表 7-22　高速发展情景下 COD 排放量　（单位：万 t）

项目	2020 年	2030 年	2050 年
生活污染排放量	7.96	5.26	5.41
工业污染排放量	3.76	5.29	15.76
农业非点源污染排放量	11.63	11.4	10.95
合计	23.35	21.95	32.12

注：COD 环境容量为 24.42 万 t

表 7-23　高速发展情景下 NH₃-N 排放量　（单位：万 t）

项目	2020 年	2030 年	2050 年
生活污染排放量	0.81	0.65	0.69
工业污染排放量	0.24	0.33	0.99
农业非点源污染排放量	1.16	1.10	0.97
合计	2.21	2.08	2.65

注：NH₃-N 环境容量为 2.06 万 t

7.6.4 交叉发展情景

表 7-24 和表 7-25 交叉发展情景下的计算结果表明,近期、中期和远期的 COD 总排放量均不超过环境容量;随着社会经济发展的深入,生活污染源和工业污染源的 COD 排放均得到有效治理,农业非点源污染 COD 排放成为主要的污染来源。NH_3-N 总排放量在 2020 年超过环境容量,将会导致三峡库区水域功能区水体恶化为 III 类或 IV 类水质;中期和远期 NH_3-N 总排放量均低于环境容量。

表 7-24　交叉发展情景下 COD 排放量　　　（单位：万 t）

项目	2020 年	2030 年	2050 年
生活污染排放量	7.96	5.21	5.15
工业污染排放量	3.76	4.41	6.25
农业非点源污染排放量	11.63	10.72	8.02
合计	23.35	20.34	19.42

注：COD 环境容量为 24.42 万 t

表 7-25　交叉发展情景下 NH_3-N 排放量　　　（单位：万 t）

项目	2020 年	2030 年	2050 年
生活污染排放量	0.81	0.65	0.66
工业污染排放量	0.24	0.28	0.39
农业非点源污染排放量	1.16	1.05	0.79
合计	2.21	1.98	1.84

注：NH_3-N 环境容量为 2.06 万 t

7.7　风险情景下三峡库区水环境影响预测

7.7.1　背景

近年来,我国工业企业安全事故频发,安全事故导致的环境污染事故也成为社会舆论关注的焦点。天津爆炸事故和盐城响水爆炸事故是此类事故的典型案例，事件将环境风险一次又一次推上了风口浪尖。

2015年8月12日23时30分左右，天津滨海新区跃进路与第五大街交叉口的一处集装箱码头发生爆炸，发生爆炸的是集装箱内的易燃易爆物品。事故的直接原因是瑞海公司危险品仓库运抵区南侧集装箱内硝化棉由于湿润剂散失出现局部干燥，在高温（天气）等因素的作用下加速分解放热，积热自燃，引起相邻集装箱内的硝化棉和其他危险化学品长时间大面积燃烧，导致堆放于运抵区的硝酸铵等危险化学品发生爆炸。该爆炸事故造成了巨大的损失。依据《企业职工伤亡事故经济损失统计标准》，核定的直接经济损失达68.66亿元。该事故还对事故中心区及周边局部区域大气环境、水环境和土壤环境造成了不同程度的污染，应急监测发现事故区域甲苯和挥发性有机物超标。天津爆炸事故造成严重后果的原因之一，在于有关地方和部门违反法定城市规划，导致重大危险源布局失当。

2019年3月21日14时48分左右，位于江苏省盐城市响水县陈家港镇的江苏天嘉宜化工有限公司发生爆炸事故。发生事故的江苏天嘉宜化工有限公司于2007年4月成立，主要生产化学原料和化学制品，经营范围包括间羟基苯甲酸、苯甲醚等。2016年7月，该公司因违反固体废物管理制度、环境影响评价制度，被盐城市响水县环境保护局处以罚款；2017年9月，又因违反大气污染防治管理制度、固体废物管理制度被盐城市响水县环境保护局处以罚款。

在国家安全监管总局办公厅于2018年2月7日发布的《国家安全监管总局办公厅关于督促整改安全隐患问题的函》中，江苏天嘉宜化工有限公司出现在有关安全隐患清单中，共有13项问题，具体如下。

（1）主要负责人未经安全知识和管理能力考核合格。

（2）仪表特殊作业人员仅有1人取证，无法满足安全生产工作的实际需要。

（3）生产装置操作规程不完善，缺少苯罐区操作规程和工艺技术指标；无巡回检查制度，对巡检没有具体要求。

（4）硝化装置设置联锁后未及时修订、变更操作规程。

（5）部分二硝化釜的分布式控制系统和安全仪表系统压力变送器共用一个压力取压点。

（6）构成二级重大危险源的苯罐区、甲醇罐区未设置罐根部紧急切断阀。

（7）部分二硝化釜补充氢管线切断阀走副线，联锁未投用。

（8）机柜间和监控室违规设置在硝化厂房内。

（9）部分岗位安全生产责任制与公司实际生产情况不匹配，如供应科没有对采购产品安全质量提出要求。

（10）现场管理差，跑冒滴漏较多；现场安全警示标识不足，部分安全警示标识模糊不清，现场无风向标。

（11）动火作业管理不规范，如部分安全措施无确认人、可燃气体分析结果填写"不存在、无可燃气体"等。

（12）苯、甲醇装卸现场无防泄漏应急处置措施、充装点距离泵区近，现场洗眼器损坏且无水。

（13）现场询问的操作员工不清楚装置可燃气体报警设置情况和报警后的应急处置措施，硝化车间可燃气体报警仪无现场光报警功能。

盐城响水爆炸事故造成 78 人死亡，全市医院共接收住院治疗伤员 566 人，其中危重伤员 13 人、重症伤员 66 人。该爆炸事故共造成响水县南河镇、陈家港镇、化工园区等地区民房不同程度受损。响水爆炸事故引起了人们对环境保护中事故风险的极大关注。

三峡库区作为独特的环境地理单元，战略地位极其重要，生态环境又极其脆弱，若三峡库区发生安全事故，导致水污染物直接排放，将对三峡库区水质产生重大影响。

1. 风险评价对象及风险情景设置

《重庆市国民经济和社会发展第十三个五年规划纲要》明确指出，瞄准世界产业革命和科技革命方向，坚持走新型工业化道路，改造提升传统制造业，发展壮大战略性新兴产业，加快推动制造业智能化、绿色化、服务化，建设国家重要现代制造业基地。到 2020 年，工业总产值达到 4 万亿元，工业增加值力争达到 1 万亿元左右，战略性新兴产业产值占工业总产值的比例提高到 25%。工业经济将在未来重庆市经济结构中占据重要地位。

重庆市各区县结合产业特色和地域资源优势形成了为数众多的省级特色工业园区，是重庆市经济发展、对外开放的重要平台和构建内陆开放高地的重要支撑体系。根据重庆市统计局公布数据，截至 2020 年，重庆市除重庆经济技术开发区和重庆高新技术产业开发区 2 个国家级开发区外，有 43 个市级特色工业园区。其中，主城及渝西地区 26 个、渝东南地区 6 个、渝东北地区 11 个。工业园区布局均以长江干流或支流作为工业水源和排污受纳水体，其中一些工业园区沿江而建，园区内企业规模大、工艺复杂、风险因素众多。环境风险事故下的污染排放及其后果成为三峡库区水环境保护所必须关心的问题。

本次评价以重庆长寿化工园区作为研究对象，具有一定的典型性和代表意义。重庆长寿化工园区于 2001 年 12 月经重庆市人民政府批准，在 2002 年 4 月挂牌成立。根据重庆市统计局公布数据，园区首期规划控制面积为 $31.3km^2$，由天然气化工区、石油化工区、化工材料区、精细化工区组成，是集天然气化工、石油化工、新材料及生物化工四大产业于一体的综合性化工园区。园区以天然气乙炔制乙烯（VAE）、聚乙烯醇（PVA）、醋酸乙烯（VAC）维生素项目为核心，以 300 万 t/a

甲醇项目、30 万 t/a 醋酸乙烯项目等项目为重要部分，主要发展下游产品，打造中国最大的天然气化工产业集群。以燃料乙醇项目为龙头，重点以 60 万 t/a 甘薯制燃料乙醇项目，结合生物香料洋茉莉醛等项目。该产业集群形成后，力争投资达到 80 亿元，产值达到 200 亿元。以 6 万 t/a 聚甲醛项目、40 万 t/a 二苯甲烷二异氰酸酯（MDI）项目、10 万 t/a 聚碳酸酯项目等为主，构建西部先进的新材料加工产业集群。

重庆长寿化工园区位于重庆长寿区主城区西部，东起长寿化工总厂，西至长寿区朱家镇石门村，北邻渝长高速公路，南至长江北岸。园区内企业风险因素复杂，其风险排放对三峡库区水质有直接影响。

研究中环境风险评价情景设定为：重庆长寿化工园区发生爆炸、火灾等重大安全事故，导致园区污水处理厂完全失效，污水直排长江。

2. 园区污水处理厂事故情景下的水环境风险评价

在水环境保护方面，重庆长寿化工园区着眼于园区工业污水处理全覆盖、全达标的目标，2007 年建成投运园区污水处理厂，2011 年 9 月与重庆中法供水有限公司共同出资成立了长寿经济开发区中法水务污水处理厂，根据长寿区统计公报，污水处理厂服务面积为 31.3km，设计处理能力达 4 万 t/d。截至 2020 年，服务园区企业达 300 多家，处理污水量达 1.8 万 t/d。园区内所有生产废水、生活污水经厂区内预处理达到《污水综合排放标准》（GB 8978—1996）中三级标准［氨氮排放参照《污水排入城镇下水道水质标准》（CJ 343—2010）］后，进入中法水务污水处理厂，经处理达《化工园区主要水污染物排放标准》（DB 50/457—2012）中的排放标准。对该标准中未规定的指标执行《污水综合排放标准》（GB 8978—1996）中一级标准后排入长江。相关排放标准限值见表 7-26。

表 7-26　《污水综合排放标准》（GB 8978—1996）中污染物浓度限值（单位：mg/L）

项目	COD	BOD5	SS	石油类	氨氮
一级标准浓度限值	100	30	70	10	15
三级标准浓度限值	500	300	400	30	45

注：氨氮三级标准浓度限值参照《污水排入城镇下水道水质标准》（CJ 343—2010）；BOD5 为五日生化需氧量；SS 为悬浮物

表 7-26 中的三级标准浓度限值即中法水务污水处理厂进水水质指标。风险情景设定为污水处理失效，污水处理厂进水不经处理直接排江，排水量取为污水处理厂的设计处理能力 4 万 t/d。

采用断面完全混合法预测事故排放时的水环境影响。根据最不利情况原则，水文资料取枯水期数据，见表 7-27。

表 7-27　风险预测采用的水文数据

项目	流量/（m³/s）	断面平均流速/（m/s）
枯水期值	2950	0.66

资料来源：根据历年《长江三峡工程生态与环境监测公报》整理

采用断面完全混合模式式（7-4）计算，园区污水处理厂事故排放时造成下游断面的各污染物浓度贡献见表 7-28。

表 7-28　事故排放时造成下游断面的各污染物浓度贡献　（单位：mg/L）

项目	COD	BOD5	SS	石油类	氨氮
浓度贡献	0.078	0.047	0.063	0.003	0.007

采用《地表水环境质量标准》（GB 3838—2002）进行事故排放下的水环境质量评价。相关污染指标的浓度限值见表 7-29。

表 7-29　《地表水环境质量标准》（GB 3838—2002）中污染物浓度限值（单位：mg/L）

水质类别	COD	BOD5	石油类	氨氮
Ⅰ类	15	3	0.05	0.15
Ⅱ类	15	3	0.05	0.5
Ⅲ类	20	4	0.05	1.0
Ⅳ类	30	6	0.5	1.5
Ⅴ类	40	10	1.0	2.0

根据计算结果，在上游来水水质为Ⅱ类和Ⅲ类，且占标率100%的情况下，石油类污染物的事故排放浓度贡献将使水体水质由Ⅱ类和Ⅲ类恶化为Ⅳ类，无法满足水体功能规划，石油类事故排放下的浓度贡献相较Ⅱ类水体的浓度占标率为6%。由于江水的充分混合稀释作用，其他的污染物浓度贡献占标率在0.5%～1.5%，不会使水体功能显著变化。

以枯水期水文数据计算，事故排放每持续 1h，将在下游江面上形成长度为 2376m 的污染带。

7.7.2 大型工业项目事故情景下的水环境风险评价

巴斯夫重庆 MDI 项目是近年来三峡库区沿江布局的特大型化工项目，MDI 全称二苯甲烷二异氰酸酯，是生产聚氨酯的基本原料，而聚氨酯被广泛应用于冷热保温绝缘材料，包括冰箱、建筑物、冷冻箱、汽车和供暖制冷系统等，市场需求巨大（图 7-2）。巴斯夫重庆 MDI 项目在重庆长寿化工园区北部拓展区建设，建设地点距长江直线距离 7km、水系距离 15km。该项目在三峡库区沿江工业项目中具有一定的代表性。

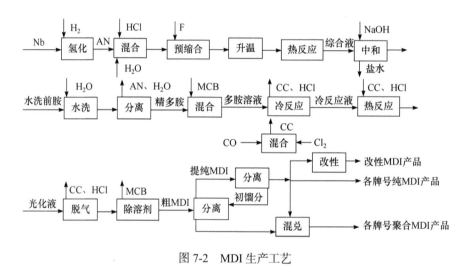

图 7-2 MDI 生产工艺

氢气（H₂）、盐酸（HCl）、氟（F）、氢氧化钠（NaOH）、水（H₂O）、一氧化碳（CO）、氯气（Cl₂）、Nb（铌）、AN（控制开关）、MCB（微型断路器）、CC（沉淀池）

巴斯夫重庆 MDI 项目以重庆化医控股（集团）公司和德国巴斯夫（BASF）集团为投资主体，在重庆长寿经济技术开发区建设，总投资为 80 亿元，项目以 MDI 为核心，建设上、中、下游产品链全面配套的大型化工一体化工程，同时集中建设为化工生产配套的公用工程、辅助设施及行政、生活设施。项目按一体化模式进行建设，总占地 50 多公顷，主要建设内容有：30 万 t/a 苯胺生产装置、40 万 t/a 粗 MDI 生产装置、40 万 t/a 硝基苯生产装置、2 万 t/a MDI 预聚物生产装置各 1 套、40 万 t/a MDI 精制生产装置，配套建设相关辅助设施及公用工程部分，附设库房、分析室、办公大楼及罐区等。项目建成后将成为世界最大 MDI 单体项目。

MDI 挥发性小，容易储存和管理，对人体和环境影响不大，但其生产过程中可能用到的原料和中间产品的环境风险较高。据项目环评公示，巴斯夫重庆 MDI 项目中间产品包括 30 万 t 苯胺生产装置和 40 万 t 硝基苯生产装置。苯胺和硝基苯毒性较强，容易通过呼吸道摄入，长期接触会对人体中枢神经系统造成严重损害。2005 年，著名松花江污染事故就是由硝基苯引起的。2005 年 11 月 13 日，硝基苯精馏塔在中国石油天然气股份有限公司吉林石化分公司双苯厂引起爆炸，造成 8 人死亡、60 人受伤，直接经济损失达 6908 万元。爆炸发生后，约 100t 苯类物质（苯、硝基苯等）流入松花江，对江水造成了严重污染，导致下游城市自来水供应中断，并引发中国与俄罗斯的国际环境纠纷。

国家标准《地表水环境质量标准》（GB 3838—2002）中以集中式生活饮用水地表水源地特定项目的形式规定了硝基苯和苯胺的浓度限值，见表 7-30。

表 7-30　《地表水环境质量标准》（GB 3838—2002）中污染物浓度限值（单位：mg/L）

项目	硝基苯	苯胺
集中式生活饮用水地表水源地特定项目	0.017	0.1

巴斯夫重庆 MDI 项目为 MDI 及其中间产品一体化项目。项目生产时，持续运行，没有中间产品的大量贮存。在风险评价中，项目年生产天数以 250d 计，风险评价因子确定为硝基苯和苯胺两种主要的危险物质，现场风险物质存量以 4h 产量计，见表 7-31。

表 7-31　巴斯夫重庆 MDI 项目现场风险物质存量　（单位：t）

项目	硝基苯	苯胺
巴斯夫重庆 MDI 项目	266.7	200

项目风险情景设置为，项目厂区发生爆炸、火灾等安全事故，导致风险物质随厂区废水排放系统直接排入长江，造成下游江段污染。参照国内外类似工业项目，该项目的废水排放量估算为 160m³/h，以极端情形考虑，认为厂区所有拦污设施在事故中完全失效，园区污水处理厂也受事故影响而失效，导致废水携带危险物质不经处理直接排入长江；从最不利角度，考虑受纳水体的长江江段枯水期水文条件。在此情形下以断面完全混合模式来计算下游江段的污染物浓度贡献，见表 7-32。

表 7-32　巴斯夫重庆 MDI 项目风险排放下的浓度贡献和占标率

项目	硝基苯	苯胺
浓度贡献/（mg/L）	6.28	4.71
占标率/%	36 930	4 708

事故排放将在下游江段形成长达 9504m 的污染带。计算结果表明，在极端不利情况下，巴斯夫重庆 MDI 项目的事故排放将造成严重的污染后果，事故排放下污染带中硝基苯和苯胺相较《地表水环境质量标准》（GB 3838—2002）中集中式生活饮用水地表水源地特定项目的浓度限值分别超标 368 倍和 46 倍，导致下游水体完全丧失水域功能，以长江为饮用水源的下游城市面临断水威胁，污染物毒性导致所过江段所有水生动物和植物遭受灭顶之灾，下游江段生态遭到彻底破坏。

7.8　本　章　小　结

（1）各发展情景下的污染物排放预测表明，随着污水处理率的提高，以 COD 为代表的有机污染可以得到有效控制，但若在长期的时间跨度上让重庆市经济保持高速增长，经济总量增加导致的 COD 排放仍会在远期超过三峡库区水环境容量，导致三峡库区水体无法达到规划水域功能。

（2）即使在低速发展情景下，NH_3-N 仍有可能在近期超过三峡库区水环境容量，这表明在预测情景下，虽然污水处理率持续提高，但技术制约导致深度处理能力不足，使 NH_3-N 排放成为主要的污染问题，在现有的污水处理技术与模式之下，无法保证三峡库区水质保持规划水域功能，使三峡库区水体出现富营养化趋势。中速和高速发展情景下 NH_3-N 排放将显著超过水环境容量。三峡库区水环境现状评价表明，多处断面总磷超标。可以认为，未来三峡库区面临的主要水污染问题为营养物质污染，如不能有效控制，将导致水体功能退化、水华现象频发。

（3）从污染物来源分析，各情景下的预测结果表明，农业非点源污染占污染物排放的比例均在 50%左右，成为第一位的污染排放来源。这是由于针对生活排放和工业排放这样的集中污染问题的治理措施技术和模式都日渐成熟，生活污染和工业污染得到有效控制，而农业非点源污染由于其分散性和复杂性，治理难度较大，已成为未来三峡库区将面临的主要环境压力，必须予以足够的重视，并依靠技术、模式上的创新和变革进行有效治理。

（4）以重庆长寿化工园区作为工业园区环境风险研究案例，风险情景下的环境影响预测表明，园区污水处理厂事故排放带来的江段污染物浓度贡献较低，除石油类外不会造成水体功能的显著恶化。石油类出现超标，其浓度贡献的占标率为 6%，园区污水处理厂事故的环境风险较小。以巴斯夫重庆 MDI 项目作为大型工业项目环境风险评价的案例，研究表明，在极端不利条件下，工业项目的有毒物质硝基苯、苯胺在事故中随厂区废水排放系统直接排入长江，将造成下游污染带中污染物严重超标，造成饮用水源功能丧失、河流生态环境遭到严重破坏。

8 相关政策建议

8.1 关于解决三峡库区入库支流水环境问题的建议

三峡库区蓄水后，水流速度迅速减缓，三峡库区入库支流的水环境问题成为三峡库区水污染综合防治过程中的重要课题。现对三峡库区入库支流的水环境治理提出以下几点建议。

建议一：从流域视角科学划定三峡库区水环境"大保护"的空间范围，把入库支流纳入后三峡时期三峡库区水环境保护的范围之中。

三峡库区水环境保护的空间范围的划分依据要从过去受三峡工程影响角度转向从流域经济和流域生态的角度。新的三峡库区水环境保护的空间范围除了受工程影响的 26 个区县外，入库次级支流及其流经的区域都属于三峡库区水环境保护的重点区域。

建议二：由水利部长江水利委员会成立三峡库区流域综合管理委员会专门机构，下设由省级相关领导组成的高层次省级联席会议和由市级相关政府部门组成的市级联席会议，协同推进三峡库区全流域生态环境管理"大部制"。

由三峡库区流域综合管理委员会统一履行分散在不同部门间的环境监管、环保投入、污染防控等各项环保相关职能，统一制定三峡库区流域保护的中长期发展规划。发挥省级联席会议在流域综合治理的统筹协调功能，市级联席会议具体负责环境管理事务，承担环境建设职能。

建议三：纵深推进入库支流流域的主体功能区划分建设，推进支流流域绿色一体化发展。

综合考虑支流流域内人口、资源、环境和社会等因素，在支流流域建立城市功能核心区和拓展区、城市发展新区、生态保护发展区以及禁止开发区。为此，实行长江上游全流域"规划一张图",加快编制《三峡库区支流主体功能区实施规划》,促进地方各级土地利用、国民经济与社会发展、城市规划、环境保护等多规融合;针对不同功能区因地制宜地提供差异化的财税金融政策、产业政策、土地政策、人口政策、环保政策等配套服务;根据各个功能区发展定位,建立不同的考核指标体系,对各个功能区的经济增长贡献、生活质量提升贡献和生态环境改善贡献赋予不同的考核权重。

建议四:实施支流流域产业发展的正面清单和负面清单制度。

一方面,培育以环保产业为龙头的战略性新兴产业作为支流流域正面清单产业的主要部分。推进生态环境治理与战略性新兴产业深度融合,以新一代信息技术为导向,发展流域大数据产业和智能终端产业;以生物技术为导向,发展生物滞留系统、水体净化装置等生物环保产业;以高端装备制造业为载体,带动高端环保装备制造;以新能源产业为导向,发展新能源汽车产业;以新材料为导向,发展环保新材料。

另一方面,促进印染、造纸、化工以及小水电开发等长江上游流域负面清单产业走向正轨。禁止新建使用煤、重油等燃料的工业项目,禁止新建水泥、采石等大气污染项目,禁止新建造纸、印染、化工等水污染项目;对在建或已建布局不合理、生态环保问题突出的负面产业,综合实施压减、转移、改造和提升工程,明确向高端产业发展的重点领域和主要方向。

8.2 关于尽快开展三峡库区重大项目环境影响后评价的建议

环境影响后评价指编制环境影响报告书的建设项目在通过环境保护设施竣工验收且稳定运行一定时期后,对其实际产生的环境影响以及污染防治、生态保护和风险防范措施的有效性进行跟踪监测和验证评价,并提出补救方案或者改进措施,以提高环境影响评价有效性的方法与制度。

2015年发生的天津"8·12"爆炸事故造成重大财产损失和人员伤亡,为环境风险防范敲响了警钟,引起了社会各界对重大项目环境风险的极大关注。环境影响后评价是防范和化解此类风险的有效手段。三峡工程在建设过程中和建成后均建设了一大批重大项目,如奉节县城选址搬迁、重庆长寿化工园区、巴斯夫重庆MDI项目等。这些项目规模大、环境风险突出,一旦发生事故,后果不堪设想,是三峡库区环境保护中的重点风险源。

三峡库区生态环境十分脆弱,战略地位极其重要。三峡库区环境保护事关国家环境生态安全和中华民族的生存繁衍。三峡工程蓄水后，三峡库区的水环境保护面临诸多不确定因素，为了确保三峡库区水质安全，对三峡库区重大项目开展环境影响后评价非常必要。

8.2.1　三峡库区重大项目环境影响后评价的基本原则

1. 秉持客观公开原则

建议国家财政拨付专项资金，作为三峡库区重大项目环境影响后评价的工作经费。经费在国家行政主管部门和人民代表大会、中国人民政治协商会议的监督下拨付和使用，资金拨付不受重大项目利益相关主体的影响。

由生态环境部牵头，开展三峡库区重大项目环境影响后评价工作，以学术共同体自由推荐的形式，抽调水利、环境、资源、生态、经济、社会等多个领域的权威专家，组成环境影响后评价工作机构，开展自主工作，保证工作机构在学术上的独立性和公正性。

三峡库区重大项目环境影响后评价工作机构应建立完善的信息发布和传播机制，后评价工程中的基础资料、基础数据、评价方法、评价依据以及评价工作报告和评价结论应及时公开发布，相关信息内容纳入政府信息公开，以公开保障环境影响后评价的客观性。

2. 注重战略性原则

三峡库区作为独特的地理单元，库区各环境要素、环境保护对象之间具有整体性、系统性的特征，三峡库区重大项目之间也在能流、物流或上下游关系上密切相关。因此，在三峡库区重大项目环境影响后评价中，除了以传统的项目环评思维，对单个建设项目环境影响进行全面评价外，还应以战略环评的眼光，对相关园区、产业、地方等规划进行战略后环评，以考察三峡库区独特地理单元作为整体时的环境影响。在重大项目环境影响后评价中，也应注意项目之间的联动关系，研究项目之间的相互影响，分析影响叠加、连锁事故等的环境风险及其防范。

3. 坚持极端保护原则

在三峡库区实施最严格的环境管理是国家层面在三峡库区环境保护中的重大决策，战略地位极其重要的三峡水库应视为极端保护的对象。因此，在三峡库区重大项目环境影响后评价中应坚持极端保护的原则，对小概率事故、极端不利情况都应予以充分重视，重大项目分析中对风险防范措施的安全冗余、保证率应给予深入研究和重视，体现最高级别的环境风险防范。

8.2.2 三峡库区重大项目环境影响后评价的内容和重点

1. 对重大项目中减缓和消除不利环境影响的措施进行全面跟踪和评价

进行项目环境保护措施的跟踪评价是环境影响后评价的重要内容之一，也是在后评价中有针对性地提出进一步减缓和消除重大项目不利环境影响的措施的前提和基础。

三峡库区重大项目在设计论证中对环境保护予以了高度重视，并采取了大量的减缓和消除不利环境影响的措施。这些措施是我国在三峡库区重大项目建设中实施最严格环境保护承诺的具体体现，要求与主体工程"同时设计、同时施工、同时投入使用"。三峡库区重大项目竣工投产后，这些环保措施是否得到了落实，效果如何，是环境保护工作最核心的问题。

建议环境影响后评价对三峡库区重大项目环保措施的落实和运行情况进行全面的摸底调查，对是否达到预期效果给予明确评价，并将结论及时公开，监管措施及时跟进。

2. 环境影响报告的相符性评估

相符性评估作为环境影响后评价的中心内容，主要采取对照方法，将项目实施后的实际建设内容、污染源强分析、污染防治措施、清洁生产情况及对环境产生的实际影响等，与原环境影响报告书及其批复文件进行相符性分析，在对比分析过程中，对不符合原环境影响报告的内容，必须进一步分析不相符的原因。

在项目建设、运行过程中，有可能产生不符合经审批的环境影响评价文件的情形。也有可能在项目投产或使用后，相关责任主体逃避环境保护义务，闲置环境保护污染防治设施，造成严重的环境污染或生态破坏，损害公众的环境权益。通过相符性评估，与原环境影响报告进行对比论证，必要时必须及时调整污染防治对策和改进措施以避免上述情况的发生。

3. 拉网式排查重大项目风险源

近年来发生的松花江水污染事故、昆明东川"牛奶河"事件等的惨痛教训提醒我们，在三峡库区环境保护中必须高度重视环境风险防范。近年来，三峡库区沿江建设了为数不少的工业园区和大规模工业项目。这些项目虽经过了环境影响评价，但实际建设和运营过程中的环境风险仍需要进行细致摸排和实地调查。

三峡库区重大项目环境影响后评价中应以拉网式排查的原则对三峡库区重大

项目进行全面环境风险排查。排查不应局限于书面报告，而应该更多地以现场走访、实地踏勘等形式掌握项目运行中的实际情况，对项目风险因素与环境影响报告书发生较大变化的项目予以重点关注。注重排查的有效性，广泛发动社会力量和各级环保监察队伍，掌握全面信息，避免出现偷建、漏报项目的情况。

4. 建立后评价信息数据库和管理系统

采用信息化手段保存和管理环境影响后评价成果，建立后评价信息数据库和重大项目环境保护管理系统。信息系统建设上注重完整性，应以重大项目为信息主体，力求实现项目可行性研究、设计、施工、运营及后评价全过程数据的集成整合，形成完整的项目环境保护信息图景。信息系统应为后期的项目持续跟踪评价预留数据接口，实现项目全生命周期的信息统一管理，为三峡库区重大项目环境保护搭建基础数据平台。

信息系统应实现各地方、各部门之间的互联互通和信息共享，与已建成运行的环境监测信息系统、项目基础数据库等实现数据联动，保证数据的及时更新和全面有效。

8.3 关于规划三峡库区生态屏障带的建议

三峡库区生态屏障带指三峡水库 175m 蓄水位以上，水库蓄水后直接导致区域水热环境变化，同时人类不合理的生产、生活方式直接威胁水库安全运营的生态脆弱带。地质灾害多发区、生态环境敏感带、移民集中安置区在三峡库区交织重叠，加剧了其人口、经济与资源环境间的矛盾，区域生态环境承载力难以承受，可持续发展前景堪忧。为有效控制人类活动，统筹兼顾减震防灾、脱贫致富和生态修复等问题，构建水库生态屏障，参照国内外类似做法，划定特定区域，建设生态屏障带，实施统筹管理十分必要。

8.3.1 合理规划三峡库区生态屏障带的理由

1. 理由一：三峡库区生态屏障带生态压力严峻

生态屏障带是三峡库区生态安全的关键保障区域，承担着削减入库污染负荷的重要任务，但目前其土地利用状况不能完全满足其发挥功能的需要。由于三峡工程完全竣工并全部投产至今仅十余年时间，而因工程建设而导致的三峡库区自身生态系统尚未形成新的平衡，且三峡工程后期进行了移民、泄洪等措施，二者叠加累积加剧了三峡库区生态屏障带的生态压力影响，致使对三峡库区总体生态脆弱区的影响程度再度增加，生态压力不容小觑。

2. 理由二：三峡库区生态屏障带承载力限度持续降低

三峡库区处于四川盆地与长江中下游平原的结合部。在进行三峡大坝工程建设之前，该区域及其附近区域的人口规模、工农业发展无较大波动，生态系统总体来说受人为干扰较少，系统发展运转依赖于自然环境支持与一定的外界物质能量输入，但由于三峡地区复杂的地质地貌、水土流失问题等，环境承载力依然较大。三峡工程建成并成功蓄水后，生态屏障带环境负载率会普遍提高。一方面，大坝建成后淹没一定片区的土地，移民等社会经济反馈投入较大，给大坝生态系统带来较大压力；另一方面，大坝利用强度高，若长期处于这种高强度的环境负荷中，可能使生态系统产生不可修复的功能退化或丧失，即生态系统处于无弹性状态，生态屏障带失去其意义与价值。

3. 理由三：三峡库区自然、经济、社会问题复杂，生态环境承受巨大压力

三峡库区是自然、经济、社会问题交织的复杂区域，一方面，三峡库区是国家重要的水土保持和水源涵养功能区，起着重要的生态涵养功能；另一方面，三峡库区经济社会条件复杂，人口不断增长，移民安稳致富和经济社会持续发展与生态环境保护难以协同，存在重开发、轻保护的现象，污染难以有效控制、森林覆盖率降低、水土流失严重、人地矛盾突出，原因在于对生态屏障带缺乏整体规划和统一管理。

8.3.2 合理规划三峡库区生态屏障带的建议

1. 建议一：分片区定向管理，严格控制各项指标规模

根据距水库不同距离与情况严重程度，将三峡库区生态屏障带划分为不同级别或者不同类型，如生态修复、生态治理、生态保护、生态可利用等，在不同的片区实施不同的管理政策，如生态修复区坚决遏制建设用地开发、耕地耕种等活动，而在生态可利用片区进行适当开发利用等，严格控制用地区域、用地规模、人口迁入迁出等指标，为生态系统恢复创造条件。

2. 建议二：宏观把握生态屏障带建设，实施系统工程与长远布局

三峡生态屏障带是指位于三峡地区这一独特地区的人与生态的复合系统，其生态系统不仅包括自然生态系统，还包括农田生态系统、城市系统等人工干预系统。对于生态系统而言，不仅涉及自身物质能量的流转，还涉及人类对系统的一定生态需求，因此，需要从更大的层面来考虑生态屏障带的建设、维护、运转等以达到生态屏障带的良性循环与持续发展。同时综合考虑时间尺度规划，如生态系统自身的演化规律，避免诸如混交林演变为单独林等新生态问题出现，并加以正向的人为干预，寻求屏障带长远稳定发展。

3. 建议三：明确生态屏障带目标与主导功能定位

三峡库区生态屏障带构建的是整个三峡库区及库区周围的完整的区域自然生态体系。其目标是维护三峡库区生态环境安全与可持续发展，同时进行生态廊道与区域自然板块的连接点的保护。由三峡生态屏障带实践应用角度出发，其主导功能为土壤保持功能、水源涵养功能、生物多样性保育功能。对于不同地区的生态屏障带来说，都有不同的建设目标与突出重点，应根据地区的实际需求来进行一系列建设，并有先后主次重点之分，有序地进行生态保护建设，在做好基础重点区域建设后，再结合人类其他需求进行适当的其他建设，切不可在初始状态时就兼顾经济生态等，导致加剧经济与环境的不利影响，形成恶性循环。

4. 建议四：低海拔地区建设生态农业园，发展"粮果蔬-猪-沼气-粮果蔬+休闲旅游"复合型高效农业模式

低海拔地区增加植被覆盖率，同时通过饲养生猪、开发沼气来保护植被，防止水土流失，通过减少化肥施用和技术革新来防控非点源污染，同时发展休闲旅游生态农业园，推动经济发展；中海拔地区加强果林建设，将荒山荒坡、大坡度田改造成果林，并发展经济林木，控制水土流失；高海拔地区则适合退耕还林，加强三峡库区的绿地建设，防止水土流失。

8.4 关于科学优化后三峡时期三峡库区流域生态涵养范围的建议

三峡库区位于长江流域腹心地带，地跨湖北省西部和重庆市中东部，辖区面积约5.8 万 km^2。三峡库区是中国最大的淡水资源库，控制流域面积 100 万 km^2，占流域总面积的 56%，是长江流域重要的生态屏障，也是全国重要的生态功能区之一。要实现三峡库区"两岸青山，一库碧水"，需要从传统区域发展视角转变到流域发

展视角，摆脱对三峡库区的传统固有界限，重新定义三峡库区，科学划分后三峡时期的三峡库区生态涵养范围。

8.4.1 科学划分三峡库区生态涵养范围的理由

1. 理由一：前三峡时期三峡库区的首要任务是三峡工程建设和移民安置，后三峡时期三峡库区的首要任务是生态环境保护与移民安稳致富

前三峡时期，三峡库区的首要任务是三峡工程建设和移民安置，划分了仅限于因修建三峡水电站而淹没的湖北和重庆 26 个区县，还依据地理空间位置差异划分为库首、库腹、库尾。在三峡库区蓄水前，这是合理的、具有现实意义的划分。但随着在 2011 年 5 月 18 日，国务院发布《三峡后续工作规划》，三峡库区进入后三峡时期。三峡库区的首要任务由成库前的三峡工程建设和移民安置转变为生态环境保护和移民安稳致富。对于战略任务的转变来说，现有的三峡库区界定已无法适应新发展要求，亟须重新定义三峡库区。

2. 理由二：后三峡时期三峡库区的难点重点在于流域生态环境保护

三峡库区水系发达、江河纵横。三峡工程坝址以上控制流域面积 100 万 km²，占流域总面积的 56%。三峡库区流域不仅涉及长江干流和嘉陵江、乌江，区域内还有流域面积 100km² 以上的支流 152 条、流域面积 1000km² 以上的支流 19 条。当前在研究三峡库区生态环境保护和治理时，多数研究者并未考虑到支流流域，而实际上三峡库区长江支流入库水体的污染物浓度是三峡水库上游来水的 2.9 倍，显然现在三峡库区的空间范围比较局限，没有覆盖到受三峡工程影响更广的流域，三峡库区主体功能是生态涵养，首要任务是生态环境保护。生态涵养和生态环境保护须从流域源头抓起，把被忽视的上游地区、支流流域统一纳入考虑范围，因此上下游间、行政区划间的保护与治理协同是三峡库区发展的关键。

3. 理由三：当前政策规划不适应后三峡时期三峡库区发展

三峡库区是我国的焦点区域，国家在决定修筑三峡大坝以来，出台了众多关于三峡工程建设、库区移民搬迁安置、生态环境治理与保护等的重要文件。在一定时间段内，实施的政策规划是富有成效的，但进入后三峡时期，政策规划还是依据以前的三峡库区范围来颁布实施，统一实施、统一安排，区域之间并无明显差异，显然未考虑到三峡库区各区县实际发展情况。另外，在三峡库区，库腹较为落后，库尾是高度发达的重庆主城区。这种发展差距也会成为流域内的合作障

碍。克服这些障碍需要中央政府扶持，更需要创新划分库区新范围，制定流域管理的新政策。

8.4.2 科学划分三峡库区生态涵养范围的意义

三峡库区位于长江流域腹心地带，控制流域面积 100 万 km²，是长江流域的重要生态屏障，而在后三峡时期，因淹没而受影响的空间并不等于可持续发展空间。面临新机遇、新挑战，三峡库区生态涵养范围需要从受工程影响的角度转变为从流域经济和流域生态的角度去界定，调整三峡库区生态涵养范围十分必要、势在必行，并且具有十分重要的意义。

（1）有利于三峡库区政策优化，科学划定三峡库区范围，保障国家、地方制定准确、高效的政策，从而完善三峡库区管理机制，有效引领三峡库区的正确发展。

（2）有利于涵养水源，防止土壤退化，遏制水土流失，保护生物多样性，调节生态功能，从而改善库区生态环境，确保整个长江流域的生态安全。

（3）有利于调整三峡库区土地利用结构及经济结构，培植新的经济增长点，开辟扶贫解困的新途径，从而促进三峡库区经济持续发展，不断提高三峡库区人民生活水平。

（4）有利于改善三峡库区居民的生存与发展条件，保持社会稳定，从而保证三峡库区的长治久安，促进经济与社会协调发展。

全面掌握三峡库区自然、经济、社会基本情况，重点维持三峡库区生态环境系统稳定，创建三峡库区生态文明，将后三峡时期的三峡库区规划为完整的生态保护和水源涵养区地域单元，并规定各区的功能和环保要求，三峡库区以"水"为纽带，以三峡库区移民安稳致富和生态环境保护为核心任务，实现流域的全面可持续发展。

8.5 关于夯实三峡库区生态文明先行示范区建设的制度基础建议

战略环评是指对政府政策、规划及项目（policy，plan & program，PPP）中拟议的人为活动可能造成的环境影响进行分析研究、预测和估计，论证拟议活动的环境可行性，为国家和地方的产业结构调整、工农业布局和环境保护、环境管理提供科学依据，为政府的重大决策提供服务。其目的是，在政策、规划、项目被提出时或至少在其执行前的评估中，可以为决策提供一种工具，使其能充分觉察出有关政策、规划、项目对环境和可持续发展产生的影响。战略环评是促进人类社会经济进步、实施可持续发展战略的重要手段。战略环评包括规划环评、政策环评和项目环评三个维度。

《中华人民共和国环境影响评价法》《规划环境影响评价条例》明确要求一地、三域、十个专项规划在规划编制时应同期组织开展规划环境影响评价工作。三峡库区近年来开展了规划环评工作，但由于各方面的原因，尚未做到应评尽评，而政策环评和计划环评均尚未开展。

8.5.1　加强和完善三峡库区战略环评的意义

三峡库区生态环境十分脆弱，战略地位极其重要。三峡库区环境保护事关国家环境生态安全和中华民族的生存繁衍，是一项长期而艰巨的重大历史使命。对三峡库区加强和完善战略环境影响评价，是三峡库区环境保护工作的重要抓手。开展战略环评有利于从源头预防环境污染和生态破坏的作用，推动实现"十三五"绿色发展和改善生态环境质量总体目标。战略环境影响评价是减少污染、保护生态环境的前置性措施，相当于环境保护的第一道闸门。

三峡工程蓄水后，三峡库区的水环境保护面临诸多不确定因素。尽管三峡库区长江干流水质总体保持稳定，但由于水文、河道等发生变化，水流速度减缓，自净能力下降，部分支流下游回水区水环境质量有下降趋势，加上江面漂浮物打捞工作任务繁重，农业非点源污染，畜禽、水产养殖以及船舶污染等影响，三峡库区水环境保护压力极大。加强和完善三峡库区独特地理单元战略环评，是保护三峡库区生态环境，实现三峡库区可持续发展的重要抓手。打破行政区界限，以三峡库区作为战略环评的重点地区，一方面有助于三峡库区生态环境保护工作的深入，另一方面可以为在全国范围内开展战略环评工作，推行流域一体化综合治理探索经验。

8.5.2　三峡库区战略环评中存在的问题

1. 缺乏系统的三峡库区环境容量研究

环境容量研究是开展战略环评的基础，环境容量是指某一环境区域内对人类活动造成影响的最大容纳量。目前，由于三峡库区自身涉及范围广，加上与之相关的上、下游流域，如此广域尺度上的环境容量研究因为影响因素多、机理复杂，具有相当大的技术难度和操作难度，很难由单一地方、单一部门或机构实施和执行。这导致关于三峡库区环境容量的研究虽屡有出现，但总体呈现出"散点式"的特征，缺乏从系统和全局的高度对三峡库区乃至包含上下游环境质量的"输入—响应"关系的研究，使三峡库区战略环境影响评价缺乏必要的理论支点和数据支撑。

2. 规划环评成为"马后炮"

目前，规划环境影响评价工作最大的问题是规划环评未能及时有效地介入决策，三峡库区亦是如此。一些部门是在做完规划后再去做规划环评的，即使环评结果有问题，也没有可以替换的规划或方案。政府部门为了使相关政策、规划、项目尽快落地实施，以及评价机构为了迎合政府部门的要求，往往使规划环评成为"例行公事"。省市、区县各层级在战略和规划编制时期，编制部门和环评部门互动较少，导致规划环评发挥的余地很有限；也无法通过评价各种方案优劣做出最佳决策，反而成为规划论证通过的"背书"。

3. 跨行政区域环境信息缺乏交流共享

三峡库区环境保护不仅是重庆、湖北两地的责任与任务，在流域关系上也与上游四川、云南、贵州等省份，甚至在生态补偿机制等方面与下游经济发达省市息息相关。2007 年国务院三峡办水库管理司、中国科学院资源环境科学与技术局、中国科学院遥感应用研究所共建"三峡工程生态与环境监测系统信息管理中心"，建成了三峡工程生态与环境监测信息系统。这一系统担负着三峡工程竣工后的环境质量监测的重要任务。战略环境影响评价需要经济、环境、资源、社会等多方面的基础资料和数据，仅有这一个系统无法满足要求。目前，各相关省市经济与环境等方面的信息资源处于条块分割状态，无法有效互联互通、资源共享，这成为实施库区战略环境影响评价的重大制约和障碍。

8.5.3 加强和完善三峡库区战略环评的政策建议

1. 政府协调开展三峡库区环境容量研究

开展全面系统的三峡库区环境容量研究，需要充分发挥中央政府的全面领导和协调作用。建议从三峡环境保护的高度出发，采用国家重点科技专项等形式，由中央政府安排专门经费，协调各地方关系，将三峡库区作为一个完整的环境系统进行系统研究。通过全面攻关，形成明确权威的三峡库区生态环境、水环境、大气环境、土地资源承载力等方面的环境容量研究结论，作为三峡库区开展战略环境影响评价的基础和支撑。

2. 战略环评及时并有效地介入政策和规划决策

政策和规划环评属于决策辅助工具，应由制定部门牵头开展，环保部门可发挥咨询和指导作用，在一开始便介入决策制定。三峡库区政策和规划环评的推进应从试点项目开始，在取得决策部门的认同后，再逐步推广实现制度化。三峡库区地位特殊，意义重大，建议将政策环评在三峡库区先行先试，打破行政区界限，以三峡库区作为政策环境影响评价的试点地区，一方面有助于三峡库区环境保护工作的深入进行，另一方面可以为我国推行全面的政策环境影响评价探索经验。

在环评对象上，宜优先考虑对三峡库区经济活动影响较大、会改变土地利用方式、大量消耗资源和能源的规范性文件，以全面有序的原则将政策环评逐步聚焦重点领域，逐步构建适合三峡库区的政策环评理论和方法体系；在环评领域上，应优先考虑工业、农业、交通、城镇化、减贫、能源、河道等与资源环境密切相关的政策和规划；在环评时序上，对拟议的政策文件首先进行环境预测分析，对执行过程进行环境跟踪分析，对政策结果开展总结评价。

3. 重视对产业园区规划实施的跟踪评价

三峡库区近年来沿江规划和布局了大量的产业园区，这些园区的污染治理和排放对三峡库区环境有重大影响。要对三峡库区产业园区做好跟踪评价工作，预防那些可能对周围环境造成重大影响的事故发生，及时调整环境保护对策和措施。跟踪评价的实施，主要是对产业园区的规划环评进行分析，对比现实，寻找问题，提出对策，对发现有明显不良环境影响的，及时提出改进措施。建议从国家部委层面，以生态环境部和国务院三峡办联合行文的形式，对三峡库区实施规划环评跟踪评价的对象、范围、时效性，程序和内容等进行明确界定，使产业园区规划环评的跟踪评价成为三峡库区环评保护的制度性工作，使产业园区这一三峡库区主要环境影响主体处于持续动态性的监控之下，以提高污染预防与治理的及时性和有效性。

4. 健全跨区域生态环境信息共享机制

建立省市环境信息共享平台，共享环境质量、污染排放以及污染治理技术、产业布局与规划、政策等信息；共建区域生态环境监测网络，三峡库区相关上下游省市在国家统一的大气、水、土壤环境质量监测和污染源监测技术规范的指导下，共同研究确定统一的监测质量管理体系；针对跨区域的环境污染事件以及区域性环境污染问题，共建预警会商和应急联动工作机制；针对可能对三峡库区大气环境、水环境、生态环境产生重大影响的重点行业规划、园区建设规划和重大工程项目，实施全过程信息共享的环评会商。建立环境信息资源共享系统还有助于各地间进行战略环评理论研究和实践经验的相互交流、相互协同、互通有无，进而进一步支持三峡库区战略环评工作的开展。

8.6 关于建设三峡库区国家生态涵养发展示范区的建议

十八届三中全会通过的《中共中央关于全面深化改革若干重大问题的决定》指出，"坚定不移实施主体功能区制度，建立国土空间开发保护制度，严格按照主体功能区定位推动发展"。2021 年，课题组围绕"三峡库区生态涵养发展及生态产品生产能力建设"问题，赴三峡库区多个区县调研，并召开了多次专题座谈会，由此提出关于建设三峡库区国家生态涵养发展示范区的如下建议。

8.6.1 三峡库区在提供生态产品上具有重要地位

生态产品能维系生态安全、保障生态调节功能、提供良好人居环境，是人类生存和可持续发展的物质基础。三峡库区区位特殊，为长江流域乃至国家可持续发展提供了必不可少的生态产品，具有不可替代的生态功能。

1. 影响长江流域乃至更广地域的生态产品生产能力

三峡库区地处四川盆地与长江中下游平原结合部，跨越鄂中山区峡谷及川东岭谷地带，北屏秦岭大巴山、南依川鄂高原、武陵山区，涉及三峡库区水土保持重点生态功能区、秦巴生物多样性生态功能区、武陵山生物多样性与水土保持重点生态功能区等 3 个国家重点生态功能区，是长江流域的重要生态屏障，对维系长江流域乃至更大范围的生态安全具有至关重要的作用。其生态环境一旦遭受破坏，不仅自身生态产品生产能力将大大降低和退化，整个长江流域乃至更大范围区域都将受到影响。

2. 在生产清洁水源等重要生态产品方面具有不可替代的作用

三峡库区维系着占全国 35%淡水资源的长江流域特别是其中下游流域 3 亿多人口的用水安全。三峡水库蓄水总量为 393 亿 m^3，是全国最大人工水库，作为南水北调中线工程重要的补充水源地，为超过全国一半人口和近 1/4 幅员范围提供用水。利用三峡水库巨大的水资源调节功能，还可以实现水资源时间、空间的合理调配，达到水资源的高效和可持续利用。

8.6.2　三峡库区生态产品生产能力面临退化的趋势

　　经调研了解到，尽管近年来三峡库区生态涵养能力建设取得了一定成效，如三峡水库长江出口断面连续 7 年保持Ⅱ类水质，三峡水库来沙量和出水含沙量仅为设计预期的 40% 左右，水土流失范围比 20 世纪 80 年代下降 23.9%（陈国建等，2009），然而受人为因素和自然因素影响、三峡库区水体生态系统的巨大变动以及移民迁建与三峡库区经济发展的生态压力叠加，三峡库区仍然明显呈现生态退化趋势，其生态产品生产能力正面临逐渐降低的形势。

　　（1）水土流失依旧严重。 因过重的人口负载和过度的土地开发，三峡库区中度及以上水土流失面积占土地总面积达到 42.7%，高于全国平均水平的 37% 和长江流域平均水平的 31.2%（陈国建等，2009）。

　　（2）水环境质量呈现恶化态势。 农业非点源污染已成为三峡库区水环境安全的首要威胁，占入库污染负荷的 60%（陈国建等，2009）；随着蓄水后水文条件的改变，污染物吸附于库底沉积物，成为引发水质暴发性恶化的重大隐患。监测表明，长江、乌江及嘉陵江干流水质已从蓄水初期的Ⅱ类为主降为Ⅲ类为主。

　　（3）地质灾害风险加剧。 水库蓄水改变了临水岸坡岩体物理力学性质和水动力条件，对地质环境压力加大、干扰加剧，地质灾害发生频率增加、危害程度加深，近 10 万人受到地质灾害的威胁而面临搬迁。

　　（4）消落带问题尚未破解。 三峡水库实行冬季高水位、夏季低水位运行，水位在 175m 与 145m 间变换，形成高差 30m、面积 300 多 km^2 的消落带（陈国建等，2009），对水库水质和地质稳定影响巨大。

8.6.3　三峡库区生态环境退化的主要原因

　　（1）生态环境脆弱。 三峡库区位于我国地形第一阶梯向第二阶梯过渡地带，山多地少，山地丘陵超过 98%；山高坡陡，最大相对高差超过 2500m；地形破碎，生态脆弱区占 30%。其自然生态系统稳定性较差，极易受到干扰和破坏（陈国建等，2009）。

　　（2）人口超载严重。 2013 年三峡库区人口密度高达 359 人/km^2，是全国平均人口密度的 2.6 倍。因人多地少，陡坡过度开垦，15°以上坡耕地达 40%，25°以上陡坡耕地达 670 万亩。大量人口分布在生态环境脆弱的高山地区和地质灾害易发区（陈国建等，2009）。

（3）**物质基础薄弱**。三峡库区人均 GDP、人均可支配收入、人均财政收入均低于全国平均水平。因地方财力不足、环保设施建设滞后，60%的乡镇和 90%的农村中无任何污水处理设施；因缺乏稳定的运行经费来源，加之管网配套率差，近 50%已建污水处理设施运行不正常或未运行（陈国建等，2009）。

（4）**政策支撑不足**。一是规划统筹引导不足。截至 2016 年，涉及三峡库区生态涵养的规划有《三峡库区经济社会发展规划》《三峡后续工作规划》，以及各级土地利用总体规划、国民经济与社会发展规划、城乡建设规划、人口发展规划等。由于各规划间统筹不足，生态产品生产能力建设没有形成合力。二是考核制度不完善。现行考核制度偏重经济指标，对生态环境质量、生态产品生产能力建设等指标重视不足。三是财政政策不完善。中央的转移支付，包括国家重点生态功能区生态补偿基金的资金额度与生态产品供应多少、质量高低、生产能力大小不挂钩。四是人口迁移政策限制。由于户籍制度及相关配套政策限制，三峡库区 500 多万外出农民很难在流入地落户，仍然对三峡库区生态产生压力。此外，国家对高山生态移民、地质灾害移民等补助标准低，难以引导人口转移出生态脆弱区。

8.6.4 关于设立三峡库区国家生态涵养发展示范区的具体建议

鉴于上述原因，建议设立三峡库区国家生态涵养发展示范区，转变发展理念，调整功能定位，强化规划统筹，实施重大工程，优化水库运行方案，从国家战略层面构建政策支撑体系，以改善库区生态环境，提升其生态产品生产能力。

1. 明确示范区的核心理念、功能定位、主要目标和主要任务

示范区的核心理念应包含以下内容。一是增强生态产品生产能力就是发展的理念。保护和扩大生态产品生产能力，满足人民群众日益增长的生态产品需求，应是科学发展的重要内容。二是共享生态产品就是生态产品的外部性理念。三峡库区的生态产品不仅大量供给本区域，还保障了长江中下游乃至全国的生态安全。三峡库区生态产品生产能力的增强应由中央及相关各级地方政府共同负责。三是提供生态产品是政府职责的理念。生态产品是人民群众的基本需求，是经济社会可持续发展的必要条件，是重要的公共产品，应纳入基本公共服务范畴，所需投入应由中央及各级财政共同承担。

示范区的功能定位应包含：一是国家可持续发展所必需的生态产品生产基地，二是维护和增强生态产品生产能力的制度创新基地，三是生态建设的重大工程示范基地。

示范区的主要目标在于：提出符合三峡库区生态特征和环境条件，达到国家

有需求、财政可支撑、地方可承受、可测度和可考评的具体目标以及相应指标体系，包括主要生态产品生产能力、产品质量标准和生产规模等，以确定各级政府相关职责、各级财政分担比例。

示范区的主要任务应包含：一是维护和增强生态产品生产能力，为社会提供稳定的生态产品；二是探索区域环境保护和生态功能综合管理新途径、新机制，开展生态文明建设相关制度创新试点；三是实施生态建设重大工程的技术路线和工作机制的示范。

2. 构建示范区的政策支撑体系

强化规划的统筹引导作用。编制《三峡库区国家生态涵养发展示范区建设规划》，将国家生态涵养发展示范区的功能定位、主要目标和主要任务予以落实、细化。以示范区规划为依据，修编调整各级土地利用、国民经济与社会发展、人口等相关规划，确保各类规划间充分衔接，解决现有各类规划不协调、不叠合问题。

建立目标责任制与考核评价制度。三峡库区先行先试，将生态产品生产规模、质量及生产能力作为考核评价指标和政府重要责任，将考核评价结果作为政绩评价的重要依据，促进各级政府及干部维护和增强生态产品生产能力的自觉性、主动性、积极性。

强化公共财政的支撑作用。建立基于维护和增强生态产品生产能力的公共财政支撑政策体系。公共财政既要支付为维护和增强生态产品生产能力的直接投入，也要补偿为此而付出的经济发展机会成本。同时，按照生态效益外部性理念及"谁受益、谁付费"原则，建立合理的各级财政分担机制。

完善三峡库区人口减载政策。加强三峡库区生态承载力研究，确定三峡库区合理人口承载能力。积极推进户籍及相关配套制度改革，促进三峡库区外出农民及其家属在流入地安家落户，降低三峡库区人口总负载。加大地质灾害搬迁避让与高山生态移民等国家补助力度，促进生态脆弱区居民向外迁移，使三峡库区人口分布与其生态功能格局有序适应。

3. 加快实施生态建设重大工程

生态退化的肇始与其严重后果的显现具有较长时滞，生态环境暴发性恶化后，再予以治理则事倍功半，实施三峡库区生态建设重大工程刻不容缓。

实施农业非点源污染防治工程。大力实施养殖污染治理工程、测土配方施肥工程、农田化肥减量增效工程、沃土工程、农村环境综合整治工程，以控制对三峡库区水质富营养化的最大威胁。

实施"退耕还林工程"和"长江防护林"等工程。在巩固第一轮退耕还林成果的基础上，在三峡库区率先启动新一轮退耕还林工程，对其 670 万亩 25°以上坡耕地以及部分生态脆弱区的 15°以上坡耕地实施退耕。将三峡库区纳入"长江防护林"三期工程建设范围，分年度安排建设任务。

实施"长江上游水土流失重点防治工程"。把三峡库区作为长江上游水土流失重点防治工程中的重中之重，增加防治经费投入，提高单位面积国家投资补助标准。

实施环保基础设施建设工程。着力推进乡镇和农村环保基础设施建设，提高基层环保配套设施覆盖度；对基层环保设施运转经费给予经常性的财政补贴，确保其正常运行。

4. 调整三峡水库运行方案

随着长江上游梯级开发，以及防洪预测预报水平的提高，适当提高三峡水库夏季低水位，不仅不会影响防洪效果，还可起到缓解水库富营养化等生态压力的效应。建议适度提高三峡水库夏季低水位（从 145m 调高至 160m 左右），以减少消落带面积，增加水库库容，促进三峡库区水环境优化。

8.7　关于构建三峡库区"五位一体"生态补偿机制的建议

生态补偿作为一种新型的资源环境管理制度，是实现生态文明的重要政策措施。它将资源环境外部的、非市场化的价值转化为对当地环境服务提供者的财政激励，在协调生态保护过程中的各方利益关系、维护社会公平、提高生态系统服务功能等方面发挥着积极的作用，一直是近几年来中国生态保护中亟须解决的一个重大问题。

2005 年，党的十六届五中全会首次提出"按照谁开发谁保护、谁受益谁补偿的原则，加快建立生态补偿机制"。第十一届全国人民代表大会四次会议要求研究设立国家生态补偿专项资金，推行资源型企业可持续发展准备金制度，加快制定实施生态补偿条例。在新常态下，党的十八大和十八届三中全会对生态文明建设的重要性和紧迫性也做出了科学论述，把生态文明建设纳入"五位一体"总体发展战略中进行谋划和部署，明确要求建立反映市场供求和资源稀缺程度、体现生态价值和代际补偿的资源有偿使用制度和生态补偿制度。全国人大连续 3 年将建立生态补偿机制作为重点建议，表明建立生态补偿机制的重要性和迫切性。

三峡库区是长江流域重要的生态屏障，也是国家战略性淡水资源库，在生产国家必需生态产品方面具有重要且不可替代的地位。其中,三峡库区生态环境建设与保护是三峡后续工作的三大重点任务之一,关系到三峡库区和长江中下游地区的可持续发展。近年来,各级政府对三峡库区生态补偿做了大量工作,如在退耕还林、污染企业关停并转、污水处理厂与管网建设、污水处理厂运行补贴、生活垃圾处理、库区绿化、公共基础设施建设、取消网箱养鱼等方面都给予了政策引导和资金支持。然而,三峡库区生态补偿还处于起步阶段,在实施的过程中出现了诸多问题。

8.7.1　当前三峡库区生态补偿面临的主要问题

环境资源是一种公众福利资源。三峡库区人民为保护这一公共福利资源做出了巨大的贡献。经济发展受到限制、与长江中下游的差距拉大,这些发展不均衡问题威胁到社会公平、和谐、稳定。完善生态补偿机制是解决这些问题的关键。目前主要存在的问题有以下几个方面。

1. 生态补偿缺乏法律的指引,农业非点源污染控制的生态补偿制度体系尚未完全建立

目前,三峡库区生态补偿仍没有明确的规定,生态补偿缺乏法律法规的制度保障及农业非点源污染控制的生态补偿制度体系。三峡库区人口多、耕地少,人地矛盾大,土地垦殖率高,化肥、农药、农膜等农用化学品大量使用,使三峡库区农地、水体污染呈现加重态势。三峡库区农业非点源污染监测尚未完全常态化、制度化,仅有部分区县开展了农业非点源污染定位监测及其培训,且工作人员的定位监测能力仍有待提高,也就是说尚未形成健全的农业非点源污染监测体系。根据调查统计,2001~2014 年,三峡库区地表水质农业非点源污染物主要来自农业化肥以及农村生活,其中贡献份额最大的为农业化肥,其次是农村生活。其中,重庆库区受化肥污染的贡献份额呈上升趋势。

2. 缺乏针对性的专项资金

目前,各级政府采取对三峡库区的补偿措施中,大多数是关于移民生计和库区产业恢复的单纯从资金方面进行的“造血式”经济扶持,如对口支援经济、移民补偿、扶贫资金、后扶资金等,而真正实施“生态”补偿的并不多。另外,目前关于三峡库区的补偿资金均是由中央财政资金纵向转移支付的,且这部分资金是专门拨付给贫困地区的,并不是生态补偿的专项资金。

生态补偿大部分依靠国家资金的投入,一方面中央不可能全盘负担和支持所

有的生态补偿所需的资金，另一方面地方政府自由资金不足又导致地方不得不更加依赖国家的投入；国家的投入通常是通过具体的项目安排实施（如"退耕还林项目"等），过分依赖项目安排建立起来的生态补偿机制存在资金来源单一、持续性不强、不利于开发地区和使用地区的利益规制、项目期后的政策效果不确定等问题，这就造成了中央财政负担过重，补偿机制难以长期有效地运行下去。

3. 缺乏明确的生态补偿管理机构

三峡库区涉及重庆市和湖北省的20多个区县的277个乡镇、1680个村、6301个组，其中2座城市、11座县城、116个集镇全部或者部分重建（任红和谢泽，2018）。目前，三峡库区虽然已经进行了综合开发，但并没有明确的生态补偿管理机构，导致在实际中三峡库区不同行政区域之间、不同职能部门之间事权不明、职责不清、交叉严重、权威性和合理性不足。

4. 缺乏市场化机制

三峡库区大多数资源的生态保护还缺乏市场化机制的调节，如湿地保护在市场经济手段的运用上基本处于空白。针对日益稀缺的湿地资源，尚未统一征收任何资源使用和保护性税费，也没有征收因占用、开垦建设等造成环境破坏的惩罚性税费，尽管有零散的一些部门事业性收费，还由不同政府部门收取和使用，诸如针对水资源的使用费和排污费也并未用于湿地的保护和恢复中。

8.7.2 构建三峡库区"五位一体"的建议

1. 区域生态补偿

建立不同功能区域生态补偿机制。如以重庆市不同功能区为主体，对相应区县进行对口补偿；从中央财政资金中划出专项资金，如建立市级生态补偿基金，建立不同功能区差异化生态补偿标准，优化财力配置结构，加大对渝东北生态涵养发展区和渝东南生态保护发展区等重要生态功能区的转移支付力度。

2. 流域生态补偿

基于"受益者付费和破坏者付费"原则，从流域的角度出发，建立流域上中下游的生态补偿机制，中下游受益地区或群体补偿上游。如上海对三峡库区的补偿，可以通过每年引导上海旅行社开通三峡旅游，并由上海市财政对旅行社进行补贴。另外，由生态环境部牵头，设立三峡库区（流域）环境保护分支机构，由重庆市生态环境局和湖北省环境保护厅及其下属市（区、县）环境保护局共同参与，统筹原本分散在重庆、湖北两省市及其下辖区县的库区管理职能以及各种资金。同时，只有各省市之间实现标准一体化、考核一体化，才能实现"成本共担、效益共享、合作共治"。

3. 垂直生态补偿

目前，三峡库区的生态补偿主要是"自上而下"的垂直式生态补偿，包括环境基础设施建设项目、生态环境保护项目、人口转移扶持资金补充、防护林建设项目、增加后续扶持资金等。但这些项目时效较短，且补偿范围有限，需加大中央垂直生态补偿范围，如对三峡库区生态系统本身保护或破坏的成本进行补偿、对三峡库区保护生态系统和环境投入的补偿、对三峡库区保护生态系统环境牺牲的发展机会成本的补偿、对具有重大生态价值的区域或对象进行保护性投入等。

4. 产业生态补偿

三峡库区后扶资金主要用于各个市（区、县）的基础设施建设上，仍然没有真正用于产业生态补偿。要推进有利于三峡库区生态保护的产业扶持，首先全面梳理三峡库区产业的负面清单和正面清单，负面清单包括印染、造纸、化工、医药、电子、金属业等，正面清单包括生态农业（如柑橘产业、蚕桑产业）、旅游业（如乡村旅游、民俗旅游）、商贸物流业（如枢纽型物流园区、物流基地和专业物流配送节点）、创意文化业。在梳理产业清单的基础上，加大正面清单的补偿力度，可实行零税收政策，大量引进环保绿色产业（如战略性环保新兴产业），逐步形成环保产业集聚地，实现三峡库区水资源"零污染"。

5. 永续生态补偿

目前，三峡库区水电开发主要通过收取税费来调节地方利益分配。由于缺乏生态环境补偿和利益共享机制，开发企业通常获利丰厚，地方经济发展有限，同时出现生态环境修复不到位和大量移民返贫等遗留问题。为协调经济社会发展，妥善处理水电开发环境治理及生态恢复等问题，有效探索水电资源地生态环境补偿和利益共享机制，可收取水电资源开发补偿费，主要用于修复和改善生态环境、加强基础设施建设、改善人民群众生产生活条件、促进地方经济社会发展。同时，地方政府依法参股水电开发。地方政府可用水电资源开发补偿费作为资本金参股水电开发，实现水电资源开发利益共享，为地方经济社会发展提供后续动力。

参 考 文 献

白占伟. 2004. 三峡库区重庆段水体污染负荷分析. 重庆大学硕士学位论文.

蔡庆华, 胡征宇. 2006. 三峡水库富营养化问题与对策研究. 水生生物学报, （1）: 7-11.

陈国建, 吴德涛, 王彩霞, 等. 2009. 三峡库区重庆段水土流失动态变化. 中国水土保持科学, 7（5）: 105-110.

陈敏鹏, 陈吉宁, 赖斯芸. 2006. 中国农业和农村污染的清单分析与空间特征识别. 中国环境科学, 26（6）: 751-755.

陈玉成, 杨志敏, 陈庆华, 等. 2008. 基于"压力-响应"态势的重庆市农业非点源污染的源解析. 中国农业科学, 41（8）: 2362-2369.

程鑫. 2010. 三峡库区水土流失及其防治对策. 西南大学学士学位论文.

邓春光, 龚玲. 2007. 三峡库区富营养化发展趋势研究. 农业环境科学学报, 26（S1）: 279-282.

东阳. 2016. 滇池流域城市和农村非点源污染耦合模拟与控制策略研究. 清华大学博士学位论文.

郭平, 龚宇, 李永建, 等. 2005. 三峡水库 135m 水位蓄水典型次级河流回水段富营养化监测评价. 中国环境监测, 21（2）: 88-89.

侯伟, 廖晓勇, 刘晓丽, 等. 2013. 三峡库区非点源污染研究进展. 福建林业科技, （4）: 208-218.

胡春雷, 肖玲. 2004. 生态位理论与方法在城市研究中的应用. 地域研究与开发, 23（2）: 13-16.

胡正峰, 张磊, 邱勤, 等. 2009. 三峡库区长江干流和支流富营养化研究. 山东农业科学, （12）: 74-80.

黄程. 2006. 三峡水库重庆段一维水体富营养化计算机模拟. 西南大学硕士学位论文.

黄玉瑶. 2001. 内陆水域污染生态学. 北京: 科学出版社: 37.

黄钰玲. 2007. 三峡水库香溪河库湾水华生消机理研究. 西北农林科技大学博士学位论文.

黄真理. 2004a. 国内外大型水电工程生态环境监测与保护. 长江流域资源与环境, （2）: 101-108.

黄真理. 2004b. 三峡工程生态与环境监测和保护. 科技导报, 22（12）: 26-30.

黄真理. 2006. 三峡水库水环境保护研究及其进展. 四川大学学报（工程科学版）, 38（5）: 7-15.

黄真理, 李玉樑, 陈永灿, 等. 2006. 三峡水库水质预测和环境容量计算. 北京: 中国水利水电出版社.

贾俊平, 谭英平. 2013. 应用统计学. 2 版. 北京: 中国人民大学出版社.

李程. 2005. 三峡库区水质时间序列分析与发布. 武汉大学硕士学位论文.

李崇明, 黄真理, 张晟, 等. 2007. 三峡水库藻类"水华"预测. 长江流域资源与环境, 16（1）: 1-6.

李杰霞, 杨志敏, 陈庆华, 等. 2008. 重庆市农业面源污染负荷的空间分布特征研究. 西南大学学报（自然科学版）, 30（7）: 145-151.

李礼, 喻航, 刘浩, 等. 2019. 三峡库区支流"水华"现状及防控对策. 安徽农业科学, 47（3）: 64-66, 69.

李永建, 李斗果, 王德蕊. 2005. 三峡工程Ⅱ期蓄水对支流富营养化的影响. 西南农业大学学报（自然科学版）, 27（4）: 474-478.

李月臣, 刘春霞, 袁兴中. 2008. 三峡库区重庆段水土流失的时空格局特征. 地理学报, （5）: 475-486.

刘静玉, 刘玉振, 邵宁宁, 等. 2012. 河南省新型城镇化的空间格局演变研究. 地域研究与开发, （5）: 143-147.

刘亚琼, 杨玉林, 李法虎. 2011. 基于输出系数模型的北京地区农业面源污染负荷估算. 农业工程学报, 27（7）: 7-12.

陆志耕. 1998. 加拿大环境保护考察概述. 新疆环境保护, 20（3）: 55-60.

罗固源, 刘国涛, 王文标. 1999. 三峡库区水环境富营养化污染及其控制对策的思考. 重庆建筑大学学报, 21（3）: 1-4.

毛汉英, 高群, 冯仁国. 2002. 三系库区生态环境约束下的支柱产业选择. 地理学报, 57（5）: 553-560.

蒙万轮, 钟成华, 邓春光, 等. 2005. 三峡库区蓄水后支流回水段富营养化研究. 云南环境科学, 24（S2）: 93-95, 88.

穆贵玲, 邵东国. 2014. 湖北三峡库区水资源可持续利用评价. 灌溉排水学报, 33（4/5）: 311-314.

裴中平, 辛小康, 胡圣. 2018. 三峡库区干支流水体营养状态评价. 水力发电, 44（1）: 1-4, 58.

邱斌, 李萍萍, 钟晨宇, 等. 2012. 海河流域农村非点源污染现状及空间特征分析. 中国环境科学, 32（3）: 564-570.

瞿书锐. 2016. 三峡库区水环境保护探讨. 绿色科技, （12）: 119-120.

任红, 谢泽. 2018. 三峡工程: 百年梦想今朝圆. 中国三峡, （3）: 10-69, 2.

史丹. 2005. 我国湖泊富营养化问题及防治对策. 资源开发与市场, 21（1）: 17-18, 27.

唐继斗, 郭宏忠. 2008. 重庆三峡库区水土保持与社会主义新农村建设. 中国水土保持, 5: 19-20, 38.

王珂. 2013. 三峡库区鱼类时空分布特征及与相关因子关系分析. 中国水利水电科学研究院博士学位论文.

王敏, 张建辉, 吴光应, 等. 2008. 三峡库区神女溪水华成因初探. 中国环境监测, 24（1）: 60-63.

仙光, 方振东, 龙向宇. 2013. 三峡库区消落带生态环境问题探讨. 环境科学与管理, 38（2）: 67-69, 82.

肖新成, 倪九派, 何丙辉, 等. 2014. 三峡库区重庆段农业面源污染负荷的区域分异与预测. 应用基础与工程科学学报, （4）: 634-646.

幸治国, 邓春光, 钟成华, 等. 2006. 三峡库区典型支流河口回水区富营养化发生条件与预防措施. 研究报告.

熊平生, 谢世友, 莫心祥. 2006. 长江三峡库区水土流失及其生态治理措施. 水土保持研究, （2）: 272-273.

徐志勇. 2011. 天津市非点源污染状况调查及控制对策. 天津大学硕士学位论文.

杨德伟, 陈治谏, 廖晓勇, 等. 2006. 三峡库区小流域生态农业发展模式探讨——以杨家沟、戴家沟为例. 山地学报, 24（3）: 366-372.

杨育红, 阎百兴. 2010. 中国东北地区非点源污染研究进展. 应用生态学报, 21（3）: 777-784.

余炜敏. 2005. 三峡库区农业非点源污染及其模型模拟研究. 西南大学博士学位论文.

张金萍, 闫卫阳, 孙玮, 等. 2014. 中国低碳发展的类型及空间分异. 资源科学, 36（12）: 2491-2499.

张可. 2008. 三峡水库成库后对典型污染物迁移与时空分布的影响. 重庆大学硕士学位论文.

张晟, 李崇明, 王毓丹, 等. 2003. 乌江水污染调查. 中国环境监测, 19（1）: 23-26.

张晟, 李崇明, 魏世强, 等. 2004. 三峡库区富营养化评价方法探讨. 西南农业大学学报（自然科学版）, 26（3）: 340-343.

张晟, 李崇明, 郑丙辉, 等. 2007. 三峡库区次级河流营养状态及营养盐输出影响. 环境科学, 28（3）: 500-505.

张晟, 刘景红, 张全宁, 等. 2005. 三峡水库成库初期水体中氮、磷分布特征. 水土保持学报, 19（4）: 123-126.

张智奎, 肖新成. 2012. 经济发展与农业非点源污染关系的协整检验——基于三峡库区重庆段1992-2009 年数据的分析. 中国人口•资源与环境, 22（1）: 57-61.

赵杨. 2018. 地表水环境承载力评价——以瓦房店市为例. 环境科学导刊, 37（3）: 58-60.

中华人民共和国环境保护部. 2006. 长江三峡工程生态与环境监测公报.

周安康, 严宝文, 魏晓妹. 2011. 宝鸡峡灌区农业水资源安全评价研究. 西北农林科技大学学报（自然科学版）, 39（3）: 203-210.

周丰, 郭怀成, 刘永, 等. 2007. 湿润区湖泊流域水资源可持续发展评价方法. 自然资源学报, 22（2）: 290-301.

周广杰, 况琪军, 胡征宇, 等. 2006. 三峡库区四条支流藻类多样性评价及“水华”防治. 中国环境科学, 26（3）: 337-341.

周贤杰, 罗固源, 杨清玲, 等. 2008. 三峡库区次级河流回水区环境因子对藻类生长影响的模拟实验研究. 环境科学学报, 28（3）: 558-562.

Lewison R L, Rudd M A, AI-Hayek, et al. 2016. How the DPSIR framework can be used for structuring problems and facilitating empirical research in coastal systems. Environmental Science and Policy, 56: 110-119.

Zhang J, Xie Y, Luan B, et al. 2015. Urban macro-level impact factors on Direct CO_2 Emissions of urban residents in China. Energy & Buildings, 107: 131-143.